高等学校计算机专业教材精选·算法与程序设计

张淑芬 刘 丽 编著

数据结构
——C++语言描述

清华大学出版社

北京

内 容 简 介

本书系统地介绍了各种常用的数据结构以及查找、排序的各种算法。全书共 10 章,内容包括绪论、线性表、栈和队列、串、数组和广义表、树和二叉树、图、查找、排序、实验等。每章都配有一定数量的习题,以方便学生巩固所学知识。

全书采用面向对象的 C++ 语言作为数据结构和算法的描述语言,书中所有算法程序都在 Visual C++ 6.0 开发环境中进行了测试。

本书内容丰富,层次清晰,结合实例,深入浅出,可作为高等院校计算机及相关专业数据结构课程的教材或研究生入学考试的辅导教材,也可作为从事软件开发工作人员的参考用书。

图书在版编目(CIP)数据

数据结构:C++ 语言描述 /张淑芬,刘丽编著. —北京:清华大学出版社,2021.5(2025.9 重印)
高等学校计算机专业教材精选·算法与程序设计
ISBN 978-7-302-57494-1

Ⅰ. ①数… Ⅱ. ①张… ②刘… Ⅲ. ①数据结构 ②C++ 语言—程序设计 Ⅳ. ①TP311.12 ②TP312.8

中国版本图书馆 CIP 数据核字(2021)第 021584 号

责任编辑:张　玥　常建丽
封面设计:常雪影
责任校对:焦丽丽
责任印制:丛怀宇

出版发行:清华大学出版社
　　　　　网　　　址:https://www.tup.com.cn,https://www.wqxuetang.com
　　　　　地　　　址:北京清华大学学研大厦 A 座　　　　　　　邮　　编:100084
　　　　　社 总 机:010-83470000　　　　　　　　　　　　　　邮　　购:010-62786544
　　　　　投稿与读者服务:010-62776969,c-service@tup.tsinghua.edu.cn
　　　　　质量反馈:010-62772015,zhiliang@tup.tsinghua.edu.cn
　　　　　课件下载:https://www.tup.com.cn,010-83470236
印 装 者:涿州市般润文化传播有限公司
经　　销:全国新华书店
开　　本:185mm×260mm　　　　　印　　张:21　　　　　字　　数:505 千字
版　　次:2021 年 5 月第 1 版　　　　　　　　　　　印　　次:2025 年 9 月第 4 次印刷
定　　价:69.50 元

产品编号:086302-01

前　言

"数据结构"是计算机及相关专业的核心课程,也是计算机及相关专业研究生入学考试的必考科目。作为计算机及相关专业本科教育的核心课程,着重培养学生的数据结构与算法设计能力、程序设计与实现能力以及对算法的复杂性进行分析的能力。学好该课程不仅对后续专业课程的学习有很大帮助,而且对于开发高效的程序也极为有益。

本书采用面向对象的 C++ 语言作为数据结构和算法的描述语言,并使用模板程序设计技术,使所设计的程序更容易实现代码重用。

全书共 10 章。第 1 章为绪论,介绍数据结构的基本概念、抽象数据类型及其实现,以及算法和算法分析;第 2 章为线性表,介绍线性表的顺序存储结构与链式存储结构以及线性表的应用;第 3 章为栈和队列,介绍栈和队列的顺序存储结构与链式存储结构以及栈和队列的应用;第 4 章为串,介绍串的定义、存储结构及模式匹配;第 5 章为数组和广义表,介绍数组、特殊矩阵、稀疏矩阵和广义表的存储结构及实现方法;第 6 章为树和二叉树,介绍树和二叉树的相关概念、存储结构和各种运算的算法实现,并讨论二叉树在编码中的应用——哈夫曼编码;第 7 章为图,介绍图的基本概念和存储结构,并讨论图的相关应用和相应的实现算法,包括最小生成树、最短路径、拓扑排序和关键路径算法;第 8 章为查找,介绍各种查找算法及其实现过程;第 9 章为排序,介绍各种排序算法及其实现过程;第 10 章为实验,介绍线性表、栈、串、二叉树和图的应用,并给出具体的实验过程。

数据结构是一门理论性强、实践难度较大的课程,为了使学生在深刻理解课程内容的基础上,灵活运用所学的知识解决实际问题,在介绍线性表、栈和队列、树和二叉树、图的相应章节以及第 10 章的实验中,都设置了数据结构的应用案例,以期通过具体应用深化学生对学习内容的理解,并提高实际应用的能力。另外,除最后一章外,其余各章的最后都给出了一些习题,并特别设计了数据结构的应用与算法设计题目,以强化实践环节。

本书由张淑芬和刘丽编写,编写过程中融入了作者多年的教学经验。张淑芬编写了第 1~7、10 章,刘丽编写了第 8、9 章,全书由张淑芬整体构思、统稿。研究生董燕灵、王豪石参与了本书的审稿及代码调试工作。

由于作者水平有限,书中可能存在不足和疏漏之处,敬请读者批评指正。

编　者

2020 年 9 月

目　　录

第1章 绪 论

在计算机发展的初期,人们使用计算机主要是处理数值的计算问题,程序设计人员也把精力主要集中在程序设计的技巧上,但随着计算机应用领域的扩大和软硬件的发展,计算机对信息的加工处理已从单一的数值计算发展到解决非数值问题,其加工处理的数据也由简单的数值发展到字符、表格、图像等具有一定结构的数据。这些数据内容存在着某种联系,只有清楚数据的内在联系,合理组织数据,才能对它们进行有效的处理,设计出高效的算法。如何合理地组织数据、高效地处理数据,这是数据结构主要研究的内容。本章将介绍数据结构的基本概念和算法分析方法。

1.1 数据结构的研究内容

对于数值计算问题的求解,一般经过以下几个步骤:首先从具体问题抽象出数学模型,然后设计一个求解此数学模型的算法,最后编写程序,并进行测试、调试,直到解决问题。在此过程中,寻求数学模型的实质是分析问题,从中提取操作的对象,并找出这些操作对象之间的关系,然后用数学语言加以描述,即建立相应的数学方程。例如,预测人口增长情况的数学模型为常微分方程,求解数学方程的方法是计算数学研究的范畴。数据结构主要研究非数值计算问题,非数值计算问题无法用数学方程建立数学模型,下面通过实例加以说明。

【**例 1.1**】 学生学籍管理系统。

高校使用计算机对全校的学生情况做统一管理,学生的基本信息包括学生的学号、姓名、性别、出生日期、籍贯、专业等,见表 1-1。每个学生的基本信息按照一定的顺序存放在"学生基本信息"表中,根据需要对这张表进行查找。

表 1-1 学生基本信息

学 号	姓名	性别	出生日期	籍 贯	专 业
201902010101	周莉莉	女	2000.12	河北	信息与计算科学
201902010102	张宝华	男	2001.5	河北	信息与计算科学
201902010103	张海霞	女	2001.6	河南	信息与计算科学
202002010201	刘晓峰	男	2002.3	河北	信息与计算科学
202004010101	赵晓莉	女	2001.5	河南	智能科学与技术
202004010102	赵涛	男	2001.11	湖南	智能科学与技术
202005010201	韩晓萍	女	2002.7	山西	计算机科学与技术
202005010202	刘超	男	2002.2	河北	计算机科学与技术

学生的基本信息记录按照顺序排列,形成了学生基本信息记录的线性序列。诸如此类

的线性表结构还有图书馆的图书管理系统、企业的库存管理系统等。在这类问题中,计算机处理的对象是各种表,元素之间存在一对一的线性关系,因此这类问题的数学模型就是称为"线性表"的数据结构。

【例 1.2】 人机对弈问题。

计算机之所以能和人对弈,是因为计算机中存储了对弈的策略。由于对弈的过程是在一定规则下随机进行的,所以,为了使计算机能灵活对弈,就必须考虑对弈过程中所有可能发生的情况及相应的对策。

以井字棋为例,初始状态是一个空的棋盘格局,对弈开始后,每下一步棋,就构成一个新的棋盘格局,且相对于上一个棋盘格局的选择可以有多种。图 1-1(a)是对弈过程中的一个格局,如果下一步由"○"方下,则可以派生出 5 个子格局,如图 1-1(b)所示,随后由"×"方接着下,对于每个子格局,又可以派生出 4 个子格局……若将从对弈开始到结束的过程中所有可能的棋盘格局画在一张图上,即形成一棵"倒长的树"。在这棵树中,从初始状态(根)到某一最终格局(叶子)的一条路径,就是一次具体的对弈过程。

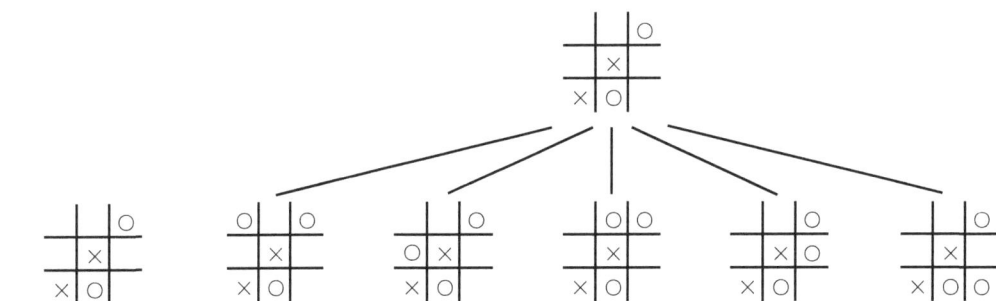

（a）棋盘格局示例　　　　　　　　　　　（b）对弈树的局部

图 1-1　井字棋的对弈树

诸如此类的树结构还有计算机的文件系统、一个单位的组织机构等。在这类问题中,计算机处理的对象是树结构,元素之间是一对多的层次关系,因此,这类问题的数学模型就是称为"树"的数据结构。

【例 1.3】 最短路径问题。

从城市 A 到城市 B 有多条线路,但每条线路的交通费不同,那么,如何选择一条线路,使得从城市 A 到城市 B 花费的交通费最少? 可以把这类问题抽象为图的最短路径问题,如图 1-2 所示,图中的顶点代表城市,有向边代表两个城市之间的通路,边上的权值代表城市之间的交通费。求解 A 到 B 的最少交通费用,就是在有向图中 A 点到达 B 点的多条路径中,寻找一条各边权值之和最小的路径。

诸如此类的图结构还有网络工程图和网络通信图等。在这类问题中,计算机处理的对象是图结构,元素之间是多对多的网状关系,因此这类问题的数学模型就是称为"图"的数据结构。

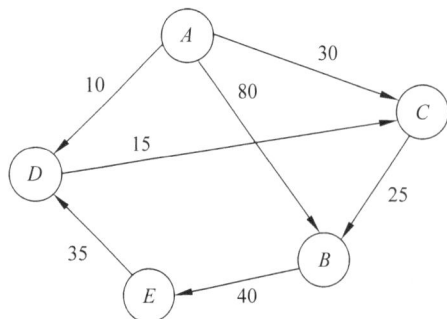

图 1-2　最短路径问题

从上面的实例可以看出,非数值计算问题的数学模型不再是数学方程,而是线性表、树、图等数据结构。因此,简单地说,数据结构的研究范畴主要是非数值计算问题的操作对象和它们之间的关系,以及在计算机中的表示和实现。

数据结构作为一门独立的学科始于1968年,但在此之前有关内容散见于操作系统、编译原理等课程中。1968年,美国的图灵奖获得者D. E. Knuth教授开创了数据结构的最初体系,他所著的《计算机程序设计艺术》第1卷《基本算法》是第一本比较系统地阐述数据的逻辑结构和存储结构及其基本操作的著作。之后,随着大型程序和大规模文件系统的出现,结构化程序设计成为程序设计方法学的主要研究方向,人们普遍认为程序设计的实质就是对所处理的问题选择一种好的数据结构,并在此基础上施加一种好的算法,著名的瑞士科学家Wirth教授的"算法+数据结构=程序"正是这种观点的集中体现。

"数据结构"在计算机及相关学科中是一门综合性的专业基础课。数据结构的研究不仅涉及计算机硬件的研究范围,而且和计算机软件的研究有着密切的关系,不管是编译程序,还是操作系统,都涉及数据元素在存储器中的分配问题。在研究信息检索时也必须考虑如何组织数据,以使查找和存取数据元素更方便。因此,数据结构是一门介于数学、计算机硬件和计算机软件三者的核心课程。打好"数据结构"这门课程的扎实基础,对于学习计算机及相关专业的其他课程,如操作系统、编译原理、数据库管理系统、人工智能等都是十分有益的。

1.2 数据结构的基本概念

1.2.1 数据、数据元素、数据项和数据对象

数据(Data)是客观事物的符号表示,是所有能输入到计算机中并能被计算机处理的符号的总称。数据可以指数值型数据,如整数、实数、复数等;也可以是非数值型数据,如文字、图形、图像、声音、动画等。

数据元素(Data Element)是数据的基本单位,在计算机中通常作为一个整体进行处理。在有些情况下,数据元素也称为元素、记录、结点、顶点等。数据元素用于完整地描述一个对象,例如,学生基本信息表中的每个学生记录是一个数据元素。

数据项(Data Item)是组成数据元素的、有独立含义的、不可分割的最小单位,是对数据元素属性的描述。例如,学生基本信息表中,每个数据元素(即学生记录)由学号、姓名、性别、出生日期、籍贯和专业等数据项组成,如图1-3所示。

学号	姓名	性别	出生日期	籍贯	专业
201902010101	周莉莉	女	2000.12	河北	信息与计算科学
201902010102	张宝华	男	2001.5	河北	信息与计算科学
201902010103	张海霞	女	2001.6	河南	信息与计算科学
202002010201	刘晓峰	男	2002.3	河北	信息与计算科学

数据项

数据元素

图1-3 数据元素和数据项

数据对象(Data Object)是具有相同性质的数据元素的集合,是数据的一个子集。例如,整数数据对象是集合 $N = \{0, \pm 1, \pm 2, \cdots\}$,字母字符数据对象是集合 $C = \{'A', 'B', \cdots, 'Z', 'a', 'b', \cdots, 'z'\}$,学生基本信息表也是一个数据对象。由此可以看出,不论数据元素集合是无限集(如整数集),或是有限集(如字母字符集),还是由多个数据项组成的复合数据元素的集合(如学生基本信息表),只要集合内元素的性质均相同,都可称为一个数据对象。

1.2.2 数据结构

数据结构(Data Structure)是相互之间存在着一定关系的数据元素的集合。换句话说,数据结构是带结构的数据元素的集合,结构是指数据元素之间存在的关系。

数据结构包括逻辑结构和存储结构两个层次。

1. 逻辑结构

数据的逻辑结构是指数据元素以及数据元素之间的逻辑关系,是从实际问题抽象出的数据模型,形式上可定义为一个二元组:

$$DataStructure = (D, R)$$

其中,D 是一个数据元素的有限集合,R 是定义在 D 中的数据元素之间的关系的集合。

例如,图 1-2 所示最短路径问题的数据模型可表示为:$DS\_SP = (D, R)$,其中,$D = \{A, B, C, D, E\}$,$R = \{<A, B>, <A, C>, <A, D>, <B, E>, <C, B>, <D, C>, <E, D>\}$。

通常用逻辑关系图描述数据的逻辑结构,其描述方法为:用圆圈表示数据元素,用圆圈之间的连线表示元素之间的逻辑关系,如果强调关系的方向性,则用带箭头的连线表示。根据数据元素之间逻辑关系的不同,通常有 4 类基本结构,如图 1-4 所示。

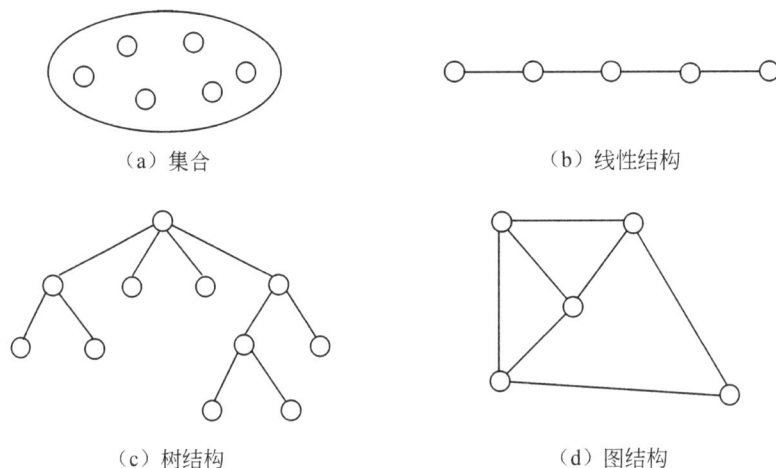

（a）集合　　　　　　　　　　（b）线性结构

（c）树结构　　　　　　　　　　（d）图结构

图 1-4　4 类基本结构的逻辑关系图

(1) 集合结构:数据元素之间就是"属于同一个集合",除此之外,没有任何关系。

(2) 线性结构:数据元素之间存在一对一的关系。

（3）树结构：数据元素之间存在一对多的关系。

（4）图结构：数据元素之间存在多对多的关系。

树结构和图结构也称为非线性结构。

2. 存储结构

数据的存储结构又称为物理结构，是数据对象在计算机中的存储表示。把数据对象存储到计算机时，除了存储数据元素之外，还必须隐式或显式地存储数据元素之间的逻辑关系。通常有两种存储结构：顺序存储结构和链式存储结构。

顺序存储结构使用一组连续的存储单元依次存储数据元素，元素之间的逻辑关系由元素在存储器中的相对位置表示。图 1-5 所示为学生基本信息的顺序存储示意图。

图 1-5　顺序存储示意图

链式存储结构是用一组任意的存储单元存储数据元素，数据元素之间的逻辑关系用指针表示。图 1-6 所示为学生信息的链式存储示意图。

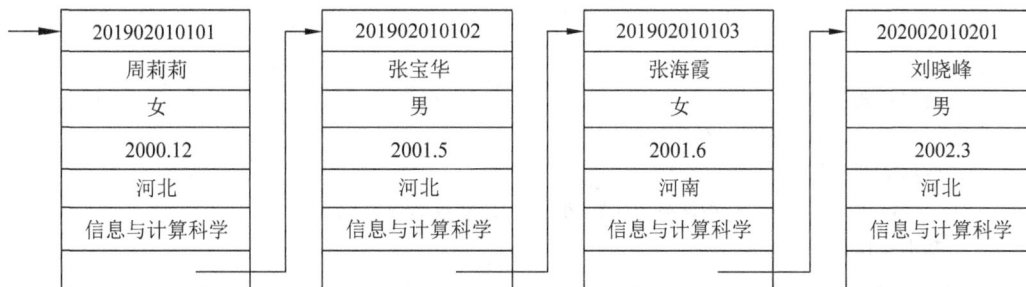

图 1-6　链式存储示意图

1.3 抽象数据类型及其实现

1.3.1 数据类型

数据类型(Data Type)是高级程序设计语言中的一个基本概念,它和数据结构的概念密切相关。在程序设计语言中,每一个数据都属于某种数据类型。类型显式或隐式地规定了数据的取值范围、存储方式以及允许进行的运算。例如,C++语言中 int 型变量(假设占 4B)的取值范围是 $-2^{31} \sim 2^{31}-1$,能进行的运算有算术运算($+$、$-$、$*$、$/$、$\%$)、关系运算($>$、$<$、$==$、$>=$、$<=$、$!=$)和逻辑运算($\&\&$、$||$、$!$)等。

因此,**数据类型**是一组性质相同的值的集合以及定义在此集合上的一组操作的总称,是程序设计语言中已实现的数据结构。

1.3.2 抽象数据类型

抽象就是抽取出问题本质的特征而忽略非本质的细节,是对具体事物的一个概括。抽象可以实现封装和信息隐藏。抽象的程度越高,对信息及其处理细节的隐藏就越深。例如,C++语言可以将完成某种功能并可能需要重复执行的一段程序抽象为函数,在需要执行这种功能时调用这个函数,从而将"做什么"和"怎么做"分离开,实现算法细节和数据内部结构的隐藏。

抽象数据类型(Abstract Data Type,ADT)一般指由用户定义的、表示应用问题的数学模型,以及定义在这个模型上的一组操作的总称。一个具体问题的抽象数据类型的定义通常采用简洁、严谨的文字描述,一般包括数据对象、数据关系和基本操作三方面内容,描述格式如下:

```
ADT 抽象数据类型名
{
    数据对象:数据对象的声明
    数据关系:数据关系的声明
    基本操作:基本操作的声明
}
```

例如,一个复数的抽象数据类型 Complex 的定义如下:

```
ADT Complex
{
    数据对象:
        D={e₁,e₂ | e₁、e₂均为实数}
    数据关系:
        R={<e₁,e₂> | e₁是复数的实数部分,e₂是复数的虚数部分}
    基本操作:
        Create(a,b)
            操作结果:构造复数,其实部和虚部分别为参数 a 和 b 的值
        GetReal()
```

初始条件：复数已存在

操作结果：返回实部值

GetImag()

初始条件：复数已存在

操作结果：返回虚部值

Add(c_1,c_2)

初始条件：c_1、c_2是复数

操作结果：返回两个复数的和

Sub(c_1,c_2)

初始条件：c_1、c_2是复数

操作结果：返回两个复数的差

Display()

初始条件：复数已存在

操作结果：显示复数

}

抽象数据类型的概念与面向对象方法的思想一致。抽象数据类型独立于具体实现，将数据和操作封装在一起，使得用户程序只能通过抽象数据类型定义的某些操作访问其中的数据，从而实现了信息隐蔽。C++支持面向对象程序设计，提供了类定义机制，可以用类表示和实现抽象数据类型。

1.3.3　C++ 的类和对象

C++主要通过类和对象支持面向对象程序设计技术。C++的类本质上就是C语言中结构体的扩充，对象实质就是类型为类的变量，在类中不但可以包含数据成员，还可以包含成员函数，并且规定了对类中成员的3级访问权限：public、private和protected。

（1）public：公有类型，是类与外界的接口，外界只有通过类的公有类型，才能对类的成员进行访问。

（2）private：私有类型，只能被该类的成员访问。不指定访问权限时，数据成员和成员函数都被默认为私有类型。

（3）protected：保护类型，不能在类之外访问，但可以被类的成员函数及其子类的成员函数访问。

1. 类的定义

类的定义格式一般分为两部分：声明部分和实现部分。声明部分用来声明该类中的成员，包括数据成员和成员函数（方法或操作）。实现部分用来给出说明部分中所说明的成员函数的定义和实现。C++中用关键字class声明类，格式如下：

```
class 类名                                      //类的声明部分
{
private:
    私有数据成员和成员函数;
public:
    公有数据成员和成员函数;
protected:
```

保护数据成员和成员函数;

};

类的成员函数是类的行为,是程序算法的具体实现,是对封装的数据进行操作的方法。成员函数必须在类体内进行原型说明,一般不写出函数体,它们的实现写在类外。在类外定义成员函数的格式为

```
函数类型 类名::成员函数名([参数表>])        //类的实现部分
{
    函数体;
}
```

在类的成员函数中有两个特殊的函数:构造函数和析构函数。

构造函数用于在创建对象时完成初始化工作。每个类都有构造函数,即使没有声明,编译器也会自动提供一个默认的构造函数(没有参数和函数体)。如果声明了构造函数,系统将不再提供默认的构造函数。

声明构造函数的格式如下:

```
构造函数名([参数列表])
{
    函数体;
}
```

构造函数与类同名,没有返回值类型。一般来说,构造函数为 public 类型,如果是 private 类型,表明该类不能被实例化。构造函数可以重载,在创建对象时根据参数的不同确定调用哪个构造函数。

当对象生存期结束时,应该释放其所占内存空间,这个清理工作是通过系统自动调用析构函数完成的。析构函数与类名相同,同时在前面加符号"~"。析构函数没有参数,一个类只能有一个析构函数。如果一个类里没有声明析构函数,编译器会自动为这个类生成一个缺省的析构函数。

【例 1.4】 Complex 类的定义。

```
//类的声明放在 Complex.h 文件中
#ifndef _COMPLEX_H_
#define _COMPLEX_H_
class Complex
{
private:
    double real;                             //实部
    double imag;                             //虚部
public:
    Complex();                               //无参构造函数
    Complex(double a, double b);             //有参构造函数
    double GetReal();                        //返回实部
    double GetImag();                        //返回虚部
    Complex operator-(Complex a);            //运算符-的重载作为成员函数
```

```cpp
    void Display();                                      //显示复数
    friend Complex operator+(Complex a, Complex b);      //运算符+的重载作为全局函数
};
#endif
//类的实现放在 Complex.cpp 文件
#include<iostream>
#include"Complex.h"
using namespace std;
Complex::Complex()                                       //无参构造函数
{
    real=0;
    imag=0;
}
Complex::Complex(double a, double b)                     //有参构造函数
{
    real=a;
    imag=b;
}
double Complex::GetReal()                                //返回实部
{
    return real;
}
double Complex::GetImag()                                //返回虚部
{
    return imag;
}
Complex Complex::operator-(Complex a)                    //重载运算符-
{
    Complex c;
    c.real=real-a.real;
    c.imag=imag-a.imag;
    return c;
}
void Complex::Display()                                  //显示复数
{
    if (real!=0)
        cout<<real;
    if (imag<0 && imag!=-1)
        cout<<imag<<"i";
    else if (imag==-1)
        cout<<"-i";
    else if (imag>0 && imag!=1)
        cout<<"+"<<imag<<"i";
    else if (imag==1)
        cout<<"+i";
```

```
        cout<<endl;
    }
    Complex operator+(Complex a, Complex b)                    //重载运算符+
    {
        Complex c;
        c.real=a.real+b.real;
        c.imag=a.imag+b.imag;
        return c;
    }
```

在 C++ 中,运算符是作为函数进行处理的,可用关键字 operator 加上运算符表示函数,这种函数称为运算符重载函数。运算符重载有两种形式:

(1) 将运算符重载为全局函数,这时单目运算符需要一个参数,双目运算符需要两个参数。为了方便使用类的私有成员,一般都需要在类中将该函数声明为友元函数,如复数加法运算符的重载。

(2) 将运算符重载为类的成员函数,这时对象自己成为左侧参数,所以单目运算符没有参数,双目运算符只有一个右侧参数,如复数减法运算符的重载。

2. 对象的定义

对象的定义和一般变量的定义类似,格式如下:

类名 对象名;

或

类名 对象名([实参表]);

在对象定义后,就可以引用对象中的公有数据成员和公有成员函数了,格式如下:

对象名.数据成员
对象名.成员函数名([实参表])

【例 1.5】 使用 Complex 类实现复数的加减运算。

类的使用

```
//test.cpp
#include<iostream>
#include"complex.h"
using namespace std;
int main()
{
    Complex a(2.3, 8.6), b(4, 9), c;
    c=a+b;
    cout<<"a+b=";
    c.Display();
    c=a-b;
    cout<<"a-b=";
    c.Display();
    return 0;
}
```

1.3.4　C++ 的动态存储分配

C++ 提供了动态存储分配机制,使得程序在运行期间根据需要动态地申请和释放内存空间。

1. 分配存储空间

C++ 使用 new 运算符分配存储空间,格式如下:

new 数据类型;

或

new 数据类型[元素个数];

new 运算符的作用是向系统申请一段内存空间(空间的大小由数据类型及元素个数决定),并返回这个空间的首地址。第一种格式适合建立单个数据元素,第二种格式实际是建立一个数据元素的数组。

例如:

```
int * p1=new int;                              //建立单个元素
int * p2=new int[3];                           //建立数组
```

2. 释放存储空间

用 new 运算符开辟的内存空间,如果程序不主动收回,那么这段空间就一直存在,直到程序结束。C++ 中使用 delete 运算符释放动态分配的内存空间,格式如下:

delete 指针变量;

或

delete []指针变量;

第一种格式适用于释放单个数据元素,第二种格式实际是释放数据元素数组。

1.3.5　C++ 的模板

模板是一种工具,可以帮助程序员建立具有通用类型的函数库和类库。模板也是 C++ 语言支持参数化多态性的工具。参数化多态性就是将一段程序所处理的对象类型参数化,使这段程序能够处理某个类型范围内各种类型的对象。C++ 中的模板有两种形式:函数模板和类模板。

1. 函数模板

使用函数模板可以创建一个具有通用功能的函数,该函数支持多种不同的形参。

以下是两个求最大值的函数。

```
int max(int a ,int b)                          //函数①
{
    return (a>b) ? a : b;
}
double max(double a, double b)                 //函数②
```

```
{
    return (a>b) ? a : b;
}
```

这两个函数的功能相同,只是参数的类型和函数返回值的类型不同。为了减少程序代码的重复,将上述代码中的类型参数化,即将 int 和 double 用一个参数 T 代替。

```
T max(T  a, T  b)
{
    return (a>b) ? a : b;
}
```

当需要求两个整数的最大值时,将类型参数 T 换成 int,就可以得到函数①;求两个实数的最大值时,将类型参数 T 换成 double,就可以得到函数②,这就是 C++ 中的函数模板。定义函数模板的一般形式为

```
template <模板形参表>
函数定义
```

模板形参表中可以包含一个或多个模板形参,如果有多个,必须用逗号分隔。模板形参的格式为

```
typename 模板类型标识符
```

或

```
class 模板类型标识符
```

例如,求两个数中最大值的函数模板定义如下:

```
template <typename T>
T max(T  a, T  b)
{
    return (a>b) ? a : b;
}
```

在主函数中使用函数模板的语句如下:

```
int main()
{
    int a=10, b=25;
    double c=20.8, d=13.4;
    cout<<max(a, b)<<endl;
    cout<<max(c, d)<<endl;
    return 0;
}
```

编译上述程序时,编译器从调用 max(a, b)的实参中推导出函数模板中的 T 为 int,函数的返回值为 int;调用 max(c, d)时,实参为 double 型,从而推导出函数模板中的参数 T 为 double,函数的返回值为 double。

2. 类模板

类模板使用户可以为类声明一种模式,使得类中的某些数据成员、某些成员函数的参数和返回值能取任意类型。

类模板声明的语法形式为

```
template <模板参数表>
class 类名
{
    类成员声明;
}
```

如果需要在类模板以外定义其成员函数,则采用以下形式:

```
template <模板参数表>
类型名 类名<模板类型标识符>::函数名 ([形参表])
```

在程序中使用类模板定义对象变量,一般采用以下形式:

```
类模板名<模板参数>对象名 1, 对象名 2, …, 对象名 n;
```

其中模板参数是确定的数据类型,编译器根据模板参数创建相应类型的对象变量,并以适当的形式调用模板函数。

【例 1.6】 类模板应用示例。

```cpp
//array.h
#ifndef _ARRARY_H_
#define _ARRARY_H_
//类模板的定义
template <typename T>
class Arrary
{
private:
    T * a;
    int len;
    int maxsize;
public:
    Arrary(int size=100);               //构造函数
    ～Arrary();                          //析构函数
    int Length();                       //返回数组中的实际元素个数
    bool Append(T e);                   //向数组中追加元素
    bool GetItem(int i, T &e);          //获取指定元素的值
};
//成员函数的实现
template <typename T>
Arrary<T>::Arrary(int size)
{
    a=new T[size];
```

```cpp
        maxsize=size;
        len=0;
    }
    template <typename T>
    Arrary<T>::~Arrary()
    {
        delete []a;
    }
    template <typename T>
    int Arrary<T>::Length()
    {
        return len;
    }
    template <typename T>
    bool Arrary<T>::Append(T e)
    {
        if (len==maxsize)
            return false;
        a[len]=e;
        len++;
        return true;
    }
    template <typename T>
    bool Arrary<T>::GetItem(int i, T &e)
    {
        if (i<0 || i>=len)
            return false;
        e=a[i];
        return true;
    }
    #endif
    //test.cpp
    #include<iostream>
    #include"arrary.h"
    using namespace std;
    int main()
    {
        arrary<int>a(10);                              //声明类对象
        int e;
        for (int i=0; i<10; i++)
            a.Append(i+1);
        i=0;
        while (a.GetItem(i, e))
        {
            cout<<e<<" ";
```

```
        i++;
    }
    cout<<endl;
    return 0;
}
```

1.4 算法和算法分析

1.4.1 算法

1. 算法的定义及特性

算法是对特定问题求解步骤的一种描述,它是指令的有限序列。其中每一条指令表示计算机的一个或多个操作。例如,以下是求解两个正整数 m 和 n 的最大公约数的算法:

(1) 将 m 除以 n 得到余数 r。

(2) 若 r=0,输出最大公约数 n,算法结束。

(3) 若 r≠0,令 m=n,n=r,转(1)继续。

一个算法必须满足以下 5 个重要特性。

(1) 有穷性。一个算法必须总是在执行有穷步之后结束,且每一步都必须在有穷时间内完成。

(2) 确定性。对于每种情况下执行的操作,在算法中都有明确的规定,不会产生二义性,使算法的执行者或阅读者都能明确其含义及如何执行,并且在任何条件下,算法都只有一条执行路径,即对于相同的输入,只能得到相同的输出。

(3) 可行性。算法中的所有操作都可以通过已经实现的基本运算执行有限次来实现。

(4) 输入。一个算法有零个或多个输入。当用函数描述算法时,输入往往是通过形参表示的,在它们被调用时,从主调函数获得输入值。

(5) 输出。一个算法有一个或多个输出。它们是算法进行信息加工后得到的结果,无输出的算法没有任何意义。当用函数描述算法时,输出多用返回值或引用类型的形参表示。

2. 评价算法优劣的基本标准

一个算法的优劣应该从以下几方面评价。

(1) 正确性:算法能满足具体问题的需求,即对于任何合法的输入,算法都会在有限的运行时间内得出正确的结果。显然,一个算法必须正确,才有存在的意义。

(2) 可读性:算法容易理解和实现。算法首先是为了人的阅读和交流,其次是为了程序实现。因此,算法要易于被人理解、易于转换为程序。晦涩难懂的算法可能隐藏一些不易发现的逻辑错误。

(3) 健壮性:算法对非法输入的抵抗能力,即对于错误的输入,算法应能识别并做出处理,而不是产生错误动作或陷入瘫痪。

(4) 高效性:算法的效率包括时间效率和空间效率。时间效率显示了算法运行得有多快,而空间效率则显示了算法需要多少额外的存储空间。显然,一个"好"算法应该具有较短的执行时间并使用较少的辅助空间。

1.4.2 算法分析

算法分析就是分析算法占用计算机资源的多少,而计算机资源主要是 CPU 时间和内存空间。分析算法占用 CPU 时间的多少称为时间性能分析,分析算法占用内存空间的多少称为空间性能分析。算法的时间性能和空间性能通常用时间复杂度和空间复杂度评价,它们反映了算法执行所需的时间和空间与问题规模之间一种数量上的依赖关系。

算法分析的目的是看算法实际是否可行,并在同一问题存在多个算法时可进行性能的比较,以便从中挑选出较优的算法。

1. 算法的时间复杂度

衡量算法时间性能的方法主要有两种:事后统计法和事前分析评估法。事后统计法需要先将算法实现,然后统计其执行时间。这种方法的缺点有两个:一是必须把算法转换成可执行的程序;二是时间开销的测算结果依赖于计算机的软硬件等环境因素,容易掩盖算法本身的优劣。所以,通常采用事前分析评估法来分析算法的时间性能。

1) 问题规模和语句频度

抛开与计算机软硬件有关的因素,影响算法时间代价的最主要因素是问题规模。**问题规模**是指输入量的多少,一般可以从问题描述中得到。例如,找出 100 以内的所有素数,问题规模就是 100;对一个具有 n 个整数的数组进行排序,问题规模就是 n。显然,几乎所有的算法,对于规模更大的输入,都需要运行更长的时间。

一个算法的执行时间大致上等于其所有语句执行时间的总和,而语句的执行时间则为该条语句的重复执行次数(称作**语句频度**)和执行一次所需时间的乘积。

设每条语句执行一次所需的时间均是单位时间,则一个算法的执行时间可用该算法中所有语句频度之和度量。

【例 1.7】 求两个 n 阶矩阵的乘积。

```
for (int i=0; i<n; i++)                              //频度为 n+1
    for (int j=0; j<n; j++)                          //频度为 n×(n+1)
    {
        c[i][j]=0;                                   //频度为 n²
        for (int k=0; k<n; k++)                      //频度为 n²×(n+1)
            c[i][j]=c[i][j]+a[i][k]*b[k][j];         //频度为 n³
    }
```

该算法中的所有语句频度之和是矩阵阶数 n 的函数,用 $f(n)$ 表示,则

$$f(n) = 2n^3 + 3n^2 + 2n + 1$$

2) 算法的时间复杂度定义

对于例 1.7 这种比较简单的算法,可以直接计算出算法中所有语句的频度,但对于稍微复杂一些的算法,通常是比较困难的,即使能够给出,也可能是一个相当复杂的函数。因此,为了客观地反映一个算法的执行时间,可以只用算法中基本语句的执行次数度量算法的工作量。**基本语句**是执行次数与整个算法的执行次数成正比的语句,基本语句对算法运行时间的贡献最大。通常,算法的执行时间是随问题规模增长而增长的,因此,对算法的评价通常只需考虑其随问题规模增长的趋势。

例 1.7 的矩阵乘积算法中,当 n 趋向无穷大时,有

$$\lim_{n \to \infty} f(n)/n^3 = \lim_{n \to \infty} \frac{2n^3 + 3n^2 + 2n + 1}{n^3} = 2$$

当 n 充分大时,$f(n)$ 和 n^3 之比是一个不等于零的常数,即 $f(n)$ 和 n^3 是同阶的,或者说 $f(n)$ 和 n^3 的数量级相同。

一般情况下,算法中基本语句重复执行的次数是问题规模 n 的某个函数 $f(n)$,算法的时间度量记作

$$T(n) = O(f(n))$$

它表示随着问题规模 n 的增大,算法执行时间的增长率和 $f(n)$ 的增长率相同,称作算法的渐进时间复杂度,简称**时间复杂度**。符号"O"表示数量级,其严格定义为:

若存在两个正的常数 c 和 n_0,对于任意 $n \geqslant n_0$,都有 $T(n) \leqslant c \times f(n)$,则称 $T(n) = O(f(n))$。

该定义说明了函数 $T(n)$ 和 $f(n)$ 具有相同的增长趋势,并且 $T(n)$ 的增长至多趋向于函数 $f(n)$ 的增长。符号 O 用来描述增长率的上限,它表示当问题规模 $n > n_0$ 时,算法的执行时间不会超过 $f(n)$,其含义如图 1-7 所示。

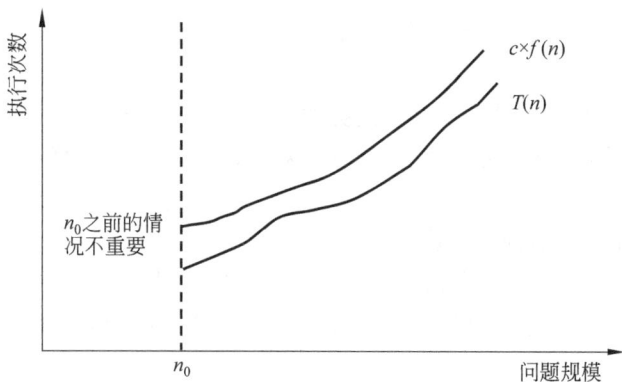

图 1-7　符号"O"的含义

3) 算法的时间复杂度分析举例

分析算法的时间复杂度时,从所有语句中找出语句频度最大的那条语句作为基本语句,计算基本语句的频度得到问题规模 n 的某个函数 $f(n)$,取其数量级用符号 O 表示即可。具体计算数量级时,可以忽略所有低次幂和最高次幂的系数,这样可以简化算法分析,也体现了增长率的含义。例如,对于例 1.7 的矩阵乘积算法,其时间复杂度为 $O(n^3)$。

【例 1.8】　常数阶示例。

```
int sum=0;                                    //语句①
for (int i=1; i<=100; i++)                     //语句②
    sum+=i;                                   //语句③
```

该算法的基本语句是语句③,其频度为 100。如果算法的执行时间不随着问题规模 n 的增加而增长,即使算法中有上千条语句,其执行时间也不过是一个较大的常数。此类算法的时间复杂度是 $O(1)$,称为常数阶。

【例 1.9】 线性阶示例。

```
int sum=0;                                      //语句①
for (int i=1; i<=n; i++)                         //语句②
    sum+=i;                                     //语句③
```

该算法的基本语句是语句③,其频度为 n,所以算法的时间复杂度为 $O(n)$,称为线性阶。

【例 1.10】 平方阶示例。

```
int s=0;                                         //语句①
for (int i=1; i<=n; i++)                          //语句②
    for (int j=1; j<=2*i; j++)                    //语句③
        s++;                                    //语句④
```

该算法的基本语句是语句④,其频度为

$$\sum_{i=1}^{n} 2i = 2\sum_{i=1}^{n} i = 2 \times \frac{n(n+1)}{2} = n(n+1)$$

所以,算法的时间复杂度为 $O(n^2)$,称为平方阶。

常见的时间复杂度按数量级递增排列,依次为常数阶 $O(1)$、对数阶 $O(\log_2 n)$、线性阶 $O(n)$、线性对数阶 $O(n\log_2 n)$、平方阶 $O(n^2)$、立方阶 $O(n^3)$、……、k 次方阶 $O(n^k)$、指数阶 $O(2^n)$ 等。

算法的时间复杂度是衡量一个算法优劣的重要标准。一般来说,具有多项式阶时间复杂度的算法是可接受的、可使用的算法,具有指数阶时间复杂度的算法,只有当问题规模足够小时,才是可使用的算法。

2. 最好、最坏和平均时间复杂度

对于某些问题的算法,其基本语句的频度不仅与问题的规模相关,还依赖于其他因素。

【例 1.11】 在一维数组中顺序查找值等于 x 的元素,返回其位置。

```
int Search(int a[], int n, int x)
{
    for (int i=0; i<n; i++)                       //语句①
        if (a[i]==x)                             //语句②
            return i+1;                          //语句③
    return 0;                                    //语句④
}
```

该算法的基本语句是语句②,其频度不仅与问题规模 n 有关,还与数组 a 的各元素值及 x 的值有关。如果数组的第一个元素恰好就是 x,算法只需比较一个元素,这是最好情况,时间复杂度为 $O(1)$;如果数组的最后一个元素是 x,算法就要比较 n 个元素,这是最坏情况,时间复杂度为 $O(n)$;如果在数组中查找不同的元素,假设数据是等概率分布的,则平均比较次数为

$$\sum_{i=1}^{n} p_i c_i = \frac{1}{n}\sum_{i=1}^{n} i = \frac{n+1}{2} = O(n)$$

即平均要比较大约一半的元素,这是平均情况,时间复杂度为 $O(n)$,和最坏情况相同。

由例 1.11 可以看出,算法的时间复杂度不仅与问题的规模有关,还与问题的其他因素

有关。再如,某些排序算法,其时间复杂度与待排序记录的初始状态有关。因此,有时对算法有最好、最坏以及平均时间复杂度的评价。

3. 递归算法时间复杂度分析

对递归算法的时间复杂度分析,一般先根据递归过程写出递推关系式,然后求解这个递推关系式。

【例 1.12】 汉诺塔问题的时间复杂度分析。

```
void Move(int n, char x, char y)
{
    cout<<"The disk"<<n<<" is moved from "<<x<<" to top of tower "<<y<<endl;
}
void Hanoi(int n, char x, char y, char z)
{
    if (n)
    {
        Hanoi(n-1, x, z, y);
        Move(n, x, y);
        Hanoi(n-1 ,z, y, x);
    }
}
```

函数 Hanoi()中两次调用自身,函数调用时的实参均为 $n-1$,函数 Move()所需时间具有常数阶 $O(1)$,于是有

$$T(n)=\begin{cases}1 & n=1 \\ 2T(n-1)+1 & n>1\end{cases}$$

扩展并计算此递推式:

$$\begin{aligned}T(n)&=2T(n-1)+1=2(2T(n-2)+1)+1=2^2T(n-2)+2+1\\&=2^3T(n-3)+2^2+2+1\\&\quad\vdots\\&=2^{n-1}T(1)+\cdots+2^2+2+1\\&=2^{n-1}+\cdots+2^2+2+1\\&=2^n-1\end{aligned}$$

故该算法的时间复杂度为 $O(2^n)$。

4. 算法的空间复杂度

算法在运行过程中所需的存储空间包括:

(1) 输入输出数据占用的空间。

(2) 算法本身占用的空间。

(3) 执行算法需要的辅助空间。

其中,输入输出数据占用的空间取决于问题,与算法无关;算法本身占用的空间虽然与算法相关,但其大小一般是固定的。所以,算法的空间复杂度是指在算法的执行过程中需要的辅助空间数量,也就是除算法本身和输入输出数据所占用的空间外,算法临时开辟的存储空间,这个辅助存储空间数量也应该是输入规模的函数,通常记作:

$$S(n) = O(f(n))$$

其中,n 为输入输出规模,分析方法与算法的时间复杂度类似。

【例 1.13】 分析下列有序序列合并算法的空间复杂度。

```
void Union(int a[], int n, int b[], int m, int c[])
{
    int i=0, j=0, k=0;
    while (i<n && j<m)
    {
        if (a[i]<=b[j])
            c[k++]=a[i++];
        else
            c[k++]=b[j++];
    }
    while (i<n)
        c[k++]=a[i++];
    while (j<m)
        c[k++]=b[j++];
}
```

在合并算法的执行过程中,可能会破坏原来的有序序列,因此,合并不能就地进行,需要将合并结果存入另外一个数组中。设序列 A 的长度为 n,序列 B 的长度为 m,则合并后的有序序列长度为 $n+m$,因此,算法的空间复杂度为 $O(n+m)$。

本 章 小 结

本章介绍了数据结构的概念和基本术语,以及算法的概念和算法分析方法。主要内容如下。

(1) 数据结构是一门研究非数值计算程序设计中的操作对象,以及这些对象之间的关系和操作的学科。

(2) 数据结构包括两方面的内容:数据的逻辑结构和存储结构。数据的逻辑结构是指数据元素以及数据元素之间的逻辑关系,是从实际问题抽象出的数据模型。根据数据元素之间关系的不同特性,通常有 4 类基本逻辑结构:集合结构、线性结构、树形结构和图状结构。存储结构是逻辑结构在计算机中的存储表示,通常有两种存储结构:顺序存储结构和链式存储结构。

(3) 抽象数据类型是指由用户定义的、表示应用问题的数学模型,以及定义在这个模型上的一组操作的总称,一般包括数据对象、数据关系和基本操作三方面内容。

(4) 算法是对特定问题求解步骤的一种描述,是指令的有限序列。算法有 5 个特性:有穷性、确定性、可行性、输入和输出。一个算法的优劣应该从以下 4 方面评价:正确性、可读性、健壮性和高效性。

(5) 算法分析主要是分析算法的时间复杂度和空间复杂度,以考查算法的时间性能和空间性能。一般情况下,鉴于空间较为充足,故将算法的时间复杂度作为分析的重点。算法执行时间的数量级称为算法的时间复杂度,$T(n)=O(f(n))$,它表示随着问题规模 n 的增长,算法执行时间的增长率和 $f(n)$ 的增长率相同。

习　题　1

1. 选择题

(1) 研究数据结构就是研究(　　)。

　　A. 存储结构和逻辑结构

　　B. 逻辑结构

　　C. 存储结构

　　D. 数据的逻辑结构、存储结构及其运算的实现

(2) 数据结构(DS)可以被形式化地定义为 DS=(D,R),其中 D 是(　①　)的有限集合,R 是 D 上(　②　)的有限集合。

　　① A. 算法　　　　　　B. 数据元素　　　　C. 数据操作　　　　D. 数据对象

　　② A. 操作　　　　　　B. 映像　　　　　　C. 存储　　　　　　D. 关系

(3) 在数据结构中,数据的基本单位是(　　)。

　　A. 数据项　　　　　B. 数据元素　　　　C. 数据对象　　　　D. 数据类型

(4) 数据对象是指(　　)。

　　A. 描述客观事物且由计算机处理的数值、字符等符号的总称

　　B. 数据的基本单位

　　C. 性质相同的数据元素的集合

　　D. 相互之间存在一种或多种特定关系的数据元素的集合

(5) 在定义 ADT 时,除数据对象和数据关系外,还需说明(　　)。

　　A. 数据元素　　　B. 算法　　　　　　C. 基本操作　　　　D. 数据项

(6) 算法是指(　　)。

　　A. 计算方法　　　　　　　　　　　B. 排序方法

　　C. 解决问题的有限运算序列　　　　D. 调度方法

(7) 算法分析的目的是(　①　),算法分析的两个主要方面是(　②　)。

　　① A. 找出数据结构的合理性　　　　B. 研究算法中输入和输出的关系

　　　　C. 分析算法的效率以求改进　　　　D. 分析算法的易懂性和文档性

　　② A. 空间复杂度和时间复杂度　　　　B. 正确性和简明性

　　　　C. 可读性和文档性　　　　　　　　D. 数据复杂性和程序复杂性

(8) 算法的时间复杂度取决于(　　)。

　　A. 问题的规模　　　　　　　　　B. 待处理数据的初态

　　C. 计算机的配置　　　　　　　　D. A 和 B

2. 填空题

(1) 数据元素可由若干个_____组成。

(2) 数据的逻辑结构在计算机存储器内的表示称为数据的_____。

(3) 数据元素的逻辑结构可以分为_____结构和_____结构两大类。

（4）线性结构的元素之间存在_____的关系，树形结构的数据元素之间存在_____的关系，图结构中的数据元素之间存在_____的关系。

（5）顺序存储结构是把逻辑上相邻的结点存储在物理上_____的存储单元里，结点之间的逻辑关系由存储单元位置的邻接关系体现。

（6）链式存储结构是把逻辑上相邻的结点存储在物理上_____的存储单元里，结点之间的逻辑关系由附加的指针域体现。

（7）算法的时间复杂度反映了算法执行所需的时间与_____之间一种数量上的依赖关系。

3. 分析算法的时间复杂度

（1）

```
s=0;
for (i=0; i<n; i++)
    for (j=0; j<n; j++)
        s+=a[i][j];
```

（2）

```
s=0;
for (int i=1; i<=n; i*=2)
    s+=i;
```

（3）

```
y=0;
for (i=1; i<=n; i++)
    if (2*i<=n)
        for (j=2*i; j<=n; j++)
            y=y+i*j;
```

（4）

```
x=0;
for (i=1; i<n; i++)
    for (j=1; j<=n-i; j++)
        x++;
```

第2章 线 性 表

本章至第 5 章讨论的线性表、栈、队列、串和数组都属于线性结构。线性结构的基本特点是除第一个元素无直接前驱、最后一个元素无直接后继之外,其他每个数据元素都有一个前驱和一个后继。线性表是最基本且最常用的一种线性结构,同时也是其他数据结构的基础。本章将讨论线性表的逻辑结构、存储结构和相关运算,以及线性表的应用实例。

2.1 线性表的逻辑结构

线性表是一种最简单、常用的数据结构。

例如,由 26 个英文字母组成的字母表:

$$('A','B','C',\cdots,'Z')$$

是一个线性表,表中的数据元素是单个字母。

又如,30 个学生的数学成绩可以由线性表的形式给出:

$$(87,90,79,85,76,\cdots,94)$$

线性表中的元素都是整数。

在稍复杂的线性表中,一个数据元素可以包含若干个数据项,这时一般将数据元素称为记录。例如,某个学校的学生基本情况登记表见表 2-1,表中每个学生的基本情况为一个记录,由学号、姓名、性别、年龄、班级、籍贯 6 个数据项组成。

表 2-1 学生基本情况登记表

学 号	姓 名	性别	年龄	班 级	籍贯
2000001	张晓静	女	18	20 数学 1	河北
2000002	王小明	男	19	20 数学 1	河南
2000201	赵丽丽	女	18	20 智能 1	河北
2000202	陈家明	男	18	20 智能 1	山西
⋮	⋮	⋮	⋮	⋮	

由以上示例可以看出,同一线性表中的数据元素具有相同的特性,即属于同一数据对象,相邻数据元素之间存在着序偶关系。

诸如此类由 $n(n \geqslant 0)$ 个类型相同的数据元素组成的有限序列称为**线性表**,通常记为

$$(a_1, a_2, \cdots, a_{i-1}, a_i, a_{i+1}, \cdots, a_n)$$

其中 n 为线性表中元素的个数,称为线性表的长度;$n=0$ 时称这个线性表为**空表**。

表中,a_{i-1} 先于 a_i,a_i 先于 a_{i+1},则称 a_{i-1} 为 a_i 的直接前驱,简称为**前驱**,a_{i+1} 为 a_i 的直接后继,简称为**后继**。对于非空的线性表,除第一个元素以外,每一个元素有且仅有一个前驱元素;除最后一个元素外,每一个元素有且仅有一个后继元素。

线性表用二元组表示为 $L=(D,R)$，其中：

$D=\{a_i \mid a_i \in \mathrm{ElemSet}, i=1,2,\cdots,n,n \geqslant 0\}$， $\mathrm{ElemSet}$ 为某个数据元素的集合

$R=\{r\}$

$r=\{<a_i,a_{i+1}> \mid a_i,a_{i+1} \in D,i=1,2,\cdots,n-1\}$

线性表的逻辑关系图如图 2-1 所示。

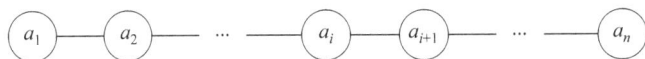

图 2-1　线性表的逻辑关系图

线性表是一个相当灵活的数据结构，对线性表的数据元素不仅可以进行存取访问，还可以进行插入和删除等操作。下面给出线性表的抽象数据类型定义。

```
ADT List
{
    数据对象:
        D={a_i| a_i∈ElemSet,i=1,2,…,n, n≥0}
    数据关系:
        R={<a_i,a_{i+1}>)| a_i,a_{i+1}∈D,i=1,2,…,n-1}
    基本操作:
    InitList()
    操作结果: 构造一个空的线性表。

    DistroyList()
    初始条件: 线性表已存在。
    操作结果: 销毁线性表。

    Length()
    初始条件: 线性表已存在。
    操作结果: 返回线性表的长度。

    Empty()
    初始条件: 线性表已存在。
    操作结果: 若线性表为空,则返回 true,否则返回 false。

    Clear()
    初始条件: 线性表已存在。
    操作结果: 清空线性表。

    PrintList()
    初始条件: 线性表已存在。
    操作结果: 输出线性表的各个元素。

    GetElem(i, &e)
    初始条件: 线性表已存在,1≤i≤Length()。
    操作结果: 用 e 返回第 i 个元素的值。

    SetElem(i, e)
    初始条件: 线性表已存在,1≤i≤Length()。
    操作结果: 将线性表第 i 个位置的元素赋值为 e。

    Search(e)
    初始条件: 线性表已存在。
```

操作结果:在线性表中查找值为 e 的元素,若查找成功,则返回其所在的位置,否则返回 0。

Insert(i, e)

初始条件:线性表已存在,$1 \leqslant i \leqslant Length()+1$。

操作结果:在线性表的第 i 个元素前插入元素 e,线性表长度加 1。

Delete(i, &e)

初始条件:线性表已存在,$1 \leqslant i \leqslant Length()$。

操作结果:删除线性表的第 i 个元素,并用 e 返回其值,线性表长度减 1。

}

2.2　线性表的顺序表示和实现

线性表的顺序表示是最常用的存储方式,它直接将线性表的逻辑结构映射到存储结构上,既便于理解,又容易实现。本节讨论线性表的顺序表示及其基本运算的实现。

2.2.1　线性表的顺序存储结构——顺序表

线性表的顺序表示是指用一组地址连续的存储单元依次存储线性表的数据元素,这种表示也称作线性表的顺序存储结构或顺序映像。通常称这种存储结构的线性表为顺序表。

假设线性表的每个元素需占用 l 个存储单元,并以所占的第一个单元的存储地址作为数据元素的存储起始位置,则线性表中第 $i+1$ 个数据元素的存储位置 $LOC(a_{i+1})$ 和第 i 个数据元素的存储位置 $LOC(a_i)$ 之间满足下列关系:

$$LOC(a_{i+1}) = LOC(a_i) + l$$

一般来说,线性表的第 i 个元素 a_i 的存储位置为:

$$LOC(a_i) = LOC(a_1) + (i-1) \times l$$

其中,$LOC(a_1)$ 是线性表的第一个数据元素 a_1 的存储位置,通常称为线性表的起始位置或基地址。

顺序表中是以元素在计算机内的物理位置相邻表示数据元素之间的逻辑关系的。每一个数据元素的存储位置都和线性表的起始位置相差一个常数,这个常数和数据元素在线性表中的位序成正比,如图 2-2 所示。因此,只要确定了存储线性表的起始位置 $LOC(a_1)$,线性表中任一数据元素都可随机存取,所以线性表的顺序存储结构是一种随机存取的存储结构。

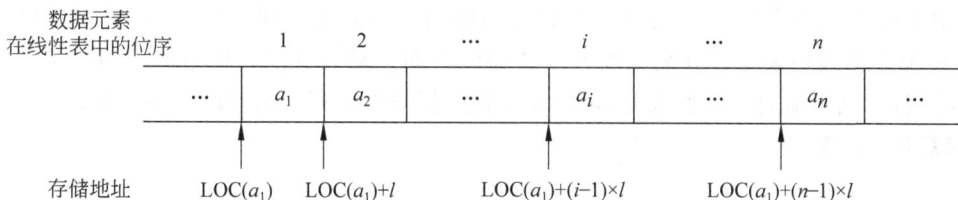

图 2-2　线性表的顺序存储结构示意图

在高级程序设计语言中,一维数组在内存中占用的存储空间就是一块连续的存储区域,因此,顺序表可以用一维数组表示。需要注意的是,C++语言中数组下标是从 0 开始的,而线性表中元素序号是从 1 开始的,也就是说,线性表中第 i 个元素存储在数组中下标为 $i-1$ 的位置。

2.2.2　顺序表的实现

　　线性表的抽象数据类型定义在顺序表存储结构下用 C++ 语言中的类实现,代码如下所示,其中成员变量实现顺序表的存储结构,成员函数实现线性表的基本操作。由于线性表的数据元素类型不确定,所以采用 C++ 的模板机制。

```
template <typename T>
class SqList
{
private:
    int maxsize;                          //顺序表可能达到的最大长度
    int length;                           //顺序表的长度
    T * elem;                             //存储空间的基地址
public:
    SqList(int size=DEFAULT_SIZE);        //构造函数,DEFAULT_SIZE 为符号常量
    SqList(T a[], int n);                 //构造函数
    SqList(Const SqList<T>&sl);           //复制构造函数
    ～SqList();                           //析构函数
    int Length() Const;                   //求顺序表的长度
    bool Empty() Const;                   //判断表是否为空
    void Clear();                         //清空顺序表
    void PrintList() Const;               //输出表中的各个元素
    bool GetElem(int i, T &e) Const;      //获取指定位置的元素值
    bool SetElem(int i, T e);             //设置指定位置的元素值
    int Search(T e) Const;                //查找元素
    bool Insert(int i, T e);              //插入元素
    bool Delete(int i, T &e);             //删除元素
};
```

　　下面讨论基本操作的算法及实现。

1. 构造函数——初始化顺序表

构造函数用于在创建顺序表的实例时完成初始化工作。

　　由于线性表的长度可变,且所需存储空间随问题不同而不同,因此可以使用 C++ 语言的 new 命令为线性表动态分配一块连续的存储空间。动态分配存储空间可以更有效地利用系统资源,当不需要该线性表时,可以使用销毁操作及时释放占用的存储空间。

【算法实现】

```
template <typename T>
SqList<T>::SqList(int size)               //构造一个最大元素个数为 size 的空顺序表
{
    maxsize=size;                         //最大元素个数
    length=0;                             //空表的长度为 0
```

```
    elem=new T[maxsize];                    //分配存储空间,elem指向这段空间的基地址
}
```

本算法的时间复杂度为 $O(1)$。

2. 构造函数——建立顺序表

根据数组 $a[n]$ 创建一个包含 n 个数据元素的顺序表。

【算法实现】

```
template <typename T>
SqList<T>::SqList(T a[], int n)
{
    if (n>DEFAULT_SIZE)                      // DEFAULT_SIZE 为符号常量
        throw "参数非法";
    maxsize=DEFAULT_SIZE;
    elem=new T[maxsize];
    for (int i=0; i<n; i++)
        elem[i]=a[i];
    length=n;
}
```

本算法的时间复杂度为 $O(n)$,其中 n 为顺序表 sl 中元素的个数。

3. 复制构造函数——由已存在的顺序表构造新的顺序表

复制构造函数是根据已经存在的顺序表 sl 构造一个新的顺序表。

【算法实现】

```
template <typename T>
SqList<ElemType>::SqList(Const SqList<T>&sl)
{
    maxsize=sl.maxsize;
    elem=new T[maxsize];
    for (int i=0; i<length; i++)
        elem[i]=sl.elem[i];
    length=sl.length;
}
```

本算法的时间复杂度为 $O(n)$。

4. 析构函数——销毁顺序表

析构函数用于顺序表对象离开作用域时释放其占用的存储空间。

【算法实现】

```
template <typename T>
SqList<T>::~SqList()
{
    delete []elem;                           //释放顺序表占用的空间
}
```

本算法的时间复杂度为 $O(1)$。

5. 求顺序表的长度

在顺序表的类模板定义中用成员变量 length 存储顺序表的长度,因此,求顺序表的长度只需返回变量 length 的值。

【算法实现】

```
template <typename T>
int SqList<T>::Length() Const
{
    return length;
}
```

本算法的时间复杂度为 $O(1)$。

6. 判断顺序表是否为空

若顺序表的长度为 0,则为空表。因此,判断顺序表是否为空,只需判断 length 的值是否为 0。

【算法实现】

```
template <typename T>
bool SqList<T>::Empty() Const
{
    if (length==0)
        return true;
    else
        return false;
}
```

本算法的时间复杂度为 $O(1)$。

7. 清空顺序表

长度为 0 的线性表为空表,因此,清空顺序表只需将 length 的值置为 0。

【算法实现】

```
template <typename T>
void SqList<T>::Clear()
{
    length=0;
}
```

本算法的时间复杂度为 $O(1)$。

8. 输出顺序表

顺序表中的数据元素按顺序存储在数组 elem 中,因此只需按下标依次输出各元素。

【算法实现】

```
template <typename T>
void SqList<T>::PrintList() Const
{
    for (int i=0; i<length; i++)
```

```
            cout<<elem[i]<<" ";
        cout<<endl;
}
```

本算法的时间复杂度为 $O(n)$,其中 n 为顺序表中元素的个数。

9. 读取元素的值

读取元素的值是指根据指定的位置序号,获取指定位置的数据元素的值。

在顺序表中,由于元素的序号与数组中存储该元素的下标之间存在一一对应关系,因此可以直接通过数组下标定位得到对应位置的数据元素的值。

【算法步骤】

(1) 判断指定的位置序号 i 是否合理($1 \leqslant i \leqslant$ length),若不合理,则返回 false。

(2) 若 i 的值合理,则将第 i 个数据元素 elem$[i-1]$ 赋值给参数 e,并返回 true。

【算法实现】

```
template <typename T>
bool SqList<T>::GetElem(int i, T &e)
{
    if (i<1 || i>length)
        return false;
    e=elem[i-1];                         //下标为"位置序号-1"
    return true;
}
```

本算法的时间复杂度为 $O(1)$。

10. 设置元素的值

设置元素的值是指为指定位置的数据元素赋值。

【算法步骤】

(1) 判断指定的位置序号 i 是否合理($1 \leqslant i \leqslant$ length),若不合理,则返回 false。

(2) 若 i 的值合理,则将参数 e 的值赋值给 elem$[i-1]$,并返回 true。

【算法实现】

```
template <typename T>
bool SqList<T>::SetElem(int i, T e) Const
{
    if (i<1 || i>length)
        return false;
    elem[i-1]=e;
    return true;
}
```

本算法的时间复杂度为 $O(1)$。

11. 查找操作

查找操作是根据指定的元素值 e,查找顺序表中第一个与 e 值相等的元素。若查找成功,则返回该元素在表中的位置序号;若查找失败,则返回 0。

【算法步骤】

（1）从第一个元素起，依次和 e 的值相比较，若找到与 e 值相等的元素 elem$[i]$，则查找成功，返回该元素的位置序号 $i+1$。

（2）若查遍整个顺序表都没有找到，则查找失败，返回 0。

【算法实现】

```
template <typename T>
int SqList<T>::Search(T e) Const
{
    int i;
    for (int i=0; i<length; i++)
        if (e==elem[i])
            return i+1;
    return 0;
}
```

【算法分析】

在顺序表中查找一个数据元素时，其时间主要耗费在数据的比较上，而比较的次数取决于被查元素在线性表中的位置。

在查找时，为确定元素在顺序表中的位置，需和给定值进行比较的数据元素个数的期望值称为算法在查找成功时的平均查找长度（Average Search Length，ASL）。

假设 p_i 是查找第 i 个元素的概率，c_i 是查找到第 i 个元素所需比较的次数，则在长度为 n 的线性表中，查找成功时的平均查找长度为：

$$ASL = \sum_{i=1}^{n} p_i c_i$$

从顺序表的查找过程可知，c_i 取决于被查元素在表中的位置。若被查元素是表中的第一个元素，则仅需比较一次；若被查元素是表中的最后一个元素，则需比较 n 次。一般情况下，c_i 等于 i。

假设每个元素的查找概率相同，即 $p_i = 1/n$，则

$$ASL = \sum_{i=1}^{n} p_i c_i = \sum_{i=1}^{n} \frac{i}{n} = \frac{1}{n} \sum_{i=1}^{n} i = \frac{1}{n} \times \frac{n(n+1)}{2} = \frac{n+1}{2}$$

由此可见，顺序表查找算法的平均时间复杂度为 $O(n)$。

12. 插入操作

插入操作是指在表的第 i 个元素前插入一个新的数据元素 e，使长度为 n 的线性表

$$(a_1, a_2, \cdots, a_{i-1}, a_i, \cdots, a_n)$$

顺序表的插入操作

变成长度为 $n+1$ 的线性表

$$(a_1, a_2, \cdots, a_{i-1}, e, a_i, \cdots, a_n)$$

数据元素 a_{i-1} 和 a_i 之间的逻辑关系发生了变化。在线性表的顺序存储结构中，由于逻辑上相邻的数据元素在物理位置上也是相邻的，因此，除非 $i=n+1$，否则必须移动元素，才能反映这个逻辑关系的变化。

图 2-3 所示为一个线性表进行插入操作前后，数据元素在存储空间中的位置变化。为

了在线性表的第 3 个元素前插入一个值为 30 的数据元素,需将第 3 至第 6 个元素依次向后移动一个位置。

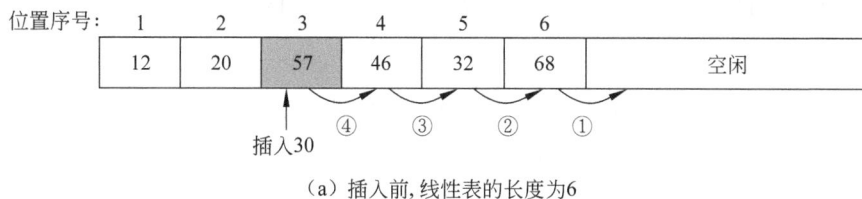

（a）插入前,线性表的长度为6

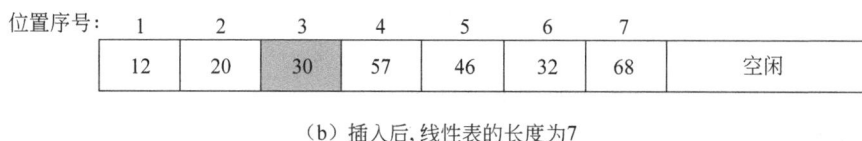

（b）插入后,线性表的长度为7

图 2-3　线性表插入前后的状态对比

一般情况下,在第 $i(1 \leqslant i \leqslant n)$ 个元素前插入一个元素时,需从最后一个元素开始,依次向后移动一个位置,直到第 i 个元素(共移动 $n-i+1$ 个元素)。

【算法步骤】

(1) 判断顺序表的存储空间是否已满,若满,则返回 false。

(2) 判断插入位置 i 是否合法($1 \leqslant i \leqslant n+1$),若不合法,则返回 false。

(3) 将第 $n \sim i$ 个位置的元素依次向后移动一个位置($i=n+1$ 时无须移动),空出第 i 个位置。

(4) 将要插入的新元素 e 写入第 i 个位置。

(5) 表的长度加 1,返回 true。

【算法实现】

```
template <typename T>
bool SqList<T>::Insert(int i, T e)
{
    if (length==maxsize)              //表满,不能插入
        return false;
    if (i<1 || i>length+1)            //位置参数不合法,不能插入
        return false;
    for (int j=length; j>=i; j--)     //移动元素
        elem[j]=elem[j-1];
    elem[i-1]=e;                      //插入新元素
    length++;
    return true;
}
```

【算法分析】

在顺序表中插入一个数据元素时,其时间主要耗费在移动元素上,而移动元素的个数取决于插入元素的位置。

假设 p_i 是在第 i 个元素前插入一个元素的概率,E_{ins} 是在长度为 n 的线性表中插入一个元素时所需移动元素次数的期望值,则有

$$E_{ins} = \sum_{i=1}^{n+1} p_i(n-i+1)$$

不失一般性,假设在线性表的任何位置上插入元素的概率都是相等的,即 $p_i = 1/(n+1)$,则

$$E_{ins} = \frac{1}{n+1}\sum_{i=1}^{n+1}(n-i+1)$$

$$= \frac{1}{n+1} \times (n+n-1+\cdots+1)$$

$$= \frac{1}{n+1} \times \frac{n(n+1)}{2} = \frac{n}{2}$$

由此可见,顺序表插入算法的平均时间复杂度为 $O(n)$。

13. 删除

删除操作是指将表的第 i 个元素删除,使长度为 n 的线性表

$$(a_1, a_2, \cdots, a_{i-1}, a_i, a_{i+1}, \cdots, a_n)$$

变成长度为 $n-1$ 的线性表

$$(a_1, a_2, \cdots, a_{i-1}, a_{i+1}, \cdots, a_n)$$

删除后数据元素 a_{i-1} 和 a_{i+1} 之间的逻辑关系发生了变化,为了在存储结构上反映这个变化,同样需要移动元素。图 2-4 给出了顺序表在删除操作前后,数据元素在存储空间中位置的变化。为了删除第 3 个元素,需将第 4～6 个元素依次向前移动一个位置。

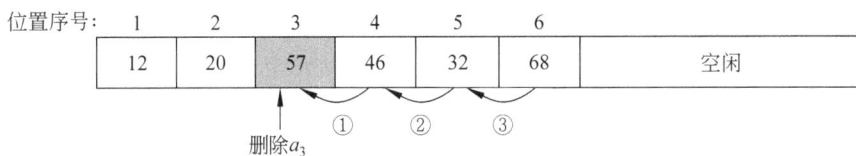

(a) 删除前,线性表的长度为6

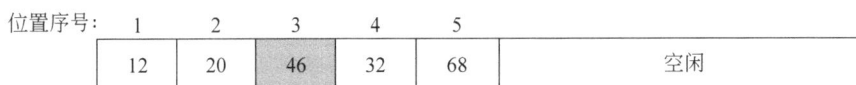

(b) 删除后,线性表的长度为5

图 2-4 线性表删除前后的状态对比

一般情况下,删除第 $i(1 \leqslant i \leqslant n)$ 个元素时,需将第 $i+1 \sim n$ 个元素(共 $n-i$ 个)依次向前移动一个位置($i=n$ 时无须移动)。

【算法步骤】

(1) 判断删除位置 i 是否合法($1 \leqslant i \leqslant n$),若不合法,则返回 false。

(2) 用 e 保存被删除的元素。

(3) 将第 $i+1 \sim n$ 个位置的元素依次向前移动一个位置($i=n$ 时无须移动)。

(4) 表的长度减 1,返回 true。

【算法实现】

```
template <typename T>
bool SqList<T>::Delete(int i, T &e)
```

```
{
    if (i<1 || i>length)
        return false;
    e=elem[i-1];
    for (int j=i; j<length; j++)
        elem[j-1]=elem[j];
    length--;
    return true;
}
```

【算法分析】

在顺序表中删除一个数据元素时,其时间主要耗费在移动元素上,而移动元素的个数取决于删除元素的位置。

假设E_{del}是在长度为n的线性表中删除一个元素时所需移动元素次数的期望值,p_i是删除第i个元素的概率,在等概率情况下,$p_i=1/n$,则有

$$E_{del} = \sum_{i=1}^{n} p_i(n-i) = \frac{1}{n} \sum_{i=1}^{n}(n-i) = \frac{1}{n} \times (n-1+n-2+\cdots+1)$$

$$= \frac{1}{n} \times \frac{n(n-1)}{2} = \frac{n-1}{2}$$

由此可见,顺序表删除算法的平均时间复杂度为$O(n)$。

2.3 线性表的链式表示和实现

顺序表利用数组元素在物理位置上的邻接关系表示线性表中数据元素之间的逻辑关系,这使得顺序表可以随机存取表中的任一元素。然而,从另一方面看,这个特点也造成这种存储结构的缺点:进行插入、删除操作时,需要移动大量元素。另外,由于数组有长度相对固定的静态特性,当表中的数据元素个数变化较大时,难以确定合适的存储规模。为此,有了可以实现存储空间动态管理的链式存储结构。本节讨论线性表的链式表示及其基本运算的实现。

2.3.1 线性表的链式存储结构——链表

线性表的链式存储结构称为链表。链表是用一组地址任意的存储单元存放线性表中的数据元素,这些存储单元可以连续,也可以不连续,甚至可以零散分布在内存中的任意位置。

链表中,每个数据元素用一个结点存储,结点不仅包含元素本身的信息(称为数据域),而且包含表示元素之间逻辑关系的信息(在 C++ 语言中用指针实现,称为指针域)。

由于线性表中的每个元素最多只有一个前驱元素和一个后继元素,因此,采用链式存储时,一种最简单、最常用的方法是,在每个结点中除包含数据域外,只设置一个指针域,用于指向其后继结点,这样的链表称为单链表;另一种方法是,在每个结点中除包含数据域之外,设置两个指针域,分别用于指向其前驱结点和后继结点,这样的链表称为双链表。

2.3.2 单链表的定义和表示

单链表是一种最简单的线性表的链式存储结构,用它存储线性表时,为了能正确表示元

素之间的逻辑关系,每个结点在存储数据元素的同时,还必须存储其后继元素所在的地址信息,如图 2-5 所示,其中 data 为数据域,存放数据元素;next 为指针域,存放该结点的后继结点的地址。

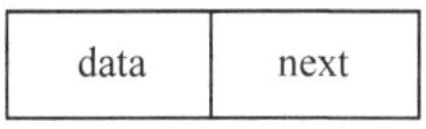

下面给出单链表的结点结构定义:

图 2-5　单链表的结点结构

```
template <typename T >
struct Node
{
    T data;                         //数据域
    Node<T> * next;                 //指针域
};
```

单链表通过每个结点的指针域将线性表的数据元素按其逻辑次序链接在一起,如图 2-6 所示。

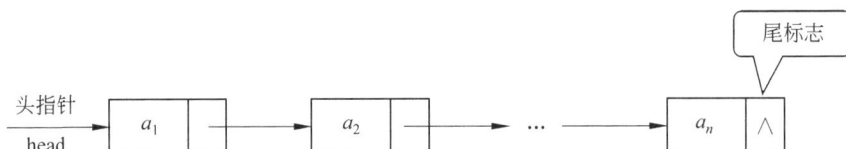

图 2-6　线性表$(a_1,a_2,\cdots,a_n)$的单链表存储

单链表中每个结点的存储地址存放在其前驱结点的 next 域中,而第一个元素无前驱,所以设立一个头指针 head 指向第一个元素所在结点(称为开始结点),整个单链表的存取必须从头指针 head 开始进行,因此,头指针具有标识一个单链表的作用。由于最后一个元素无后继,故最后一个元素所在结点(称为终端结点)的指针域为空,用 ∧ 表示,这个空指针称为尾标志。

从图 2-6 所示的单链表的存储示意图可以看到,除开始结点外,其他每个结点的存储地址都存放在其前驱结点的 next 域中,而开始结点是由头指针指示的,这个特例需要在实现单链表时进行特殊处理。为了简化算法,通常在开始结点之前附设一个类型相同的结点,称为头结点,如图 2-7(a)所示。头结点的指针域指向开始结点,数据域可以不存储任何信息,也可存储与数据元素类型相同的其他附加信息。例如,当数据元素为整型时,头结点的数据域中可以存放该线性表的长度。当单链表中没有数据元素时,只有一个头结点,这时 head->next=NULL,如图 2-7(b)所示。

增加头结点之后,开始结点的地址保存在头结点(即其前驱结点)的指针域中,则对链表的第一个数据元素的操作与其他数据元素相同,无须进行特殊处理。而且无论单链表是否为空,头指针始终都指向头结点的非空指针,因此空表和非空表的处理也统一了。

2.3.3　单链表的实现

线性表的抽象数据类型定义在单链表存储结构下用 C++ 语言中的类实现,代码如下所示,其中成员变量 head 表示单链表的头指针,成员函数实现线性表的基本操作。由于线性表的数据元素类型不确定,所以采用 C++ 的模板机制。

```
template <typename T>
```

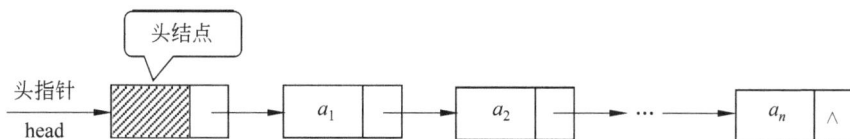

（a）非空链表

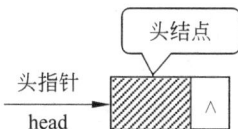

（b）空链表

图 2-7 带头结点的单链表

```
class LinkList
{
private:
    Node<T> * head;
    Node<T> * GetPtr(int i) Const;        //返回指向第 i 个结点的指针
public:
    LinkList();                            //无参构造函数
    LinkList(T a[], int n);                //有参构造函数
    LinkList(Const LinkList<T>&l);         //复制构造函数
    ~LinkList();                           //析构函数
    int Length() Const;                    //返回单链表长度
    bool Empty() Const;                    //判断表是否为空
    void Clear();                          //清空单链表
    void PrintList() Const;                //输出表中的各个元素
    bool GetElem(int i, T &e) Const;       //获取指定位置的元素值
    bool SetElem(int i, T e);              //设置指定位置的元素的值
    int Search(T e) Const;                 //查找元素
    bool Insert(int i, T e);               //插入元素
    bool Delete(int i, T &e);              //删除元素
};
```

私有成员 GetPtr() 是辅助函数,用于返回指向第 i 个结点的指针,函数模板 GetPtr() 的实现如下。

```
template<typename T>
Node<T> * LinkList<T>::GetPtr(int i) Const
{
    if (i==0)                              //头结点的序号为 0
        return head;
    Node<T> * p=head->next;                //p 指向开始结点
    int count=1;                           //计数器 count 的初值为 1
    while (count<i)                        //沿着 next 域向后扫描,直到 p 指向第 i 个结点
```

```
    {
        p=p->next;
        count++;
    }
    return p;
}
```

下面讨论单链表基本操作的算法及实现。

1. 无参构造函数——初始化单链表

初始化单链表就是生成一个只有头结点的空链表。

【算法实现】

```
template <typename T>
LinkList<T>::LinkList()
{
    head=new Node<T>;              //生成头结点
    head->next=NULL;              //头结点的指针域置空
}
```

本算法的时间复杂度为 $O(1)$。

2. 有参构造函数——建立单链表

根据数组 $a[n]$ 建立一个包含 n 个数据元素的单链表。

【算法实现】

```
template <typename T>
LinkList<T>::LinkList(T a[], int n)
{
    head=new Node<T>;                 //生成头结点
    head->next=NULL;
    Node<T> * pre=head, * p;
    for (int i=0; i<n; i++)
    {
        p=new Node<T>;                 //创建一个新结点
        p->data=a[i];                  //新结点的数据域为 a[i]
        p->next=NULL;
        pre->next=p;                   //将新结点链接到表尾
        pre=p;                         //pre 指向表中的最后一个结点
    }
}
```

本算法的时间复杂度为 $O(n)$，其中 n 为数组的长度。

3. 复制构造函数

复制构造函数是根据已经存在的单链表 l 构造一个新的单链表。

【算法实现】

```
template <typename T>
```

```
LinkList<T>::LinkList(const LinkList<T>&l)
{
    head=new Node<T>;                        //生成头结点
    head->next=NULL;
    Node<T> * pre=head, * p;
    Node<T> * q=l.head->next;
    while (q!=NULL)                          //尾插法
    {
        p=new Node<T>;                       //创建一个新结点
        p->data=q->data;
        p->next=NULL;
        pre->next=p;                         //将新结点链接到表尾
        pre=p;                               //pre 指向表中最后一个结点
        q=q->next;
    }
}
```

本算法的时间复杂度为 $O(n)$，其中 n 为单链表 1 中数据结点的个数。

4. 析构函数——销毁单链表

析构函数用于单链表对象离开作用域时释放其全部结点占用的存储空间。

【算法实现】

```
template <typename T>
LinkList<T>::～LinkList()
{
    Clear();                    //调用 Clear()函数释放每个数据结点占用的空间
    delete head;                //释放头结点占用的空间
}
```

本算法的时间复杂度为 $O(n)$，其中 n 为单链表中数据结点的个数。

5. 求单链表的长度

可以采用遍历的方法求单链表的长度。设置一个指针变量 p，初始时指向开始结点，然后顺着 next 链依次遍历表中的结点，直到终端结点，在遍历的过程中统计结点的个数。

【算法实现】

```
template <typename T>
int LinkList<T>::Length() Const
{
    int len=0;
    Node<T> * p=head->next;
    while (p!=NULL)
    {
        len++;
        p=p->next;
    }
```

```
        return len;
}
```

本算法的时间复杂度为 $O(n)$，其中 n 为单链表中数据结点的个数。

6. 判断表是否为空

若表为空，则头结点的指针域为空，因此，判断单链表是否为空只需判断头结点的 next
域是否为空。

【算法实现】

```
template <typename T>
bool LinkList<T>::Empty() Const
{
        return head->next==NULL;
}
```

本算法的时间复杂度为 $O(1)$。

7. 清空单链表

空链表中只含有头结点，因此清空单链表即从表的第一个结点开始，依次删除各个数据
结点，直到表中只剩一个头结点为止。

【算法实现】

```
template <typename T>
void LinkList<T>::Clear()
{
        Node <T> * p=head->next;
        while (p!=NULL)
        {
                head->next=p->next;          //从链中删除第一个结点
                delete p;                    //释放结点占用的存储空间
                p=head->next;                //p指向新的开始结点
        }
}
```

本算法的时间复杂度为 $O(n)$，其中 n 为单链表中数据结点的个数。

8. 输出单链表

从单链表中第一个结点开始，依次遍历表中各个结点，输出其数据域的值。

【算法实现】

```
template <typename T>
void LinkList<T>::PrintList() Const
{
        Node <T> * p=head->next;             //指针 p 初始化
        while (p!=NULL)
        {
                cout<<p->data<<" ";          //输出元素的值
                p=p->next;                   //指针 p 后移
```

```
    }
    cout<<endl;
}
```

本算法的时间复杂度为 $O(n)$，其中 n 为单链表中数据结点的个数。

9. 读取元素的值

与顺序表不同，链表中逻辑相邻的结点并没有存储在物理相邻的单元中，因此，在链表中获取指定位置的数据元素的值不能像顺序表那样随机访问，只能从链表的开始结点出发，顺着链域 next 逐个结点向下访问。

【算法步骤】

(1) 判断指定的位置序号 i 是否合理（$1 \leqslant i \leqslant$ Length()），若不合理，则操作失败，返回 false。

(2) 若 i 的值合理，则用指针 p 指向开始结点，然后依次顺着链域 next 向下访问，当 p 指向第 i 个结点时，用参数 e 保存其元素值，返回 true。

【算法实现】

```
template <typename T>
bool LinkList<T>::GetElem(int i, T &e) Const
{
    if (i<1 || i>Length())
        return false;
    Node<T> * p;
    p=GetPtr(i);                    //p 指向第 i 个结点
    e=p->data;                      //用 e 返回第 i 个元素的值
    return true;
}
```

【算法分析】

本算法调用辅助函数 GetPtr() 用于返回指向第 i 个结点的指针。在 GetPtr() 函数中，运行时间主要消耗在指针的移动上，而指针向后移动的次数与位置 i 有关。若位置 i 合理，即 $1 \leqslant i \leqslant n$（$n$ 为单链表中数据结点的个数），则指针的移动次数为 $i-1$。

假设每个位置上元素的取值概率相等，即

$$p_i = \frac{1}{n}$$

则指针的平均移动次数为：

$$\frac{1}{n} \sum_{i=1}^{n} (i-1) = \frac{1}{n} \times (1+2+\cdots n-1) = \frac{1}{n} \times \frac{n(n-1)}{2} = \frac{n-1}{2}$$

由此可见，单链表的取值操作的平均时间复杂度为 $O(n)$。

10. 设置元素的值

与读取元素值的操作一样，要给某个元素赋值，也要从链表的开始结点出发，顺着链域 next 逐个结点向下访问，到达指定结点后，修改其数据域的值。

【算法步骤】

(1) 判断指定的位置序号 i 是否合理（$1 \leqslant i \leqslant$ Length()），若不合理，则操作失败，返回

false。

（2）若 i 的值合理，则用指针 p 指向开始结点，然后依次顺着链域 next 向下访问，当 p 指向第 i 个结点时，将参数 e 的值写到当前结点的数据域，返回 true。

【算法实现】

```
template <typename T>
bool LinkList<T>::SetElem(int i, T e) Const
{
    if (i<1 || i>Length())
        return false;
    Node<T> * p;
    p=GetPtr(i);
    p->data=e;
    return true;
}
```

本算法的平均时间复杂度为 $O(n)$，分析过程同取值操作。

11. 查找操作

链表中的查找操作和顺序表类似，从链表的开始结点出发，依次将结点中的元素值与给定值 e 进行比较，若查找成功，则返回元素的序号；若查找失败，则返回 0。

【算法步骤】

（1）用指针 p 指向表中第一个结点，用 i 作计数器，初值为 1。

（2）若指针 p 不为空，并且 p 所指结点的数据域不等于给定值 e，则循环执行以下操作：

① p 指向下一结点；

② 计数器 i 加 1。

（3）若 p 不为空，则查找成功，返回 i 的值，否则查找失败，返回 0。

【算法实现】

```
template <typename T>
int LinkList<T>::Search(T e) Const
{
    Node<T> * p=head->next;
    int i=1;
    while (p!=NULL && p->data!=e)
    {
        p=p->next;
        i++;
    }
    if (p!=NULL)
        return i;
    else
        return 0;
}
```

本算法的执行时间与待查找值 e 相关，其平均时间复杂度为 $O(n)$，分析过程类似于取值操作。

12. 插入操作

插入操作是指在表的第 i 个元素前插入一个新的数据元素 e，即将 e 插到 a_{i-1} 与 a_i 之间。在单链表中，为了插入数据元素 e，首先要生成一个数据域为 e 的结点，然后修改结点 a_{i-1} 中的指针域，令其指向结点 e，而结点 e 中的指针域应指向结点 a_i，从而实现 3 个元素 a_{i-1}、e 和 a_i 之间逻辑关系的变化，如图 2-8 所示。

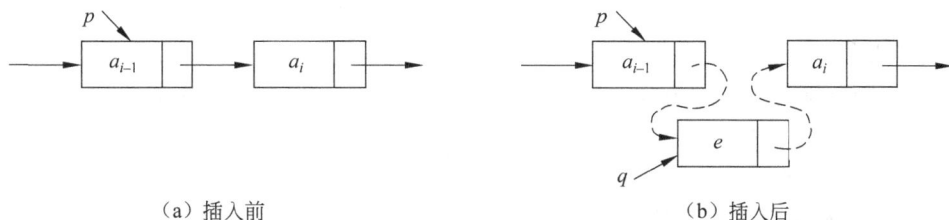

（a）插入前　　　　　　　　　　　　　（b）插入后

图 2-8　在单链表中插入结点时指针的变化情况

【算法步骤】

（1）判断插入位置 i 是否合理（$1 \leqslant i \leqslant \text{Length}() + 1$），若不合理，则操作失败，返回 *false*。

（2）若 i 的值合理，则：

① 将指针 p 指向第 $i-1$ 个结点。

② 生成一个新结点，新结点的数据域为 e，指针域指向结点 a_i。

③ 修改第 $i-1$ 个结点的指针域，使其指向新结点。

④ 操作成功，返回 true。

单链表的
插入

【算法实现】

```
template <typename T>
bool LinkList<T>::Insert(int i, T e)
{
    if (i<1 || i>Length()+1)
        return false;
    Node<T> * q, * p;
    p=GetPtr(i-1);
    q=new Node<T>;                //生成新结点
    q->data=e;
    q->next=p->next;              //将新结点插入链表中
    p->next=q;
    return true;
}
```

在单链表中，为了在第 i 个结点前插入一个新结点，必须首先找到第 $i-1$ 个结点。本算法的时间主要消耗在查找插入位置上，其时间复杂度与取值操作相同，为 $O(n)$。

13. 删除操作

删除操作是指将单链表中的第 i 个元素删去。要删除单链表中指定位置的元素，同插入元素一样，首先应该找到该位置的前驱结点，为了实现元素 a_{i-1}、a_i 和 a_{i+1} 之间逻辑关系的变化，需要修改结点 a_{i-1} 中的指针域，令其指向结点 a_{i+1}，如图 2-9 所示。

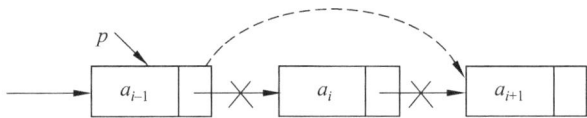

图 2-9　在单链表中删除结点时指针的变化情况

【算法步骤】

(1) 判断删除位置 i 是否合理($1\leqslant i\leqslant$ Length())，若不合理，则操作失败，返回 false。

(2) 若 i 的值合理，则：

① 将指针 p 指向第 $i-1$ 个结点。

② 用 e 存储被删除元素的值。

③ 修改 p 的指针域，使其指向 a_i 的后继结点，即 a_{i+1}。

④ 释放结点 a_i 的空间。

⑤ 操作成功，返回 true。

单链表的删除

【算法实现】

```
template <typename T>
bool LinkList<T>::Delete(int i, T &e)
{
    if (i<1 || i>Length())
        return false;
    Node <T> * p, * q;
    p=GetPtr(i-1);
    q=p->next;
    e=q->data;
    p->next=q->next;
    delete q;
    return true;
}
```

类似于插入算法，删除算法的时间复杂度也为 $O(n)$。

2.3.4　双链表

单链表的结点中只有一个指向其直接后继的指针域，因此，从某个结点出发只能顺时针向后寻找其他结点。若要寻找结点的直接前驱，则必须从表头指针出发。如果希望快速确定单链表中任一结点的前驱结点，可以在每个结点中再设置一个指向其前驱结点的指针域，这样就形成了双链表。

在双链表中，每个结点在存储数据元素的同时，还存储其前驱元素和后继元素所在结点的地址信息，如图 2-10 所示，其中，data 为数据域，存放数据元素；prior 为前驱指针域，存放该结点的前驱结点的地址信息；next 为后继指针域，存放该结点的后继结点的地址信息。

prior	data	next

图 2-10　双链表的结点结构

下面给出双链表的结点结构定义：

```
template <typename T >
struct DbNode
{
    T data;                      //数据域
    DbNode<T > * prior;          //前驱指针域
    DbNode<T > * next;           //后继指针域
};
```

和单链表类似，双链表一般也由头指针唯一确定，增加头结点也能使双链表的某些操作变得方便。双链表结构示意图如图 2-11 所示。

图 2-11　双链表结构示意图

在双链表中，有些操作（如求长度、取元素值、查找元素等）仅涉及一个方向的指针，因此，这些操作的实现算法与单链表中的相应算法基本相同，这里不再讨论。但双链表中的插入和删除操作是不同于单链表的。下面分别讨论双链表的插入和删除操作的算法及实现。

1. 插入操作

在双链表中的第 i 个位置插入值为 e 的结点时，插入过程与单链表类似。先查找第 $i-1$ 个结点并由指针 p 指向该结点，然后在 p 所指结点之后插入值为 e 的结点。与单链表插入操作不同的是，双链表的插入操作需要修改 4 个指针，如图 2-12 所示。

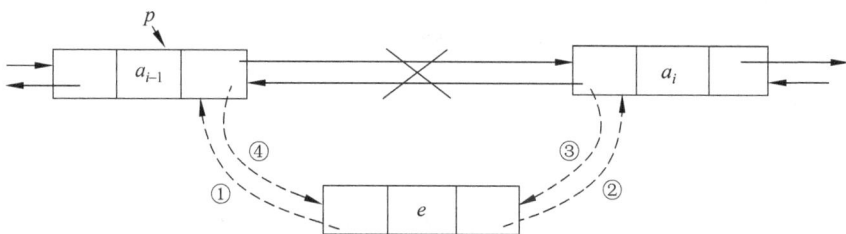

图 2-12　双链表的插入操作

注意指针修改的相对顺序，在修改第②和③步的指针时，要用 p->next 找到 p 的后继结点，因此，第④步指针的修改要在第②和③步的指针修改完成后才能进行。

【算法实现】

```
template <typename T>
bool DbLinkList<T>::Insert(int i, T e)
{
    if (i<1 || i>Length()+1)
        return false;
    DbNode<T> * p, * q;
    p=GetPtr(i-1);              //p 指向第 i-1 个结点
    q=new DbNode<T>;            //q 指向新建结点
    q->data=e;                  //为新结点的数据域赋值
```

```
    q->prior=p;                       //新结点的前驱指向 p
    q->next=p->next;                  //新结点的后继指向 p 的后继
    if (p->next!=NULL)                //若 p 存在后继结点,则修改其前驱指针
        p->next->prior=q;
    p->next=q;                        //修改 p 的后继指针
    return true;
}
```

双链表的插入算法和单链表一样,算法的时间主要消耗在查找插入位置上,时间复杂度为 $O(n)$。

2. 删除操作

双链表中删除结点的过程与单链表类似。要删除第 i 个结点,首先找到第 $i-1$ 个结点,并由指针 p 指向该结点,然后删除 p 的后继结点。与单链表删除操作不同的是,双链表的删除操作需要修改两个指针,如图 2-13 所示。

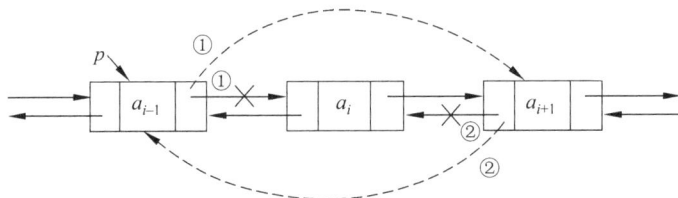

图 2-13　在双链表中删除结点时指针的变化情况

【算法实现】

```
template <typename T>
bool DbLinkList<T>::Delete(int i, T &e)
{
    if (i<1 || i>Length())
        return false;
    DbNode <T> * p, * q;
    p=GetPtr(i-1);                    //p 指向第 i-1 个结点
    q=p->next;                        //q 指向第 i 个结点
    p->next=q->next;                  //修改 p 的后继
    if (q->next!=NULL)               //若 q 存在后继结点,修改其前驱指针
        q->next->prior=p;
    e=q->data;                       //用 e 存储要删除的元素值
    delete q;                        //释放被删除结点所占的空间
    return true;
}
```

与插入操作一样,算法的时间主要消耗在查找删除位置上,时间复杂度为 $O(n)$。

2.3.5　循环链表

循环链表是另一种形式的链式存储结构,有循环单链表和循环双链表两种类型。循环单链表的结点结构与单链表的结点结构相同,循环双链表的结点结构与双链表的结点结构相同。

在单链表中,如果将终端结点的 next 域由空指针改为指向头结点,整个单链表就形成了一个环。由此,从表中任一结点出发都能找到表中的其他结点。图 2-14 所示为循环单链表结构示意图。

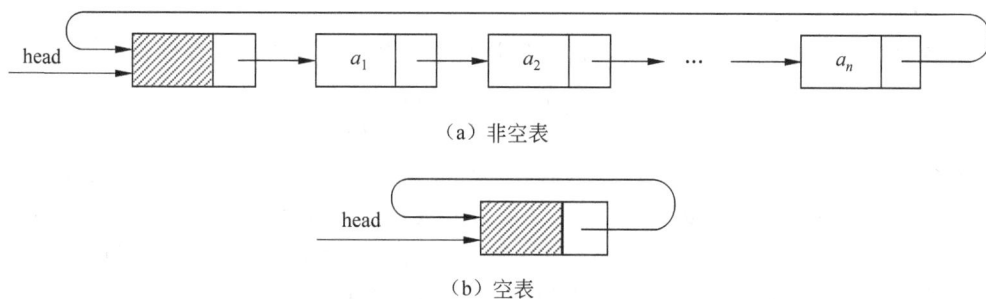

（a）非空表

（b）空表

图 2-14　循环单链表结构示意图

在双链表中,如果将终端结点的 next 域由空指针改为指向头结点,将头结点的 prior 域由空指针改为指向终端结点,整个双链表就形成两个环。由此,在循环双链表中可以通过 head->prior 快速找到终端结点。图 2-15 所示为循环双链表结构示意图。

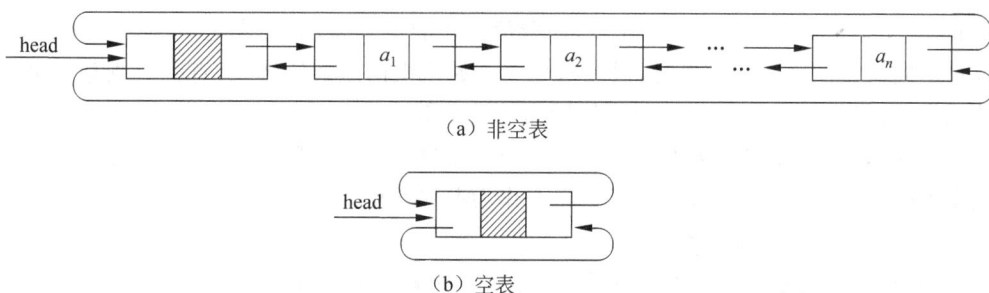

（a）非空表

（b）空表

图 2-15　循环双链表结构示意图

循环链表的基本操作实现算法与对应非循环链表的算法基本相同,主要差别是对空表或到达终端结点的判定条件不同。在单链表中,判断空表的条件是 head->next==NULL,判断指针 p 指向终端结点的条件是 p->next==NULL;而在循环链表中,判断空表的条件是 head->next==head,判断指针 p 指向终端结点的条件是 p->next==head。

2.4　顺序表和链表的比较

前面两节介绍了线性表的顺序表示和链式表示,这两种存储结构各有优缺点。在实际应用中选用哪种存储结构,应该根据具体问题具体分析,通常从空间性能和时间性能两方面比较。

1. 空间性能的比较

1）存储空间的分配

由于顺序表需要分配一定长度的、连续的存储空间,如果事先不知道线性表的大致长度,则有可能对存储空间分配得过大,导致存储空间得不到充分利用,造成浪费;如果估计得过小,则会发生上溢。而链表不需要固定长度的存储空间,只要内存空间允许,链表中的元素个数就没有限制。

基于此,当线性表的长度变化较大,难以预估规模时,宜采用链式存储结构。

2) 存储密度的大小

存储密度是指数据元素本身所占的存储量和整个结点结构所占的存储量之比,即

$$存储密度 = \frac{数据元素本身占用的存储量}{结点结构占用的存储量}$$

存储密度越大,存储空间的利用率越高。显然,顺序表的存储密度为1。链表的每个结点除了设置数据域用来存储数据元素外,还要额外设置指针域,用来存储指示元素之间逻辑关系的指针,因此,链表的存储密度小于1。例如,若单链表的结点数据均为整数,指针所占的空间大小和整型元素所占的空间大小相同,则单链表的存储密度为0.5。

基于此,当线性表的长度变化不大,易于事先确定其大小时,为了节约存储空间,宜采用顺序表作为存储结构。

2. 时间性能的比较

1) 存取元素的效率

顺序表是由数组实现的,它是一种随机存取结构,指定任意一个位置序号i,都可以在$O(1)$时间内直接存取该位置上的元素,即取值操作的效率高;而链表是一种顺序存取结构,按位置访问链表中第i个元素时,只能从表头开始依次向后遍历链表,直到找到第i个位置上的元素,时间复杂度为$O(n)$,即取值操作的效率低。

基于此,若线性表需频繁进行存取操作却很少进行插入和删除操作,或者操作和元素在线性表中的位置紧密相关时,宜采用顺序表作为存储结构。

2) 插入、删除操作的效率

对于链表,在确定插入或删除的位置后,插入或删除操作无须移动数据,只需要修改指针,时间复杂度为$O(1)$。而对于顺序表,进行插入或删除操作时,平均要移动表中近一半的元素,时间复杂度为$O(n)$。基于此,频繁进行插入或删除操作的线性表,宜采用链表作为存储结构。

2.5 线性表的应用

【例 2.1】 已知两个集合A和B,求解一个新的集合$C = A \bigcup B$。例如,设$A = \{8, 10, 15, 20, 6\}$,$B = \{3, 6, 8, 12\}$,则$C = \{8, 10, 15, 20, 6, 3, 12\}$。

【问题分析】

可以利用线性表 la、lb 和 lc 分别表示集合A、B和C,即线性表 la 中的数据元素为集合A中的成员,线性表 lb 中的数据元素为集合B中的成员,线性表 lc 用来存储集合A和B的并集,初始应为空表。首先将 la 中的全部数据元素插入 lc 中,然后对于 lb 中的每一个数据元素,判断其是否存在于 la 中,若不存在,则将其插入 lc 中。

本问题中主要涉及线性表的三类操作:读取元素值、插入元素和查找元素。顺序表可以实现随机存取,读取元素的效率高于链表;该算法中的插入操作均在表尾进行,不需要移动元素,采用顺序存储或链式存储,时间复杂度均为$O(1)$;在顺序表和链表中进行查找操作

时,执行时间都与表长成正比。综上分析,本问题中的线性表更适合采用顺序存储,可以直接使用 2.2.2 节定义的顺序表类 SqList 定义顺序表变量 la、lb 和 lc,并调用实现基本操作的函数完成相应的功能。

【算法步骤】

(1) 清空 lc。

(2) 从 la 中的第 1 个数据元素开始,循环 n(n 为线性表 la 的长度)次执行以下操作:

① 读取 la 中第 i($1 \leqslant i \leqslant n$)个数据元素赋值给 e。

② 将 e 插入到 lc 中。

(3) 从 lb 中的第 1 个数据元素开始,循环 m(m 为线性表 lb 的长度)次执行以下操作:

① 读取 lb 中第 j($1 \leqslant j \leqslant m$)个数据元素赋值给 e。

② 在 la 中查找元素 e,若不存在,则将 e 插入到 lc 中。

【程序实现】

```cpp
#include <iostream>
#include "SqList.h"
using namespace std;
void MergeList(const SqList<int> &la, const SqList<int> &lb, SqList<int> &lc)
{
    int i, j, e, n, m;
    n=la.Length();              //获取 la 的长度
    m=lb.Length();              //获取 lb 的长度
    lc.Clear();
    for (i=1; i<=n; i++)        //将 la 中的全部数据元素插入 lc 中
    {
        la.GetElem(i, e);
        lc.Insert(i, e);
    }
    for (j=1; j<=m; j++)        //将存在于 lb 而不存在于 la 中的数据元素插入 lc 中
    {
        lb.GetElem(j, e);
        if (la.Search(e)==0)
        {
            lc.Insert(i, e);
            i++;
        }
    }
}
int main()
{
    int a[]={8, 10, 15, 20, 6};
    int b[]={3, 6, 8, 12};
    int e;
    SqList<int>la(a, 5);
```

```
    SqList<int>lb(b, 4);
    SqList<int>lc(9);
    MergeList(la, lb, lc);
    cout<<"集合 A 与 B 的并集: "<<endl;
    lc.PrintList();
    return 0;
}
```

【例 2.2】 已知两个有序集合 A 和 B,数据元素按值非递减有序排列,现要求一个新的集合 $C=A \bigcup B$,使集合 C 中的数据元素仍按值非递减有序排列。例如,设 $A=\{6,8,10,15,20\}$,$B=\{3,6,8,12\}$,则 $C=\{3,6,6,8,8,10,12,15,20\}$。

【问题分析】

与例 2.1 一样,可以利用两个顺序表 la 和 lb 分别表示有序集合 A 和 B。如果 la 和 lb 的长度分别为 n 和 m,则合并后的新表 lc 的长度应为 $n+m$。由于 lc 中的数据元素或是 la 中的元素,或是 lb 中的元素,因此,首先清空 lc 表,然后将 la 或 lb 中的元素逐个插入到 lc 中。为使 lc 中的数据元素仍有序,可设两个整型变量 pa 和 pb 分别表示顺序表 la 和 lb 的当前位置,若 pa 位置上的元素值为 a,pb 位置上的元素值为 b,则应插入到 lc 中的数据元素 c 为

$$c=\begin{cases} a & a \leqslant b \\ b & a > b \end{cases}$$

【算法步骤】

(1) 清空 lc。

(2) 从 la 和 lb 的第 1 个数据元素开始,直到 la 或 lb 到达表尾,重复执行以下操作:

① 读取 la 和 lb 当前位置上的元素值。

② 将较小的元素值插入 lc 中。

③ 位置后移。

(3) 若 lb 未到达表尾,则将 la 的剩余元素依次插入 lc 中。

(4) 若 la 未到达表尾,则将 lb 的剩余元素依次插入 lc 中。

【程序实现】

```
#include<iostream>
#include "sqlist.h"
using namespace std;
void MergeList (const SqList<int>&la, const SqList<int>&lb, SqList<int>&lc)
{
    int i=1, pa=1, pb=1, a, b;      //i 为 lc 中插入元素的位置
    int n=la.Length();
    int m=lb.Length();
    lc.Clear();                     //清空 lc
    while (pa<=n && pb<=m)          //la 和 lb 均未到达表尾
    {
        la.GetElem(pa, a);          //从 la 中读取指定位置的元素
        lb.GetElem(pb, b);          //从 lb 中读取指定位置的元素
```

```
        if (a<=b)                      //将较小的元素值插入 lc 中
        {
            lc.Insert(i, a);
            pa++;
        }
        else
        {
            lc.Insert(i, b);
            pb++;
        }
        i++;
    }
    while (pa<=n)                       //将 la 中的剩余元素依次插入 lc 中
    {
        la.GetElem(pa, a);
        lc.Insert(i, a);
        pa++;
        i++;
    }
    while (pb<=m)                       //将 lb 中的剩余元素依次插入 lc 中
    {
        lb.GetElem(pb, b);
        lc.Insert(i, b);
        pb++;
        i++;
    }
}
int main()
{
    int a[]={6, 8, 10, 15, 20};
    int b[]={3, 6, 8, 12};
    SqList<int>la(a, 5);
    SqList<int>lb(b, 4);
    SqList<int>lc(9);
    MergeList(la, lb, lc);
    cout<<"合并后的结果: "<<endl;
    lc.PrintList();
    return 0;
}
```

【例 2.3】 求解大整数相加问题。例如,设 $a=123456789, b=5678$,则 $a+b=123462467$。

【问题分析】

C++ 中,int 类型的取值范围是 $-2\,147\,483\,648 \sim 2\,147\,483\,647$。对于大整数,可以利用单链表表示,链表中的每个结点存储一个整数位上的数字字符。为方便算法的实现,数字以逆序存储于链表中(即个位上的数字存储在链表的开始结点中),如图 2-16 所示,la 和 lb

分别表示两个加数 123456789 和 5678。

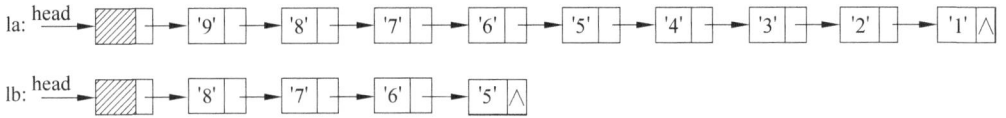
图 2-16　大整数在单链表中的存储表示

加法运算从个位开始,将对应位置上的数字相加,满十进位。设 a 和 b 分别为单链表 la 和 lb 对应位置上的元素值,c 为相加的结果,则

$$\begin{cases} c = ((a - '0') + (b - '0') + \text{carry})\%10 & \text{carry 为进位} \\ \text{carry} = ((a - '0') + (b - '0') + \text{carry})/10 \end{cases}$$

【算法步骤】

(1) 从 la 和 lb 的第 1 个数据元素开始,重复执行以下操作直到 la 或 lb 到达表尾:

① 读取 la 和 lb 当前位置上的元素值。

② 计算两个值相加的结果和进位。

③ 将结果以字符的形式插入到 lc 中。

④ 位置后移。

(2) 若 la 未到达表尾,则从当前位置开始,重复执行以下操作:

① 读取当前位置的元素值,与进位相加,结果插入 lc 中。

② 计算进位。

③ 位置后移。

(3) 若 lb 未到达表尾,则从当前位置开始,重复执行以下操作:

① 读取当前位置的元素值,与进位相加,结果插入 lc 中。

② 计算进位。

③ 位置后移。

【程序实现】

```cpp
#include<iostream>
#include"linklist.h"
using namespace std;
void Add(const LinkList<char>&la, const LinkList<char>&lb, LinkList<char>&lc)
{
    int pa=1, pb=1, c;
    char a, b;
    int carry=0;                        //carry 表示进位
    int i=1;                            //i 表示 lc 表中的插入位置
    int n=la.Length();
    int m=lb.Length();
    while (pa<=n && pb<=m)              //la 和 lb 均未到达表尾
    {
        la.GetElem(pa++, a);
        lb.GetElem(pb++, b);
```

```
        c=((a-'0')+(b-'0')+carry)%10;      //字符换成数字后相加
        lc.Insert(i, c+'0');               //数字转换成字符插入 lc 中
        i++;
        carry=((a-'0')+(b-'0')+carry)/10;//计算进位
    }
    while (pa<=n)                          //la 未到达表尾
    {
        la.GetElem(pa++, a);
        c=(a-'0'+carry)%10;
        lc.Insert(i, c+'0');
        i++;
        carry=(a-'0'+carry)/10;
    }
    while (pb<=m)                          //lb 未到达表尾
    {
        lb.GetElem(pb++, b);
        c=(b-'0'+carry)%10;
        lc.Insert(i, c+'0');
        i++;
        carry=(b-'0'+carry)/10;
    }
    if (carry==1)                          //如果有进位,就将进位插入 lc 中
        lc.Insert(i, '1');
}
int main()
{
    char * s1=new char[];                  //用字符数组存储操作数
    char * s2=new char[];
    char e;
    cout<<"请输入两个整数: "<<endl;
    cin>>s1;
    cin>>s2;
    LinkList<char>la(strrev(s1), strlen(s1));    //数字逆序存储在单链表中
    LinkList<char>lb(strrev(s2), strlen(s2));
    LinkList<char>lc;
    Add(la, lb, lc);
    cout<<"相加的结果为: ";
    int len=lc.Length();
    for (int i=len; i>=1; i--)             //输出结果,高位在前,低位在后
    {
        lc.GetElem(i, e);
        cout<<e;
    }
    cout<<endl;
    return 0;
}
```

本 章 小 结

线性表是最基本且最常用的一种线性结构,同时也是其他数据结构的基础。本章主要内容如下。

(1) 线性表是由 $n(n \geqslant 0)$ 个类型相同的数据元素组成的有限序列,相邻数据元素之间存在着序偶关系。对于非空的线性表,除第一个元素以外,每一个元素有且仅有一个前驱,除最后一个元素外,每一个元素有且仅有一个后继。

(2) 线性表有两种存储结构:顺序存储(顺序表)和链式存储(链表)。对于顺序表,元素存储的相邻位置反映出其逻辑上的线性关系,可借助数组实现。给出数组的下标,便可以存取相应的元素,因此顺序表是一种随机存取结构。而链表是依靠指针反映其线性逻辑关系的,链表结点的存取都要从头指针开始,顺链而行,因此链表是一种顺序存取结构。不同的特点使得顺序表和链表有不同的适用情况,表 2-2 对两者进行了比较。

表 2-2 顺序表和链表的比较

比较项目		存 取 结 构	
		顺 序 表	链 表
时间	存取元素	随机存取,按位置访问元素的时间复杂度为 $O(1)$	顺序存取,按位置访问元素的时间复杂度为 $O(n)$
	插入、删除	平均移动约表中一半元素,时间复杂度为 $O(n)$	不需要移动元素,确定插入、删除位置后,时间复杂度为 $O(1)$
空间	存储空间	预先分配,会导致空间闲置或溢出现象	动态分配,不会出现空间闲置或溢出现象
	存储密度	不用为表示结点间的逻辑关系而增加额外的存储开销,存储密度等于 1	需要借助指针反映元素之间的逻辑关系,存储密度小于 1
适用情况		① 表长变化不大,且能事先确定变化的范围; ② 很少进行插入、删除操作,经常按位置访问数据元素	① 表长变化较大,难以预估规模; ② 频繁进行插入、删除操作

(3) 本章讨论了 3 种不同形式的链表,即单链表、双链表和循环链表,这 3 种链表均有不同的适用场合。

习 题 2

1. 选择题

(1) 线性表是具有 n 个(   )的有限序列。

    A. 表元素   B. 字符   C. 数据元素   D. 数据项

(2) 对于线性表 $L=(a_1, a_2, \cdots, a_n)$,下列叙述正确的是(   )。

    A. 每个元素都有一个直接前驱和直接后继

    B. 线性表中至少有一个元素

    C. 表中各元素的排列必须是由小到大或由大到小

D. 除第一个和最后一个元素外,其余每个元素都有一个且仅有一个直接前驱和直接后继

（3）下列关于线性表的叙述中,错误的是（　　）。

A. 线性表采用顺序存储,必须占用一片连续的存储单元

B. 线性表采用顺序存储,便于进行插入和删除操作

C. 线性表采用链式存储,不必占用一片连续的存储单元

D. 线性表采用链式存储,便于进行插入和删除操作

（4）下列各项中属于顺序存储结构优点的是（　　）。

A. 存储密度大

B. 插入运算方便

C. 删除运算方便

D. 可方便地用于各种逻辑结构的存储表示

（5）n 个元素的线性表采用数组实现,算法的时间复杂度为 $O(1)$ 的操作是（　　）。

A. 访问第 $i(1 \leqslant i \leqslant n)$ 个元素和求第 $i(2 \leqslant i \leqslant n)$ 个元素的直接前驱

B. 在第 $i(1 \leqslant i \leqslant n)$ 个元素后插入一个元素

C. 删除第 $i(1 \leqslant i \leqslant n)$ 个元素

D. 以上都不对

（6）线性表采用链式存储时,其结点地址（　　）。

A. 必须是连续的　　　　　　　　　B. 一定是不连续的

C. 部分地址必须是连续的　　　　　D. 连续与否均可以

（7）线性表采用链式存储时,通过（　　）表示元素之间的逻辑关系。

A. 保存后继元素地址　　　　　　　B. 元素的存储顺序

C. 保存左、右孩子地址　　　　　　D. 保存后继元素的数组下标

（8）链表不具有的特点是（　　）。

A. 进行插入和删除操作时不需要移动元素

B. 可随机访问任一元素

C. 不必事先估计存储空间

D. 所需空间与线性表长度成正比

（9）设线性表有 n 个元素,（　　）在顺序表上实现比在链表上实现效率更高。

A. 输出第 $i(1 \leqslant i \leqslant n)$ 个元素

B. 交换第 1 个元素与第 2 个元素的值

C. 顺序输出这 n 个元素的值

D. 输出与给定值 x 相等的元素在线性表中的序号

（10）设单链表中,已知指针 q 所指结点是指针 p 所指结点的直接前驱,若在 q 与 p 之间插入结点 s,则应执行（　　）操作。

A. s->next＝p->next；　p->next＝s；

B. q->next＝s；　s->next＝p；

C. p->next=s->next；　s->next=p;

D. p->next=s；　s->next=q;

（11）将长度为 n 的单链表接在长度为 m 的单链表之后的算法时间复杂度为（　　）。

　　A. $O(1)$　　　　B. $O(n)$　　　　C. $O(m)$　　　　D. $O(n+m)$

（12）与单链表相比,双链表的优点之一是（　　）。

　　A. 插入、删除操作更简单　　　　　　B. 可以随机访问

　　C. 可以省略表头指针或表尾指针　　　D. 访问前后相邻结点更灵活

（13）若某线性表最常用的操作是存取任一指定位置的元素和在最后进行插入和删除运算,则利用（　　）存储方式最节省时间。

　　A. 顺序表　　　B. 双链表　　　C. 双循环链表　　　D. 单循环链表

（14）如果最常用的操作是取第 i 个元素的前驱结点,则采用（　　）存储方式最节省时间。

　　A. 单链表　　　B. 双链表　　　C. 单循环链表　　　D. 顺序表

（15）若某线性表最常用的操作是在最后一个结点之后插入一个结点或删除最后一个结点,则采用（　　）存储方式最节省运算时间。

　　A. 单链表　　　　　　　　　　　B. 给出表头指针的循环单链表

　　C. 双链表　　　　　　　　　　　D. 带头结点的循环双链表

2. 填空题

（1）在单链表中设置头结点的作用是_____。

（2）在带头结点的单链表中,当删除某一指定结点时,必须找到该结点的_____结点。

（3）在双链表中,每个结点有两个指针域:一个指向_____;另一个指向_____。

（4）带头结点的单链表 L 为空的判定条件是_____,不带头结点的单链表 L 为空的判定条件是_____。

（5）在单链表中,指针 p 所指结点为最后一个结点的判定条件是_____。

（6）在顺序表中访问任意一个元素的时间复杂度均为_____。

（7）在一个单链表中,若删除 p 所指结点的后继结点,则执行语句_____。

（8）设一个顺序表的长度为 n,那么,在表中顺序查找一个值为 x 的元素时,在等概率的情况下,查找成功的数据平均比较次数为_____。在向表中第 $i(1\leqslant i\leqslant n)$ 个位置插入一个新元素时,为保持插入后表中原有元素的相对次序不变,需要从后向前依次后移_____个元素。在删除表中第 $i(1\leqslant i\leqslant n)$ 个元素时,为保持删除后表中原有元素的相对次序不变,需要从前向后依次前移_____个元素。

3. 算法设计

（1）已知两个顺序表 A 和 B 分别表示两个集合,设计算法,求解两个集合的交集。

（2）已知顺序表 L 中的元素递增有序排列,设计算法,将元素 x 插入到表 L 中并保持表 L 仍递增有序。

（3）假设用单链表表示八进制数,要求编写一个函数 Add(),该函数有两个参数 A 和

B,分别指向表示八进制数的单链表,函数的返回值为表示八进制数 A 加 B 所得结果的单链表。

（4）设计一个算法,将一个单链表 A（其数据域为整数）分解成两个单链表 A 和 B,使得 A 链表只含有原来链表中 data 域为奇数的结点,而 B 链表只含有原来链表中 data 域为偶数的结点,且保持原来的相对顺序。

（5）为 SqList 类模板添加一个成员函数模板,用于删除顺序表中所有值为 x 的数据元素,要求算法的时间复杂度为 $O(n)$,空间复杂度为 $O(1)$。

（6）为 LinkList 类模板添加一个成员函数模板,实现利用原结点空间逆置单链表中的元素。

第3章 栈和队列

栈和队列是两种常用的数据结构,广泛应用在操作系统、编译程序等各种软件系统中。从数据结构角度看,栈和队列也是线性表,但栈和队列的基本操作是线性表操作的子集,它们是操作受限的线性表。从数据类型角度看,栈和队列是两种不同于线性表的重要的抽象数据类型。本章将讨论栈和队列的基本概念、存储结构和相关运算,以及栈和队列的应用实例。

3.1 栈

栈是一种常用而且重要的数据结构,它在计算机科学中应用非常广泛。例如,编译器对表达式的计算和表达式括号的匹配、计算机系统处理函数调用时参数的传递和函数值的返回等,都需要使用到栈。

3.1.1 栈的定义

栈是限定仅在表的一端进行插入和删除操作的线性表,允许插入和删除的一端称为栈顶,另一端称为栈底。栈的插入操作通常称为进栈或入栈,栈的删除操作通常称为退栈或出栈。不含任何数据元素的栈称为空栈。

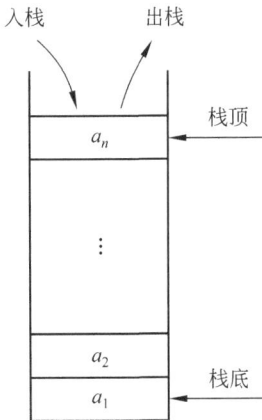

图 3-1 栈的示意图

设有栈 $S=(a_1,a_2,\cdots,a_n)$,则称 a_1 为栈底元素,称 a_n 为栈顶元素。如图 3-1 所示,栈中元素按 $a_1,a_2,\cdots,a_n$ 的次序进栈,出栈的第一个元素为栈顶元素,也就是说,栈的修改是按后进先出的原则进行的。因此,栈又称为后进先出(Last In First Out,LIFO)的线性表。

在日常生活中,有很多类似栈的例子。例如,洗干净的盘子总是逐个叠放在已经洗好的盘子上面,而使用时从上往下逐个取。栈的操作特点正是上述实际应用的抽象。在程序设计中,如果需要按照与保存数据时相反的顺序使用数据,则可以利用栈实现。例如,将浏览过的网址用栈进行存储,每访问一个网页,将其地址存放到栈顶,按"后退"按钮即可沿相反次序返回此前刚访问过的页面。

【例 3.1】 若元素的入栈序列为 1234,能否得到 3142 的出栈序列?

解析:为了让 3 作为第一个出栈元素,将 1、2、3 依次入栈,之后 3 出栈,如图 3-2 所示,此时要么 2 出栈,要么 4 入栈后出栈,出栈的第 2 个元素只能是 2 或 4,不可能是 1,因此得不到 3142 的出栈序列。

【例 3.2】 假设用 I 和 O 分别表示入栈和出栈操作,若元素的入栈顺序为 1234,为了得到 1342 的出栈序列,试给出相应的 I 和 O 操作串。

解析:为了得到 1342 的出栈序列,其操作过程是:1 入栈,1 出栈,2 入栈,3 入栈,3 出

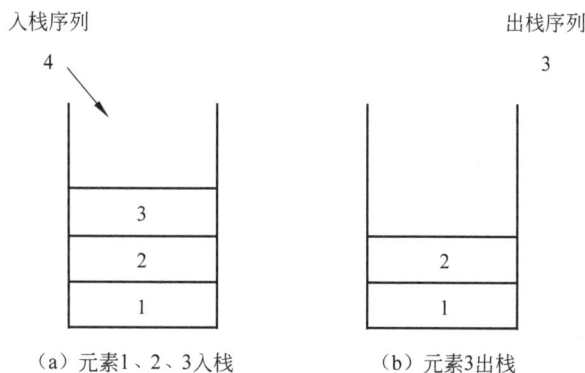

入栈序列
4

出栈序列
3

（a）元素1、2、3入栈   （b）元素3出栈

图 3-2　栈操作示意图

栈,4 入栈,4 出栈,2 出栈,如图 3-3 所示。因此,相应的 I 和 O 操作串为 IOIIOIOO。

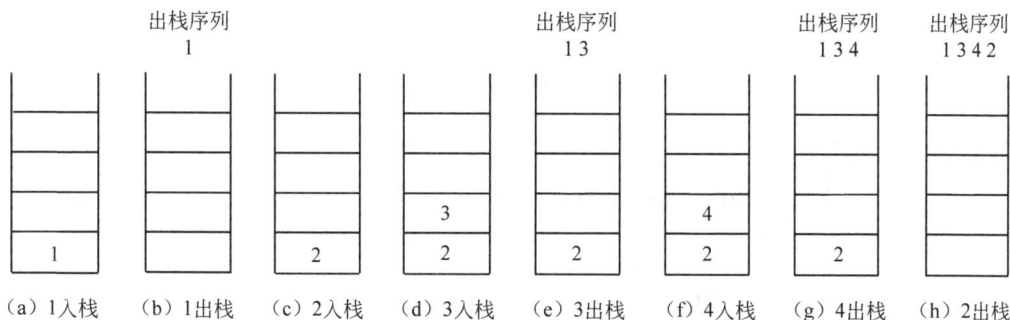

出栈序列　　　　　　　　出栈序列　　　　出栈序列　出栈序列
1　　　　　　　　　　　　1 3　　　　　　　1 3 4　　1 3 4 2

（a）1入栈　（b）1出栈　（c）2入栈　（d）3入栈　（e）3出栈　（f）4入栈　（g）4出栈　（h）2出栈

图 3-3　栈操作示意图

【例 3.3】　一个栈的入栈序列为 $1,2,\cdots,n$,出栈序列为 $p_1,p_2,\cdots,p_n$($p_1,p_2,\cdots,p_n$ 是 $1,2,\cdots,n$ 的一种排列)。若 $p_1=3$,则 p_2 可能的取值有多少个?

解析:为了让 3 作为第一个出栈元素,将 1、2、3 依次入栈,之后 3 出栈,此时栈如图 3-4 所示。之后可以让 2 出栈,$p_2=2$,也可以让 4 进栈再出栈,$p_2=4$,也可以让 4、5 进栈再出栈,$p_2=5$,$\cdots$,所以 p_2 可以是 $2,4,5,\cdots,n$,不可能是 1 和 3,即 p_2 可能的取值有 $n-2$ 个。

在实际应用中,栈的基本操作除了入栈和出栈外,还有栈空的判定、取栈顶元素等。下面给出栈的抽象数据类型的定义:

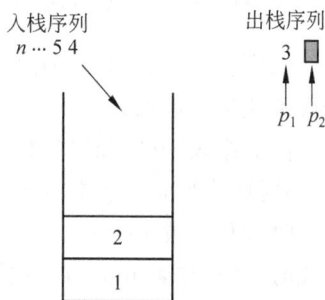

入栈序列
$n\cdots5\ 4$

出栈序列
3

$p_1\ p_2$

图 3-4　栈操作的一个时刻

```
ADT Stack
{
    数据对象:
        D={a_i | a_i∈ElemSet,i=1,2,…,n, n≥0}
    数据关系:
        R={<a_i,a_{i+1}> | a_i,a_{i+1}∈D,i=1,2,…,n-1}
        约定 a_n 端为栈顶,a_1 端为栈底
    基本操作:
```

```
InitStack()
操作结果：构造一个空栈。
DestroyStack()
初始条件：栈已存在。
操作结果：栈被销毁。
Length()
初始条件：栈已存在。
操作结果：返回栈元素个数。
Empty()
初始条件：栈已存在。
操作结果：若栈为空,则返回 true,否则返回 false。
Clear()
初始条件：栈已存在。
操作结果：清空栈。
Push(e)
初始条件：栈已存在。
操作结果：元素 e 入栈,成为新的栈顶元素。
Pop(&e)
初始条件：栈已存在,且非空。
操作结果：弹出栈顶元素,并用 e 返回栈顶元素的值。
GetTop(&e)
初始条件：栈已存在,且非空。
操作结果：用 e 返回栈顶元素。
}
```

栈中数据元素的逻辑关系呈线性关系,所以栈和线性表一样,也有两种存储表示方法,分别称为顺序栈和链栈。

3.1.2　顺序栈的表示和实现

顺序栈是指利用顺序存储结构实现的栈,即利用一组地址连续的存储单元依次存放自栈底到栈顶的数据元素。

同顺序表一样,顺序栈也可以用一维数组实现。通常把数组中下标为 0 的一端作为栈底,同时附设变量 top 指示栈顶元素在数组中的位置。设存储栈的数组长度为 maxSize,则栈空时栈顶位置 top=-1,栈满时栈顶位置 top=maxSize-1。入栈时,栈顶位置 top 加 1;出栈时,栈顶位置 top-1。栈操作的示意图如图 3-5 所示。

顺序栈的类模板定义如下所示,其中成员变量实现顺序栈的存储结构,成员函数实现顺序栈的基本操作。

```
template <typename T>
class SqStack
{
private:
    int top;                            //栈顶元素在数组中的下标
    int maxSize;                        //栈可用的最大容量
```

```
        T * elem;                                //存储空间的基地址
public:
    SqStack(int size=DEFAULT_SIZE);              //构造函数
    SqStack(const SqStack<T>&st);                //复制构造函数
    ～SqStack();                                 //析构函数
    int Length() Const;                          //返回栈中元素的个数
    bool Empty() Const;                          //判断栈是否为空
    void Clear();                                //清空栈
    bool Push(T e);                              //入栈
    bool Pop( T &e);                             //出栈
    bool GetTop(T &e) Const;                     //返回栈顶元素
};
```

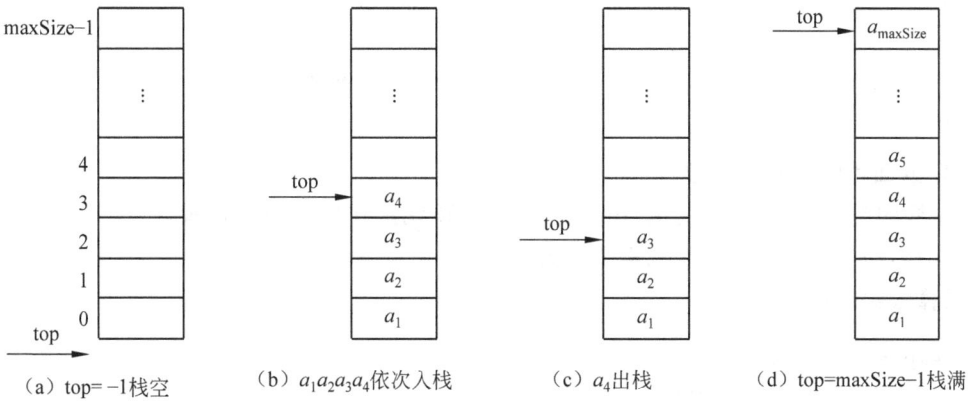

图 3-5　栈操作的示意图

下面讨论基本操作的算法及实现。

1. 构造函数——建立一个空栈

构造函数用于完成初始化工作,即为顺序栈动态分配一块连续的存储空间。

【算法实现】

```
template <typename T>
SqStack <T>::SqStack(int size)           //构造一个最大容量为 size 的空栈
{
    elem=new T[size];                    //分配存储空间
    maxSize=size;                        //设置栈的最大容量
    top=-1;                              //设置 top 的初值
}
```

2. 复制构造函数

复制构造函数是根据一个已经存在的顺序栈构造一个新的顺序栈。

【算法实现】

```
template <typename T>
SqStack <T>::SqStack(const SqStack<T>&st)
```

```
{
    maxSize=st.maxSize;
    elem=new T[maxSize];
    top=st.top;
    for (int i=0; i<=top; i++)
        elem[i]=st.elem[i];
}
```

3. 析构函数——销毁顺序栈

析构函数用于顺序栈对象离开作用域时释放其占用的存储空间。

【算法实现】

```
template <typename T>
SqStack <T>::～SqStack()
{
    delete []elem;                              //释放存储空间
}
```

4. 返回栈中的元素个数

在栈的类模板定义中,变量 top 用于指示栈顶元素在数组中的位置,C++中,数组的下标是从 0 开始的,所以栈中的元素个数为 top+1。

【算法实现】

```
template <typename T>
int SqStack<T>::Length() Const
{
    return top+1;
}
```

5. 判断栈是否为空

顺序栈为空时,top=-1。因此,判断顺序栈是否为空,只需判断 top 的值是否为-1。

【算法实现】

```
template <typename T>
bool SqStack<T>::Empty() Const
{
    return top==-1;
}
```

6. 清空栈

栈空时,栈顶位置 top 的值为-1。因此,清空顺序栈只需将 top 的值设置为-1。

【算法实现】

```
template <typename T>
void SqStack<T>::Clear()
{
    top=-1;
```

```
}
```

7. 入栈

入栈操作是指在栈顶插入一个新的元素。

在顺序栈中插入元素,需要判断栈是否已满。若栈满,则操作失败,返回 false;若栈未满,则将栈顶位置 top 加 1,然后在该位置上填入待插入元素,并返回 true。

【算法实现】

```
template <typename T>
bool SqStack<T>::Push(T e)
{
    if (top==maxSize-1)
        return false;
    elem[++top]=e;
    return true;
}
```

8. 出栈

出栈操作是将栈顶元素删除。

删除栈顶元素,需要判断栈是否为空。若栈空,则操作失败,返回 false;若栈非空,则保存栈顶元素的值,栈顶位置 top 减 1,返回 true。

【算法实现】

```
template <typename T>
bool SqStack<T>::Pop(T &e) Const
{
    if (top==-1)
        return false;
    e=elem[top--];
    return true;
}
```

9. 返回栈顶元素

此操作是将 top 位置的栈顶元素取出,并不修改栈顶位置。

若栈空,则操作失败,返回 false;若栈非空,则将栈顶元素的值赋值给 e 并返回 true。

【算法实现】

```
template <typename T>
bool SqStack<T>::GetTop(T &e)
{
    if (top==-1)
        return false;
    e=elem[top];
    return true;
}
```

除复制构造函数外,上述关于顺序栈的基本操作的算法时间复杂度均为 $O(1)$。

3.1.3 链栈的表示和实现

顺序栈和顺序表一样,受到最大空间容量的限制,虽然可以在"满员"时重新分配空间扩大容量,但工作量较大,应该尽量避免。因此,在应用程序无法预先估计栈可能达到的最大容量时,还是应该使用链栈。

链栈是指采用链式存储结构实现的栈,通常用单链表表示,如图 3-6 所示。由于栈的插入和删除操作只能在栈顶执行,因此,以单链表的头部作为栈顶最方便,而且没有必要像单链表那样为了运算方便而附加一个头结点。

链栈的结点结构与单链表的结点结构相同,定义如下:

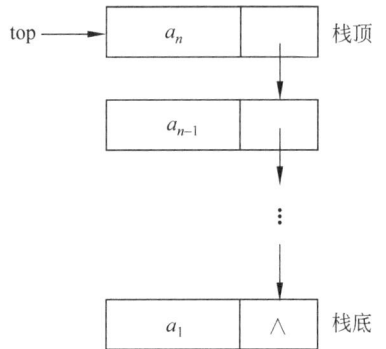

图 3-6　链栈示意图

```
template <typename T>
struct StNode
{
    T data;
    StNode<T>*next;
};
```

链栈的类模板定义如下所示,其中成员变量 top 为栈顶指针,成员函数实现链栈的基本操作。

```
template <typename T>
class LinkStack
{
private:
    StNode<T>*top;                          //栈顶指针
public:
    LinkStack();                            //构造函数
    LinkStack(Const LinkStack<T> &lst);     //复制构造函数
    ~LinkStack();                           //析构函数
    int Length() Const;                     //返回栈中的元素个数
    bool Empty() Const;                     //判断栈是否为空
    void Clear();                           //清空栈
    bool Push(T e);                         //入栈
    bool Pop(T &e);                         //出栈
    bool GetTop(T &e) Const;                //返回栈顶元素
};
```

下面讨论基本操作的算法及实现。

1. 构造函数——初始化栈

链栈的初始化操作就是构造一个空栈,因为没有必要附设头结点,所以直接将栈顶指针置空即可。

【算法实现】

```
template <typename T>
LinkStack<T>::LinkStack()
{
    top=NULL;
}
```

本算法的时间复杂度为 $O(1)$。

2. 复制构造函数

复制构造函数是根据一个已经存在的链栈构造一个新的链栈。

【算法实现】

```
template <typename T>
LinkStack<T>::LinkStack(LinkStack<T>&lst)
{
    if (lst.Empty())
    {
        top=NULL;
    }
    else
    {
        top=new StNode<T>;
        top->data=lst.top->data;
        StNode<T> * p, * pre=top;
        StNode<T> * q=lst.top->next;
        while (q!=NULL)
        {
            p=new StNode<T>;
            p->data=q->data;
            pre->next=p;
            pre=p;
            q=q->next;
        }
        p->next=NULL;
    }
}
```

本算法的时间复杂度为 $O(n)$，其中 n 为链栈中数据结点的个数。

3. 析构函数——销毁链栈

析构函数用于链栈对象离开作用域时释放其占用的全部结点空间。

【算法实现】

```
template <typename T>
LinkStack<T>::～LinkStack()
{
```

```
StNode<T>* p;
while (top!=NULL)
{
    p=top;
    top=p->next;
    delete p;
}
}
```

本算法的时间复杂度为 $O(n)$，其中 n 为链栈中数据结点的个数。

4. 返回栈中的元素个数

可以采用遍历的方法求链栈中元素的个数，设置一个指针变量 p，初始指向栈顶结点，即 p＝top，依次遍历栈中的结点，直到栈底。

【算法实现】

```
template <typename T>
int LinkStack<T>::Length() Const
{
    int len=0;
    StNode<T>*p=top;
    while (p!=NULL)
    {
        len++;
        p=p->next;
    }
    return len;
}
```

本算法的时间复杂度为 $O(n)$，其中 n 为链栈中数据结点的个数。

5. 判断栈是否为空

链栈为空时，top 指针为空。因此，判断链栈是否为空，只需判断 top 的值是否为 NULL。

【算法实现】

```
template <typename T>
bool LinkStack<T>::Empty() Const
{
    return top==NULL;
}
```

本算法的时间复杂度为 $O(1)$。

6. 清空栈

清空栈就是从栈顶开始，依次删除栈中所有的结点，直到栈空为止。

【算法实现】

```
template <typename T>
```

```
void LinkStack<T>::Clear()
{
    StNode<T>* p;
    while (top!=NULL)
    {
        p=top;
        top=p->next;
        delete p;
    }
}
```

本算法的时间复杂度为 $O(n)$，其中 n 为链栈中数据结点的个数。

7. 入栈

和顺序栈的入栈操作不同的是，链栈在入栈前不需要判断栈是否已满，只需要为入栈元素动态分配一个结点空间，之后将新结点插入栈顶，并修改栈顶指针，使其指向该结点，如图 3-7 所示。

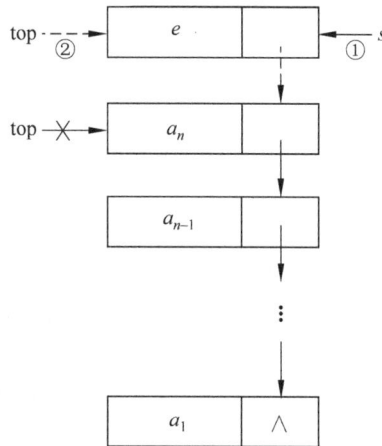

图 3-7　链栈插入操作示意图

【算法实现】

```
template <typename T>
bool LinkStack<T>::Push(T e)
{
    StNode<T>*p=new StNode<T>;              //生成新结点
    if (p==NULL)                            //动态内存耗尽
        return false;
    p->data=e;                             //将新结点的数据域置为 e
    p->next=top;                           //将新结点插入栈顶
    top=p;                                 //修改栈顶指针
    return true;
}
```

本算法的时间复杂度为 $O(1)$。

8. 出栈

和顺序栈一样,链栈在出栈前也需要判断栈是否为空,不同的是,链栈在出栈后需要释放出栈元素占用的存储空间,如图 3-8 所示。

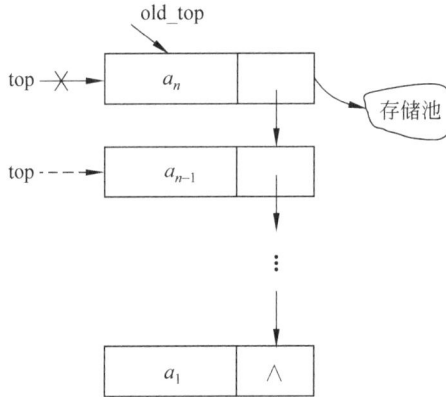

图 3-8　链栈删除操作示意图

【算法实现】

```
template <typename T>
bool LinkStack<T>::Pop(T &e)
{
    if (top==NULL)                          //栈空
        return false;
    StNode<T> * old_top=top;
    e=old_top->data;                        //用 e 保存栈顶元素的值
    top=old_top->next;                      //修改栈顶指针
    delete old_top;                         //释放原栈顶元素的空间
    return true;
}
```

本算法的时间复杂度为 $O(1)$。

9. 返回栈顶元素

和顺序栈一样,当栈非空时,此操作返回当前栈顶元素的值,栈顶指针 top 保持不变。

【算法实现】

```
template <typename T>
bool LinkStack<T>::GetTop(T &e) Const
{
    if (top==NULL)
        return false;
    e=top->data;
    return true;
}
```

本算法的时间复杂度为 $O(1)$。

3.1.4 栈的应用

【例 3.4】 数制转换问题。对于输入的任意一个非负十进制整数,输出与其对应的二进制数。

【问题分析】

将十进制数转换为二进制数的方法有很多,其中一个常用的算法是"除 2 取余法"。例如,将十进制数 43 转换为二进制数,运算过程如下:

栈的应用

先取的余数作为低位,后取的余数作为高位,因此 $(43)_{10} = (101011)_2$。

上述计算过程是从低位到高位顺序产生二进制数的各个数位,而输出过程应从高位到低位进行,恰好和计算过程相反,因此可以使用栈解决这个问题。在计算过程中依次将得到的余数压入栈中,计算完毕后,将栈中的余数依次出栈输出,输出结果就是转换后的二进制数。

【算法步骤】

(1) 当 $n \neq 0$ 时,重复执行以下操作:

① 计算 n 除以 2 的余数并将其压入栈中。

② 用 $n/2$ 代替 n。

(2) 重复执行以下操作,直到栈为空:弹出栈顶元素,并输出被弹出元素的值。

【程序实现】

```cpp
#include<iostream>
#include"SqStack.h"                        //用顺序栈实现
using namespace std;
void Conversion(int n)
{
    SqStack<int>st1(32);
    int e;
    if (n>0)
    {
        while (n!=0)
        {
            e=n%2;                          //求余数
            st1.Push(e);                    //将余数压入栈中
            n=n/2;
        }
        while (!st1.Empty())
```

```
        {
            st1.Pop(e);                    //弹出栈顶元素,用 e 保存元素的值
            cout<<e;
        }
    }
    else if (n==0)
        cout<<0;
    else
        cout<<"参数错误!";
    cout<<endl;
}
int main()
{
    int n;
    cout<<"输入一个非负十进制整数: ";
    cin>>n;
    Conversion(n);
    return 0;
}
```

【例 3.5】 括号匹配的检测。

C/C++ 语言里,算术表达式中的括号只有小括号。设计算法,判断一个表达式中的括号是否正确配对。

【问题分析】

给定一个算术表达式,目测怎么判断括号是否匹配呢? 可以从左向右看这个表达式中的括号,看到一个"("就记住它,如果下一个括号是")",则划掉这两个括号,如果下一个括号还是"(",则暂时不管前一个"(",先把它放在那里,等后面的"("处理完再处理它,这正好符合栈的后进先出特性,因此可以使用栈解决这个问题。

从左向右依次扫描表达式字符串中的各字符,若读入的是"(",则进栈;若读入的是")",且栈不为空,则出栈,如果栈空,则说明没有与之匹配的左括号,匹配失败。当表达式扫描结束时,若栈为空,则匹配成功;否则,说明没有与栈中的"("相匹配的")",匹配失败。

【算法步骤】

(1) 初始化一个空栈。

(2) 扫描表达式,依次读入字符,直到表达式扫描完毕。

① 如果读入的字符是'(',则将其压入栈。

② 如果读入的字符是')',且栈非空,则弹出栈顶元素;如果栈为空,则括号不匹配,返回 false。

(3) 如果栈为空,则左右括号匹配,返回 true;否则括号不匹配,返回 false。

【程序实现】

```
#include<iostream>
#include"LinkStack.h"                    //用链栈实现
```

```cpp
using namespace std;
bool Match(char * str)                    //表达式存放在字符数组中
{
    LinkStack<char>st1;
    char e;
    for (int i=0; i<strlen(str); i++)     //依次扫描各字符
    {
        if (str[i]=='(')                  //若遇到左括号,则将其入栈
            st1.Push(str[i]);
        else if (str[i]==')')             //遇到右括号,若栈空,则不匹配;若栈不空,则出栈
        {
            if (st1.Empty())
                return false;
            else
                st1.Pop(e);
        }
    }
    if (st1.Empty())                      //扫描完所有字符,若栈空,则匹配,否则不匹配
        return true;
    else
        return false;
}
int main()
{
    char s[50];
    cout<<"请输入表达式: ";
    cin>>s;
    if (Match(s))
        cout<<"括号匹配!"<<endl;
    else
        cout<<"括号不匹配!"<<endl;
    return 0;
}
```

3.2 队　　列

3.2.1 队列的定义

　　和栈相反,队列是一种先进先出(First In First Out,FIFO)的线性表。它只允许在表的一端进行插入操作,而在另一端进行删除操作。这和日常生活中的排队是一致的,最早进入队列的元素最早离开。在队列中,允许插入的一端称为队尾,允许删除的一端称为队头或队首。向队列中插入新元素称为入队,新元素入队后就成为新的队尾元素;从队列中删除元素称为出队,元素出队后,其直接后继元素就成为队首元素。

　　设队列 $Q=(a_1,a_2,a_3,\cdots,a_n)$,则称 a_1 为队首元素,称 a_n 为队尾元素。如图3-9所示,

队列中的元素是按照 $a_1, a_2, a_3, \cdots, a_n$ 的顺序进入的,退出队列也只能按照这个顺序依次退出,也就是说,只有在 $a_1, a_2, a_3, \cdots, a_{n-1}$ 都离开队列之后, a_n 才能退出队列。

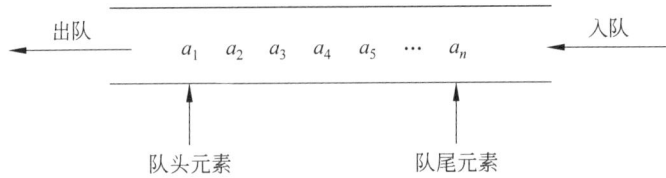

图 3-9　队列的示意图

队列在程序设计中也经常出现。一个最典型的例子就是操作系统中的作业排队。在允许多道程序运行的计算机系统中,同时有几个作业运行。如果运行的结果都需要通过通道输出,那就按请求的先后次序排队。每当通道传输完毕可以接受新的输出任务时,队头的作业先从队列中退出做输出操作。所有申请输出的作业都从队尾进入队列。

队列的操作与栈的操作类似,不同的是,队列的删除操作是在队头进行。下面给出队列的抽象数据类型的定义:

```
ADT Queue
{
    数据对象:
        D={a_i | a_i∈ElemSet,i=1,2,…,n, n≥0}
    数据关系:
        R={<a_i,a_{i+1}> | a_i,a_{i+1}∈D,i=1,2,…,n-1}
        约定 a_1 端为队头,a_n 端为队尾
    基本操作:
        InitQueue()
        操作结果:构造一个空队列。

        DestroyQueue ()
        初始条件:队列已存在。
        操作结果:队列被销毁。

        Length()
        初始条件:队列已存在。
        操作结果:返回队列长度。

        Empty()
        初始条件:队列已存在。
        操作结果:若队列为空,则返回 true,否则返回 false。

        Clear()
        初始条件:队列已存在。
        操作结果:清空队列。

        InQueue(e)
        初始条件:队列已存在。
        操作结果:插入元素 e 为新的队尾。

        OutQueue(&e)
        初始条件:队列已存在。
        操作结果:删除队头元素,并用 e 返回其值。
```

```
GetHead(&e)
```
初始条件：队列已存在。
操作结果：用 e 返回队头元素。

}

3.2.2　循环队列——队列的顺序表示和实现

队列也有两种存储表示：顺序表示和链式表示。

队列的顺序表示就是用一组地址连续的存储单元依次存放从队头到队尾的元素。可以用数组 elem[maxSize] 作为队列的顺序存储空间，maxSize 为队列的容量，队头元素放在下标为 0 的一端，则入队操作相当于追加，不需要移动元素。由于队列的队头和队尾都是活动的，因此需要附设两个整型变量 front 和 rear，分别指示队头元素和队尾元素的位置。

为了在 C++ 语言中描述方便，在此约定：初始化创建空队列时，令 front＝rear＝0，每当插入新的队尾元素时，rear 加 1；每当删除队头元素时，front 加 1。因此，在非空队列中，front 始终指向队头元素，而 rear 始终指向队尾元素的下一个位置，如图 3-10 所示。

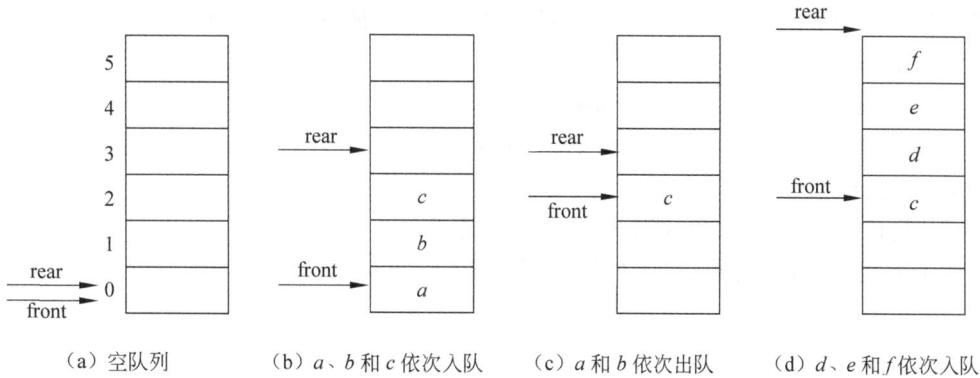

(a) 空队列　　　(b) a、b 和 c 依次入队　　　(c) a 和 b 依次出队　　　(d) d、e 和 f 依次入队

图 3-10　队列操作示意图

假设当前队列分配的最大空间为 6，则当队列处于图 3-10(d)所示的状态时，不可再继续插入新的队尾元素，否则会出现溢出现象。事实上，此时队列的实际可用空间并未占满，所以这种现象称为"假溢出"。这是由"队尾入队，队头出队"这种受限制的操作造成的。

解决假溢出的方法是，将队列从逻辑上看成一个环，如图 3-11 所示，通常称之为循环队列。

循环队列的首尾相接，当队头 front 或队尾 rear 进入 maxSize－1 时，再进一个位置就自动移动到 0，可用取模运算实现。

队头进 1：front＝(front＋1)％maxSize

队尾进 1：rear＝(rear＋1)％maxSize

在图 3-12(a)中，队头元素是 e，在元素 f 入队之前，rear 的值为 5，当元素 f 入队之后，rear 的值为 0。

在图 3-12(b)中，g、h、i、j 相继入队，队列空间均被占满，此时 front 和 rear 的值相同。

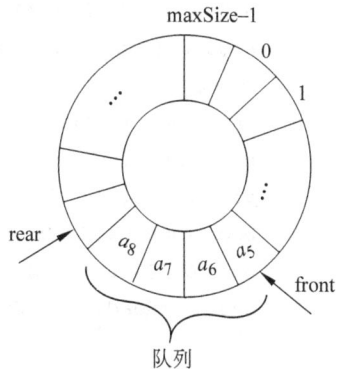

图 3-11　循环队列示意图

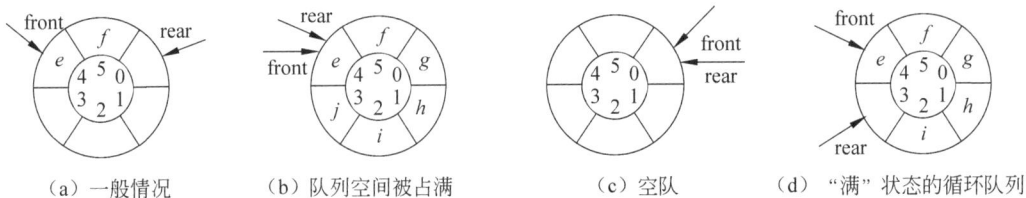

（a）一般情况　　　　　（b）队列空间被占满　　　　　（c）空队　　　　（d）"满"状态的循环队列

图 3-12　循环队列中队头、队尾和元素之间的关系

在图 3-12(c)中,若 e 和 f 从图 3-12(a)所示的队列中出队,则队列呈空的状态,front 和 rear 的值也是相同的。

由此可见,对于循环队列,不能以 front 和 rear 的值是否相等判断队列空间是空,还是满。在这种情况下,如何区分是队满,还是队空呢?

通常有以下两种处理方法。

(1) 少用一个元素空间,即队列空间大小为 n 时,若有 $n-1$ 个元素,就认为是队满。这样,判断队空的条件不变,即当 front 和 rear 的值相同时,则认为队空;而当 rear 在循环意义上加 1 后等于 front,则认为队满。因此,在循环队列中,队空和队满的条件分别是

队空的条件: front==rear

队满的条件: (rear+1)%maxSize==front

如图 3-12(d)所示,当 g、h、i 进入图 3-12(a)所示的队列后,(rear+1)%maxSize 的值等于 front,此时认为队满。

(2) 另设一个标志位,以区别队列是空,还是满。

本书采用第一种方法处理循环队列,下面是循环队列的类模板声明。

```
template <typename T>
class SqQueue
{
private:
    int front, rear;                //指示队头和队尾的位置
    int maxSize;                    //队列的最大容量
    T * elem;                       //存储空间的基地址
public:
    SqQueue(int size=MAXSIZE);      //构造函数
    SqQueue(Const SqQueue<T>&sq);   //复制构造函数
    ~SqQueue();                     //析构函数
    int Length() Const;             //返回队列的长度
    bool Empty() Const;             //判断队列是否为空
    void Clear();                   //清空队列
    bool InQueue(T e);              //入队
    bool OutQueue(T &e);            //出队
    bool GetHead(T &e) Const;       //返回队头元素
};
```

下面讨论基本操作的算法及实现。

1. 构造函数

循环队列的初始化操作就是动态分配一块连续的存储空间,并将指示队头和队尾位置的变量 front 和 rear 置为 0,表示队列为空。

【算法实现】

```
template <typename T>
SqQueue<T>::SqQueue(int size)          //构造一个空的循环队列
{
    maxSize=size;                      //分配存储空间
    elem=new T[maxSize];               //设置循环队列的最大容量
    rear=front=0;                      //设置 rear 和 front 的初值
}
```

2. 复制构造函数

复制构造函数是根据一个已经存在的循环队列构造一个新的循环队列。

【算法实现】

```
template<typename T>
SqQueue<T>::SqQueue(SqQueue<T>&sq)
{
    maxSize=sq.maxSize;
    elem=new T[maxSize];
    front=sq.front;
    rear=sq.rear;
    for (int i=front; i!=rear; i=(i+1)%maxSize)
        elem[i]=sq.elem[i];
}
```

3. 析构函数

析构函数用于循环队列对象离开作用域时释放其占用的存储空间。

【算法实现】

```
template <typename T>
SqQueue<T>::～SqQueue()
{
    delete []elem;                     //释放存储空间
}
```

4. 返回队列长度

对于非循环队列,rear 和 front 的差值便是队列长度,而对于循环队列,差值可能为负数,所以需要将差值加上 maxSize,然后对 maxSize 取余。

【算法实现】

```
template <typename T>
int SqQueue<T>::Length() Const
{
    return (rear-front+maxSize)%maxSize;
}
```

5. 判断队列是否为空

循环队列的判空操作只需判断 front 和 rear 的值是否相等。

【算法实现】

```
template <typename T>
bool SqQueue<T>::Empty() Const
{
    return front==rear;
}
```

6. 清空队列

循环队列为空时，队头和队尾位置均为 0，因此，清空队列只需将 front 和 rear 的值设置为 0。

【算法实现】

```
template <typename T>
void SqQueue<T>::Clear()
{
    rear=front=0;
}
```

7. 入队

入队操作是指在队尾插入一个新的元素。

插入元素前需要判断队列是否已满。若队列已满，则操作失败，返回 false；若队列未满，则将待插入元素写入队尾位置，rear 加 1，并返回 true。

【算法实现】

```
template <typename T>
bool SqQueue<T>::InQueue(T e)
{
    if ((rear+1)%maxSize==front)
        return false;
    elem[rear]=e;
    rear=(rear+1)%maxSize;
    return true;
}
```

8. 出队

出队操作是就将队头元素删除。

删除元素前需要判断队列是否为空。若队列为空，则操作失败，返回 false；若队列不为空，则保存队头元素的值，队头位置 front 加 1，返回 true。

【算法实现】

```
template <typename T>
bool SqQueue<T>::OutQueue(T &e)
{
```

```
    if (rear==front)
        return false;
    e=elem[front];
    front=(front+1)%maxSize;
    return true;
}
```

9. 返回队头元素

此操作是将 front 位置的队头元素取出,并不修改队头位置。

若队列为空,则操作失败,返回 false;若队列不为空,则将队头元素的值赋值给 e 并返回 true。

【算法实现】

```
template <typename T>
bool SqQueue<T>::GetHead(T &e) Const
{
    if (rear==front)
        return false;
    e=elem[front];
    return true;
}
```

上述关于循环队列的基本操作,除复制构造函数外,算法时间复杂度均为 $O(1)$。

3.2.3　链队——队列的链式表示和实现

队列的链式存储结构称为链队,通常用单链表表示,其结点结构与单链表的结点结构相同,定义如下:

```
template <typename T>
struct QuNode
{
    T data;
    QuNode<T> * next;
}
```

为了使空队列和非空队列的操作一致,链队也增设一个头结点。由于队列只允许在队头进行删除操作,在队尾进行插入操作,为操作方便,设置两个指针分别指向队头和队尾,队头指针 front 指向头结点,队尾指针 rear 指向终端结点,如图 3-13 所示。

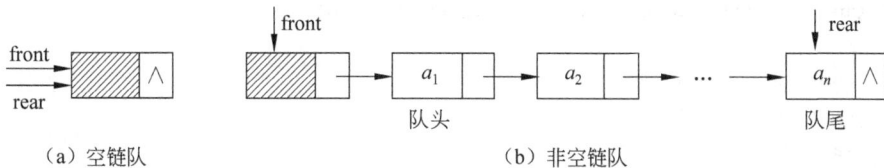

图 3-13　链队示意图

链队的类模板定义如下所示,其中成员变量 front 是队头指针,rear 是队尾指针,成员函数实现链队列的基本操作。

```
template<typename T>
class LinkQueue
{
private:
        QuNode <T> * front, * rear;
public:
        LinkQueue();                          //构造函数
        LinkQueue(Const LinkQueue<T>&lq);     //复制构造函数
        ~LinkQueue();                         //析构函数
        int Length() Const;                   //返回队列长度
        bool Empty() Const;                   //判断队列是否为空
        void Clear();                         //清空队列
        bool InQueue(T e);                    //入队
        bool OutQueue(T &e);                  //出队
        bool GetHead(T &e) Const;             //获取队头元素
};
```

下面讨论基本操作的算法及实现。

1. 构造函数

链队的初始化操作就是构造一个空队列,即创建一个头结点,并将队头和队尾指针均指向此结点。

【算法实现】

```
template<typename T>
LinkQueue<T>::LinkQueue()                //构造一个空队列
{
    front=rear=new QuNode<T>;            //生成头结点,队头和队尾指针均指向此结点
    front->next=NULL;                    //头结点的指针域为空
}
```

本算法的时间复杂度为 $O(1)$。

2. 复制构造函数

复制构造函数是根据一个已经存在的链队构造一个新的链队。

【算法实现】

```
template<typename T>
LinkQueue<T>::LinkQueue(Const LinkQueue<T>&lq)
{
    front=new QuNode<T>;
    front->next=NULL;
    rear=front;
    QuNode<T> * p=lq.front->next;
    while(p!=NULL)
    {
```

```
        InQueue(p->data);                    //调用入队函数
        p=p->next;
    }
}
```

本算法的时间复杂度为 $O(n)$，其中 n 为链队 lg 中数据结点的个数。

3. 析构函数

析构函数用于链队对象离开作用域时释放其占用的全部存储空间，包括头结点和所有数据结点的存储空间。

【算法实现】

```
template<typename T>
LinkQueue<T>::~LinkQueue()
{
    QuNode<T> * p=front->next;
    while (p!=NULL)                          //释放所有数据结点的空间
    {
        front->next=p->next;
        delete p;
        p=front->next;
    }
    delete front;                            //释放头结点空间
}
```

本算法的时间复杂度为 $O(n)$，其中 n 为链队中数据结点的个数。

4. 返回队列长度

求链队长度的算法和求单链表长度的算法类似，也可以采用遍历的方法实现。

【算法实现】

```
template <typename T>
int LinkQueue<T>::Length() Const
{
    int len=0;
    QuNode<T> * p=front->next;
    while (p!=NULL)
    {
        len++;
        p=p->next;
    }
    return len;
}
```

本算法的时间复杂度为 $O(n)$，其中 n 为链队中数据结点的个数。

5. 判断队列是否为空

在空的链队中，队头和队尾指针均指向头结点，因此链队的判空操作只需判断 front 和 rear 的值是否相等。

【算法实现】

```
template <typename T>
bool LinkQueue<T>::Empty() Const
{
    return front==rear;
}
```

本算法的时间复杂度为 $O(1)$。

6. 清空队列

清空链队就是从队头开始,依次删除队列中的所有数据结点,直到队列中只剩下头结点为止。

【算法实现】

```
template <typename T>
void LinkQueue<T>::Clear()
{
    QuNode<T> * p=front->next;
    while (p!=NULL)                    //删除所有数据结点
    {
        front->next=p->next;
        delete p;
        p=front->next;
    }
    rear=front;                        //rear 指向头结点
}
```

本算法的时间复杂度为 $O(n)$,其中 n 为链队中数据结点的个数。

7. 入队

和循环队列的入队操作不同的是,在链队中插入新的元素前不需要判断队列是否已满,只需要为入队元素动态分配一个结点空间,然后将新结点插入到队尾,并修改队尾指针,使其指向该结点。

队列的插入操作是在队尾进行的,由于链队带有头结点,因此空链队和非空链队的插入操作一致,如图 3-14 所示。

【算法实现】

```
template <typename T>
bool LinkQueue<T>::InQueue(T e)
{
    QuNode<T> * p=new QuNode<T>;       //生成新结点
    if (p==NULL)                       //动态内存耗尽
        return false;
    p->data=e;
    p->next=NULL;
    rear->next=p;                      //新结点链入队尾
    rear=p;                            //重新设置队尾指针
    return true;
```

}

本算法的时间复杂度为 $O(1)$。

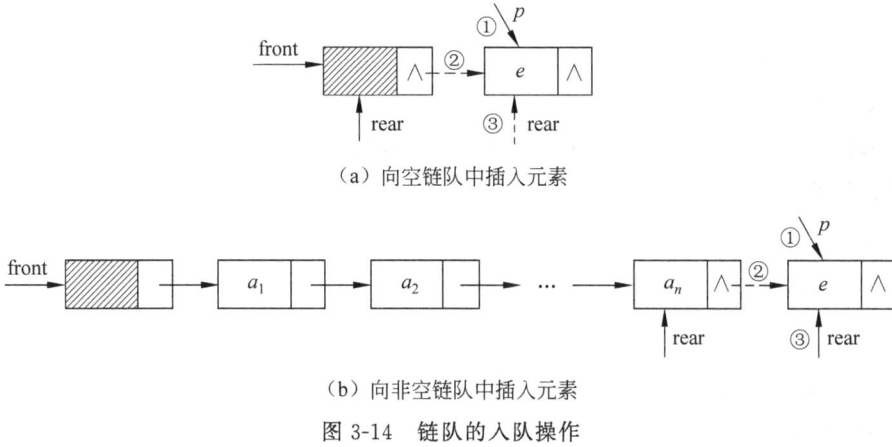

（a）向空链队中插入元素

（b）向非空链队中插入元素

图 3-14　链队的入队操作

8. 出队

和循环队列一样，链队在删除元素前也需要判断队列是否为空，不同的是，链队在出队后需要释放队头元素的结点空间。若原队列只有一个元素，则出队后队列变为空，应该调整队尾指针，使其指向头结点，如图 3-15 所示。

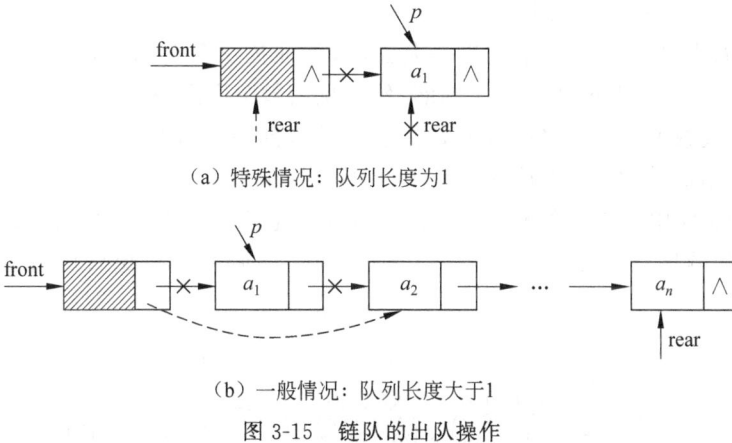

（a）特殊情况：队列长度为1

（b）一般情况：队列长度大于1

图 3-15　链队的出队操作

【算法实现】

```
template <typename T>
bool LinkQueue<T>::OutQueue(T &e)
{
    if (front==rear)
        return false;
    QuNode<T> * p=front->next;          //p指向队头结点
    e=p->data;                          //保存出队元素的值
    front->next=p->next;                //修改头结点的指针域
    if (rear==p)                        //若队列中只有一个元素,则出队后变成空队列
```

```
        rear=front;
    delete p;                              //释放出队元素的结点空间
    return true;
}
```

本算法的时间复杂度为 $O(1)$。

9. 返回队头元素

和循环队列一样,当队列非空时,此操作只需返回当前队头元素的值。

【算法实现】

```
template <typename T>
bool LinkQueue<T>::GetHead(T &e) Const
{
    if (front==rear)
        return false;
    e=front->next->data;
    return true;
}
```

本算法的时间复杂度为 $O(1)$。

3.2.4 队列的应用

【例 3.6】 求解约瑟夫环问题。

一个旅行社要从 n 个游客中选出一名游客,为他提供免费的旅行服务。选择方法是,让 n 个游客(编号从 1 到 n)围成一个圆圈,然后从信封中取出一张纸条,用上面写的正整数 $m(m<n)$ 作为报数值。从 1 号游客开始按顺时针方向自 1 开始顺序报数,报到 m 的人出列。然后从他顺时针方向上的下一个人开始,从 1 重新报数,再次报到 m 的人出列,……,如此下去,直到圆圈中只剩一个人为止。此人即为优胜者,将获得免费旅行服务,例如 $n=8$,$m=3$ 时,出列的顺序将为 3,6,1,5,2,8,4,编号为 7 的游客获得免费旅行服务,如图 3-16 所示。

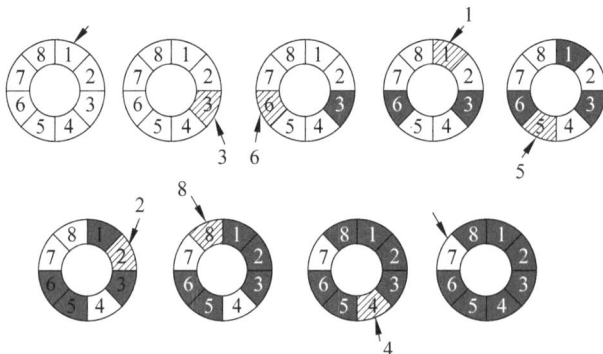

图 3-16 $n=8$,$m=3$ 时的选择过程

【问题分析】

将 n 个人按照编号顺序排成一个队列,从队头自 1 开始报数,报到的数小于 m 的人站

到队尾,报到 m 的人出列,然后继续从队头自 1 开始报数,……,如此下去,直到队列中只剩一个人为止。如图 3-17 所示,$n=8$,$m=3$ 时,出列的顺序将为 3,6,1,5,2,8,4,编号为 7 的游客获得免费旅行服务。

已知队列长度最大为 n,因此可以采用容量为 $n+1$(3.2.2 节定义的循环队列少用了一个元素空间)的循环队列存储 n 个人的编号。从队头开始计数,前 $m-1$ 个元素均是先出队,之后马上入队,这就实现了“报到的数小于 m 的人站到队尾”,第 m 个元素出队,然后继续从队头开始计数,……,重复以上操作,直到队列中只剩一个元素为止。

【算法步骤】

(1) 建立数据元素为 $1,2,\cdots,n$ 的循环队列 sq1。

(2) 当队列的长度大于 1 时,重复执行下述操作:

① 从队头开始,对前 $m-1$ 个元素重复执行“出队再入队”的操作。

② 将第 m 个元素出队,并输出其值。

(3) 输出队头元素的值,即优胜者的编号。

1	2	3	4	5	6	7	8
3	4	5	6	7	8	1	2
6	7	8	1	2	4	5	
1	2	4	5	7	8		
5	7	8	2	4			
2	4	7	8				
8	4	7					
4	7						
7							

图 3-17 $n=8$,$m=3$ 时的选择过程

【程序实现】

```cpp
#include<iostream>
#include "SqQueue.h"
using namespace std;
void Joseph(int n,int m)
{
    int e;
    SqQueue<int>sq1(n+1);               //建立存储 n 个编号的循环队列
    for (int i=1; i<=n; i++)
    {
        sq1.InQueue(i);
    }
    cout<<"出列顺序: ";
    while (sq1.Length()>1)              //让 n-1 个人出队
    {
        for (i=1; i<=m-1; i++)         //报数小于 m 的人到队尾
        {
            sq1.OutQueue(e);
            sq1.InQueue(e);
        }
        sq1.OutQueue(e);               //报数为 m 的人出队
        cout<<e<<" ";                   //输出出队者的编号
    }
    sq1.GetHead(e);                     //剩下的一个人为优胜者
```

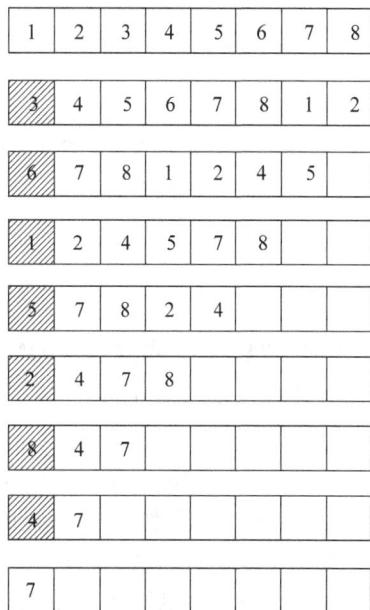

```
        cout<<endl<<"优胜者："<<e<<endl;  //输出优胜者的编号
    }
    int main()
    {
        int n,m;
        cout<<"请输入人数和报数值：";
        cin>>n>>m;
        Joseph(n,m);
        return 0;
    }
```

【例 3.7】 将二项式$(a+b)^n$展开,其系数构成杨辉三角形,如图 3-18 所示。要求按行输出展开式系数的前 n 行。

【问题分析】

从图 3-18 可知,除第 1 行外,在显示第 i 行时,用到第 $i-1$ 行的数据,在显示第 $i+1$ 行时,用到第 i 行的数据,每一行的第一个元素与最后一个元素的值都等于 1。

如图 3-19 所示,队列中已存储了第 2 行元素的值,显然,第 3 行的第 1 个元素的值为 1,将 1 插入队尾。从队列中取出第一个元素的值 $s=1$,第二个元素的值 $t=2$,计算 $s+t=3$,得到第 3 行第 2 个元素的值为 3,将 3 插入队尾。将第 2 行第 2 个元素的值保存到 s 中,即 $s=t$,再取出第 2 行第 3 个元素的值 $t=1$,计算 $s+t=3$,得到第 3 行第 3 个元素的值为 3,将 3 插入队尾。第 3 行最后一个元素的值为 1,将 1 插入队尾。按照同样的方法,可求得其他行各元素的值。

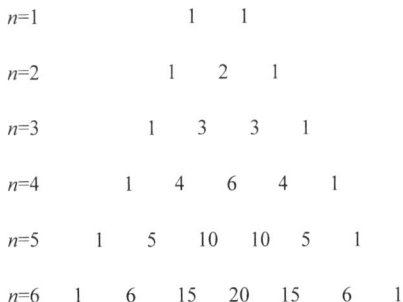

$n=1$ 1   1

$n=2$ 1   2   1

$n=3$ 1   3   3   1

$n=4$ 1   4   6   4   1

$n=5$ 1   5   10   10   5   1

$n=6$ 1   6   15   20   15   6   1

图 3-18　杨辉三角形

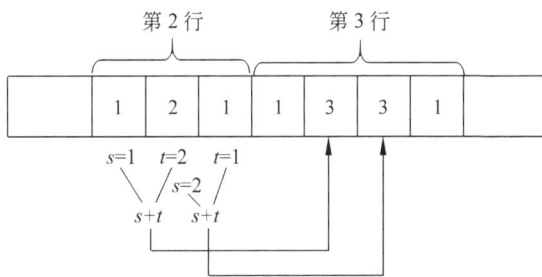

图 3-19　根据第 2 行的数据计算第 3 行的数据

【算法步骤】

(1) 创建一个链队列 q1。

(2) 将第 1 行的两个元素的值入队。

(3) 输出第 1 行的两个元素的值。

(4) 重复执行以下操作 $n-1$ 次,以输出第 $2\sim n$ 行。

① 输出第 i 行第 1 个元素的值 1,并将其入队。

② 利用第 $i-1$ 行的元素值计算第 i 行的第 $2\sim i$ 个元素的值,将其输出并插入队尾。

③ 输出第 i 行最后一个元素的值 1,并将其入队。

【程序实现】

```cpp
#include<iostream>
#include"LinkQueue.h"
using namespace std;
void yanghui_Triangle(int n)
{
    LinkQueue<int>q1;
    int s, t;
    q1.InQueue(1);                      //第 1 行的两个元素的值
    q1.InQueue(1);
    cout<<1<<"\t"<<1<<endl;             //输出第 1 行
    for (int i=2; i<=n; i++)            //输出第 2~n 行
    {
        q1.InQueue(1);                  //第 i 行的第 1 个元素为 1
        cout<<1<<"\t";                  //输出第 i 行第 1 个元素的值
        q1.OutQueue(s);                 //取第 i-1 行第 1 个元素的值
        for (int j=2; j<=i; j++)        //输出第 i 行第 2~i 个元素
        {
            q1.OutQueue(t);             //取第 i-1 行第 j 个元素的值
            q1.InQueue(s+t);            //s+t 为第 i 行第 j 个元素的值
            cout<<s+t<<"\t";            //输出第 i 行第 j 个元素的值
            s=t;
        }
        q1.InQueue(1);                  //第 i 行最后 1 个元素为 1
        cout<<1<<endl;
    }
}
int main()
{
    int n;
    cout<<"请输入 n 的值: ";
    cin>>n;
    yanghui_Triangle(n);
    return 0;
}
```

本 章 小 结

本章介绍了两种特殊的线性表:栈和队列,主要内容如下。

(1) 栈是限定仅在表的一端(栈顶)进行插入和删除操作的线性表,又称为后进先出的线性表。栈有两种存储表示:顺序表示(顺序栈)和链式表示(链栈)。栈的主要操作是入栈和出栈。对于顺序栈的入栈操作,需要判断栈是否已满,而链栈是动态分配空间,不会出现栈满的情况;进行出栈操作时,不管是顺序栈,还是链栈,都需要判断栈是否为空。

（2）队列是一种先进先出的线性表，它只允许在表的一端（队尾）进行插入操作，而在另一端（队头）进行删除操作。队列也有两种存储表示：顺序表示（循环队列）和链式表示（链队）。队列的主要操作是入队和出队。对于循环队列的入队操作，要注意判断队满，而链队的入队操作不需要判断队满；循环队列和链队的出队操作都需要判断队空。

（3）栈和队列是在程序设计中被广泛使用的两种数据结构，其具体的应用场景都与其表示方法和运算规则相互联系。

习 题 3

1. 选择题

（1）栈和队列的共同点是（　　　）。

    A. 都是先进先出   B. 都是后进先出

    C. 只允许在端点处插入和删除元素   D. 没有共同点

（2）栈和队列的主要区别是（　　　）不同。

    A. 逻辑结构   B. 存储结构

    C. 所包含的运算个数   D. 限定插入和删除的位置

（3）判断一个顺序栈（元素最多为 m 个）为空的条件是（　　　）。

    A. top!=−1   B. top==−1   C. top!=m   D. top==m

（4）在进行入栈操作时，应先判断栈是否（　①　）；在进行出栈操作时，应先判断栈是否（　②　）；当栈中元素为 n 个，进行入栈操作时发生上溢，则说明该栈的最大容量为（　③　）。

    ①② A. 空   B. 满   C. 上溢   D. 下溢

    ③   A. $n-1$ B. n C. $n+1$ D. $n/2$

（5）设有编号为 1、2、3、4 的 4 辆列车，顺序进入一个栈结构的站台，下列不可能的出栈顺序为（　　　）。

    A. 1234   B. 1243   C. 1324   D. 1423

（6）某队列初始为空，若它的输入序列为 a,b,c,d，则它的输出序列应为（　　　）。

    A. a,b,c,d B. d,c,b,a C. a,c,b,d D. d,a,c,b

（7）设 n 个元素入栈的序列是 $1,2,3,\cdots,n$，其输出序列是 $p_1,p_2,p_3,\cdots,p_n$。若 $p_1=3$，则 p_2 的值（　　　）。

    A. 一定是 2   B. 一定是 1   C. 不可能是 1   D. 以上都不对

（8）设栈 S 和队列 Q 的初始状态为空，元素按照 a,b,c,d,e 的次序进入栈 S，当一个元素从栈中出来后立即进入队列 Q，若队列的输出元素序列是 c,d,b,a,e，则元素的出栈顺序是（　　　）。

    A. a,b,c,d,e B. e,d,c,b,a

    C. c,d,b,a,e D. e,a,b,d,c

（9）在以下情形中，（　　　）适合采用队列数据结构。

    A. 监视一个火车票售票窗口等待服务的客户

    B. 描述一个组织中的管理机构

    C. 统计一个商场中的顾客数

D. 监视进入某住宅楼的访客

（10）溢出现象通常出现在（   ）操作过程中。

    A. 顺序栈的入栈   B. 顺序栈的出栈

    C. 链栈的入栈   D. 链栈的出栈

（11）若用一个大小为 6 的数组实现循环队列，且当前 rear 和 front 的值分别为 0 和 3，当从队列中删除一个元素，再加入两个元素后，rear 和 front 的值分别为（   ）。

    A. 1 和 5   B. 2 和 4   C. 4 和 2   D. 5 和 1

（12）设链栈中结点的结构：data 是数据域，next 是指针域，且 top 为栈顶指针，若想在栈顶插入一个由指针 s 所指向的结点，则应执行下列（   ）操作。

    A. s->next＝top->next; top->next＝s;

    B. top->next＝s;

    C. s->next＝top; top->next＝s;

    D. s->next＝top; top＝s;

（13）递归过程或函数调用时，处理参数及返回地址要用到一种称为（   ）的数据结构。

    A. 队列   B. 多维数组   C. 栈   D. 线性表

（14）一个循环队列一旦说明，其占用空间的大小（   ）。

    A. 已经固定   B. 可以变动   C. 不能固定   D. 动态变化

（15）用不带头结点的单链表存储队列时，其队头指针指向队头结点，队尾指针指向队尾结点，则在进行出队操作时（   ）。

    A. 仅修改队头指针   B. 仅修改队尾指针

    C. 队头、队尾指针都要修改   D. 队头、队尾指针可能都要修改

（16）循环队列存储在数组 $A[0,\cdots,m]$ 中，则入队时的操作为（   ）。

    A. (rear＋1)％maxSize＝＝front   B. rear＝(rear＋1)％(m－1)

    C. rear＝(rear＋1)％m   D. rear＝(rear＋1)％(m＋1)

（17）最大容量为 maxSize 的循环队列，队尾位置是 rear，队头位置是 front，则队空的条件为（   ）。

    A. (rear＋1)％maxSize＝＝front   B. rear＝＝front

    C. rear ＋1＝＝front   D. (rear－1)％maxSize＝＝front

（18）设循环队列的下标范围是 0～$n-1$，其队头、队尾位置分别为 front 和 rear，则其元素个数为（   ）。

    A. rear－front   B. rear－front－1

    C. (rear－front)％n＋1   D. (rear－front＋n)％n

（19）在一个链队列中，front 和 rear 分别为队头指针和队尾指针，插入一个由指针 s 所指向的结点，应执行（   ）操作。

    A. front＝front->next;   B. s->next＝rear; rear＝s;

    C. rear->next＝s; rear＝s;   D. s->next＝front; front＝s;

（20）为解决计算机与打印机之间速度不匹配的问题，通常设置一个打印数据缓冲区，主机将要输出的数据依次写入该缓冲区，而打印机则依次从该缓冲区中取出数据。该缓冲

区的逻辑结构应该是(　　)。

    A. 线性表　　　　B. 栈　　　　　C. 队列　　　　　D. 树

2. 填空题

(1) 在顺序栈中,假设栈所分配的最大空间为 MAXLEN,top＝－1 表示_____,此时再出栈会发生_____现象;top＝MAXLEN－1 表示_____,此时再入栈会发生_____现象。

(2) 链栈中,第一个结点代表栈的_____元素,最后一个结点代表栈的_____元素。

(3) 设有编号为 1,2,3,4,5,6 的 6 辆列车,顺序开入栈式结构的站台,则可能的出站序列有_____种。

(4) 有 5 个元素,其入栈顺序为 A,B,C,D,E,在各种可能的出栈次序中,以 C,D 最先出栈(C 第一个出栈,D 第二个出栈)的次序有_____。

(5) 在循环队列中,front 指向队头元素的位置,rear 指向队尾元素的下一个位置,队列的最大空间为 MAXSIZE,则队空标志为_____,队满标志为_____。当 rear＞front 时,队列的长度为_____;当 rear＜front 时,队列的长度为_____。

(6) 设长度为 n 的链队列用循环单链表表示,若只设头指针,则入队和出队操作的时间复杂度分别为_____和_____;若只设尾指针,则入队和出队操作的时间复杂度分别为_____和_____。

3. 简述以下算法的功能

(1)

```
void fun(int a[], int n)
{
    int i,e;
    SqStack<int>st1(n),st2(n);
    for (i=0; i<n; i++)
        if (a[i]%2==1)
            st1.Push(a[i]);
        else
            st2.Push(a[i]);
    i=0;
    while (!st1.Empty())
    {
        st1.Pop(e);
        a[i++]=e;
    }
    while (!st2.Empty())
    {
        st2.Pop(e);
        a[i++]=e;
    }
}
```

（2）

```cpp
void fun(SqStack<int>&st, int x)
{
    int e;
    SqStack<int>tempst(st.Length());
    while (!st.Empty())
    {
        st.Pop(e);
        if (e!=x)
            tempst.Push(e);
    }
    while (!tempst.Empty())
    {
        tempst.Pop(e);
        st.Push(e);
    }
}
```

4. 算法设计

（1）编写一个算法，把一个十进制正整数转换为十六进制数输出。

（2）回文是指正读反读均相同的字符序列，如"abba""abdba"和"madam"均是回文。编写一个算法，判断给定的字符序列是否为回文。

（3）设计一个循环队列，用 front 和 rear 分别指示队头和队尾的位置，另外设一个标志 tag，当 front＝rear 且 tag＝0 时队列为空，当 front＝rear 且 tag＝1 时队列为满。要求：写出循环队列的抽象数据类型定义及相关操作的算法实现。

（4）利用栈与队列的成员函数，将一个队列中的元素倒置。

第4章 串

计算机上的非数值处理的对象基本上都是字符串数据,如信息检索系统、文字编辑程序等。字符串一般简称为串,它是一种特殊的线性表,其特殊性体现在数据元素是一个字符,也就是说,串是一种内容受限的线性表。本章将讨论串的基本概念、存储结构、基本操作和模式匹配算法。

4.1 串 的 定 义

串(String)是由零个或多个字符组成的有限序列,通常记为

$$s = "a_1a_2\cdots a_n" \quad (n \geqslant 0)$$

其中,s 是串名,用双引号括起来的字符序列是串的值;$a_i(1 \leqslant i \leqslant n)$ 可以是字母、数字或其他字符;串中字符的个数(也就是 n)称为串的长度。长度为 0 的串称为**空串**,记作"",空串中不包含任何字符。一个或多个空格组成的串称为**空格串**,其长度是串中包含的空格数。

串中任意个连续的字符组成的子序列称为该串的**子串**,相应地,包含子串的串称为**主串**。子串的第一个字符在主串中的位置称为子串在主串中的**位置**。例如,

例如,$s1$、$s2$、$s3$ 为如下的 3 个串:

$s1 = $ "This is a string";

$s2 = $ "is";

$s3 = $ "   ";

它们的长度分别为 16、2 和 3,并且 $s2$ 是 $s1$ 的子串,$s2$ 在 $s1$ 中的位置是 3。

在计算机应用中,有时会遇到串的关系运算,也就是比较串的大小,串的关系运算以单个字符之间的大小关系为基础。在计算机中,每个字符都有一个唯一的数值表示——ASCII 码。字符间的大小关系由它们的 ASCII 码之间的大小关系决定。例如,字符'a'和'A'的 ASCII 码分别为 97 和 65,所以'a'>'A'。设有两个字符串,str1 = "$a_1a_2\cdots a_n$",str2 = "$b_1b_2\cdots b_m$",str1 和 str2 之间的大小关系定义如下:

(1) 如果 $n = m$ 且 $a_i = b_i$,$i = 1,2,\cdots,n$,则称 str1 = str2。

(2) 如果下面两个条件中有一个满足,则称 str1 < str2。

① $n < m$,且 $a_i = b_i$,$i = 1,2,\cdots,n$。

② 存在某个 $0 < k \leqslant \min(n,m)$,使得 $a_i = b_i$,$i = 1,2,\cdots,k-1,a_k < b_k$。

(3) 不满足条件(1)和(2)时,则称 str1 > str2。

串的逻辑结构和线性表极为相似,但串的基本操作和线性表的基本操作有很大差别。线性表的基本操作大多以单个元素作为操作对象,例如,在线性表中查找某个元素、在某个位置插入一个元素或删除某个位置的元素等;而串的基本操作通常以串的整体作为操作对象,例如,在串中查找某个子串、在串的某个位置插入一个串或删除一个子串等。

串的抽象数据类型定义如下:

```
ADT String
{
    数据对象：
        D={aᵢ | aᵢ∈CharacterSet,i=1,2,…,n, n≥0}
    数据关系：
        R={<aᵢ,aᵢ₊₁> | aᵢ,aᵢ₊₁∈D,i=1,2,…,n-1}
    基本操作：
        StrAssign(&s, cstr)
```

初始条件：cstr 是字符串常量。

操作结果：生成一个其值等于 cstr 的串 s。

`        StrCopy(&s, t)`

初始条件：串 t 存在。

操作结果：将串 t 赋给串 s。

`        StrLength(s)`

初始条件：串 s 存在。

操作结果：返回串 s 中的字符个数。

`        StrCompare(s, t)`

初始条件：串 s 和 t 存在。

操作结果：比较字符串 s 和 t 的大小。若 s=t,则返回 0;若 s>t,则返回 1;若 s<t,则返回 -1。

`        StrConcat(s, t)`

初始条件：串 s 和 t 存在。

操作结果：返回由串 s 和 t 连接在一起形成的新串。

`        SubString(s, pos, len)`

初始条件：串 s 存在,1≤pos≤StrLength(s)。

操作结果：返回从串 s 的第 pos 个字符开始长度为 len 的子串。

`        Index(s, t)`

初始条件：串 s 和 t 存在。

操作结果：返回子串 t 在主串 s 中首次出现的位置。

`        StrInsert(&s, t, pos)`

初始条件：串 s 和 t 存在,1≤pos≤StrLength(s)+1。

操作结果：在串 s 的第 pos 个字符之前插入串 t。

`        StrDelete(&s, pos, len)`

初始条件：串 s 存在,1≤pos≤StrLength(s)-len+1。

操作结果：删除串 s 中从第 pos 个字符开始的连续 len 个字符。

`        Replace(&s, t, v)`

初始条件：串 s、t 和 v 存在。

操作结果：用 v 替换主串 s 中出现的所有与 t 相等的子串。

```
}
```

对于串的基本操作,可以有不同的定义方法,在使用高级程序设计语言中的串类型时,应以该语言的参考手册为准。例如,C++ 语言中的 string 数据类型不是一个传统的基本数据类型,而是一个类,string 类中实现了很多串的操作,如 append、assign、copy、erase、find、 insert、length、substr、replace 等。

4.2　串的存储结构

和线性表一样,串也有两种基本存储结构:顺序存储和链式存储。但考虑到存储效率和算法的方便性,串多采用顺序存储结构。

1. 串的顺序存储

串的顺序存储结构简称为顺序串。类似于顺序表,顺序串也是用一组地址连续的存储单元存储串中的字符序列,如图 4-1 所示。

0	1	2	3	4	5					maxSize−1
H	e	l	l	o	\0					...

图 4-1　串的顺序存储方式

为了表示串的结尾,一般在串尾存储一个不会在串中出现的特殊字符作为串的终结符,例如,C++ 语言中用'\0'表示串的结束。

2. 串的链式存储

串采用链式存储结构存储时称为链串,可采用带头结点的单链表表示。链串的组织形式与一般的单链表类似,主要区别在于链串中的一个结点可以存储多个字符。通常将链串中每个结点所存储的字符个数称为结点大小。图 4-2(a)所示为结点大小为 4 的链表,图 4-2(b)所示为结点大小为 1 的链串。当结点大小大于 1 时,由于串长不一定是结点大小的整数倍,则链串的最后一个结点不一定全被串值占满,此时应在这些未占用的数据域里补上不属于串的字符集的特殊符号,例如'♯'字符。

（a）结点大小为 4 的链表

（b）结点大小为 1 的链表

图 4-2　串的链式存储方式

在链式存储方式中,结点大小的选择直接影响串处理的效率。存储密度小(如结点大小为 1)时,运算处理方便,但存储占用量大。存储密度大时,一些基本操作(如插入、删除等)的实现有所不便,而且可能引起大量字符移动。

串的链式存储结构对某些操作(如连接操作)有一定方便之处,但总的来说,不如顺序存储结构灵活。

4.3　串的模式匹配

设有两个串 s 和 t，在串 s 中寻找串 t 的过程称为**串匹配**或**模式匹配**，串 s 称为目标串或主串，串 t 称为模式串或子串。如果在目标串 s 中找到了一个模式串 t，则称匹配成功，否则匹配失败。模式匹配的应用非常广泛，如在搜索引擎、拼写检查、语言翻译等应用中，都需要进行串匹配。

串匹配是一个比较复杂的串操作，很多人提出了效率各不相同的算法。本节介绍两种算法，并假设串均采用顺序存储结构。

1. BF 算法

Brute-Force 算法简称为 BF 算法，也称简单模式匹配算法。BF 算法的基本思想是蛮力匹配，即从主串 s 的第一个字符开始和模式串 t 的第一个字符进行比较，若相等，则继续逐个比较后续字符；否则，从主串 s 的第二个字符开始重新与模式串 t 的第一个字符进行比较，以此类推。若从主串 s 的第 i 个字符开始，每个字符依次和模式串 t 中的对应字符相等，则匹配成功，返回位置 i；否则，匹配失败，返回 0。

【算法步骤】

（1）用 start 保存主串比较的开始位置，初值为 0。

（2）用 i 和 j 指示主串 s 和模式串 t 中当前正待比较的字符下标，i 和 j 的初值均为 0。

（3）重复下述操作，直到 s 或 t 的所有字符比较完毕：

① 若 $s[i]$ 和 $t[j]$ 相等，则继续比较 s 和 t 的下一对字符。

② 否则，下标 i 和 j 分别回溯，开始下一趟匹配。

（4）若 t 中所有字符全部比较完毕，则匹配成功，返回本趟匹配的起始位置；否则匹配失败，返回 0。

【例 4.1】　设主串 $s=$ "$abaabab$"，模式串 $t=$ "$abab$"，匹配过程如图 4-3 所示。

【算法实现】

```
int BF(string s, string t)
{
    //为便于回溯,设置变量 start 保存主串 s 中每一趟比较的起始位置
    int i=0, j=0, start=0;
    while (i<s.length() && j<t.length())
    {
        if (s[i]==t[j])
        {
            j++;
            i++;
        }
        else
        {
            start++;
            i=start;
            j=0;
```

```
            }
        }
        if (j==t.length())
            return start+1;                           //start 是起始字符的下标
        else
            return 0;
    }
```

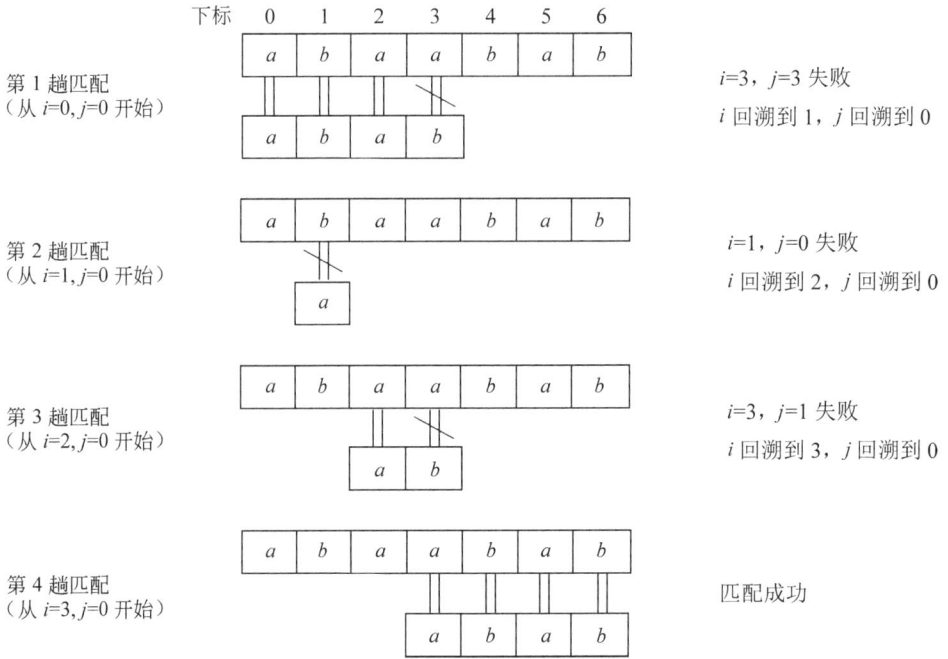

图 4-3　BF 算法的匹配过程

【算法分析】

设主串 s 的长度为 n，模式串 t 的长度为 m，在匹配成功的情况下，考虑两种极端情况。

(1) 最好情况下，每趟不成功的匹配都发生在模式串 t 的第一个字符与主串 s 中相应字符的比较。

例如：

```
s="aaaaaba"
t="ba"
```

假设从主串的第 i 个位置开始与模式串匹配成功，则在前 $i-1$ 趟不成功的匹配中共比较了 $i-1$ 次，在第 i 趟成功的匹配中共比较了 m 次，总比较次数为 $i-1+m$。对于成功匹配的主串，其起始位置由 1 到 $n-m+1$，假设这 $n-m+1$ 个位置上的匹配成功概率相等，则最好情况下匹配成功的平均比较次数为

$$\sum_{i=1}^{n-m+1} p_i \times (i-1+m) = \frac{1}{n-m+1} \sum_{i=1}^{n-m+1} (i-1+m) = \frac{n+m}{2}$$

即最好情况下的时间复杂度为 $O(n+m)$。

（2）最坏情况下，每趟不成功的匹配都发生在模式串 t 的最后一个字符与主串 s 中相应字符的比较。

例如：

s="aaaaaba"

t="aab"

假设从主串的第 i 个位置开始与模式串匹配成功，则在前 $i-1$ 趟不成功的匹配中共比较了 $(i-1)\times m$ 次，在第 i 趟成功的匹配中共比较了 m 次，总比较次数为 $i\times m$。等概率情况下，平均比较次数为

$$\sum_{i=1}^{n-m+1} p_i \times (i \times m) = \frac{1}{n-m+1}\sum_{i=1}^{n-m+1}(i \times m) = \frac{m(n-m+2)}{2}$$

一般情况下，$m\ll n$，因此，最坏情况下的时间复杂度为 $O(n\times m)$。

2. KMP 算法

BF 算法简单，但效率低。分析 BF 算法的执行过程，造成 BF 算法效率低的主要原因是回溯，即在某趟匹配失败后，主串 s 要回溯到本趟匹配开始字符的下一个字符，模式串 t 要回溯到第一个字符，而这些回溯往往是不必要的。如图 4-3 所示的匹配过程，在第 1 趟匹配过程中，$s_0\sim s_2$ 和 $t_0\sim t_2$ 是匹配成功的，$s_3\neq t_3$ 匹配失败。因为在第 1 趟中有 $s_1=t_1$，而 $t_0\neq t_1$，因此有 $t_0\neq s_1$，所有第 2 趟是不必要的，可以直接到第 3 趟。进一步分析第 3 趟中的第一对字符 s_2 和 t_0 的比较也是多余的，因为第 1 趟中已经比较了 s_2 和 t_2，并且 $s_2=t_2$，而 $t_0=t_2$，因此必有 $s_2=t_0$，因此第 3 趟比较可以从第二对字符 s_3 和 t_1 开始进行。也就是说，第 1 趟匹配失败后，下标 i 不回溯，而是将下标 j 回溯到 1，用 t_1 和 s_3 继续进行比较。这样匹配过程就消除了回溯。

这种改进的字符串模式匹配算法是由 D. E. Knuth、J. H. Morris 和 V. R. Pratt 共同提出的，因此简称 KMP 算法。

假设主串为"$s_0 s_1 \cdots s_{n-1}$"，模式串为"$t_0 t_1 \cdots t_{m-1}$"，从前面的分析可知，为了实现改进算法，需要解决下述问题：当主串中的字符 s_i 与模式串中的字符 t_j 匹配失败后，主串中的字符 s_i 应与模式串中的哪个字符再比较？

假设此时应与模式串中的 t_k 比较，则模式串中的前 k 个字符 "$t_0 t_1 \cdots t_{k-1}$" 必须满足关系式（4-1），且不可能存在 $k'>k$ 满足关系式（4-1）。

$$"t_0 t_1 \cdots t_{k-1}" = "s_{i-k} s_{i-k+1} \cdots s_{i-1}" \tag{4-1}$$

而已经得到的部分匹配结果是：

$$"t_{j-k} t_{j-k+1} \cdots t_{j-1}" = "s_{i-k} s_{i-k+1} \cdots s_{i-1}" \tag{4-2}$$

由式（4-1）和式（4-2）可知：

$$"t_0 t_1 \cdots t_{k-1}" = "t_{j-k} t_{j-k+1} \cdots t_{j-1}" \tag{4-3}$$

式（4-3）说明，模式串中的每一个字符 t_j 都对应一个 k 值，这个 k 值仅依赖于模式串本身，与主串无关。用 $\text{next}[j]$ 表示 $t_j(0\leqslant j<m)$ 对应的 k 值，其定义如下：

$$\text{next}[j] = \begin{cases} -1 & j=0 \\ \max\{k \mid 1\leqslant k\leqslant j \text{ 且 } "t_0 t_1 \cdots t_{k-1}" = "t_{j-k} t_{j-k+1} \cdots t_{j-1}"\} & \text{集合非空} \\ 0 & \text{其他情况} \end{cases}$$

【例 4.2】 设模式串 t = "ababc",求该模式串的 next 值。

根据 next[j] 的定义有：next[0] = -1, next[1] = 0；

j = 2 时, $t_0 \neq t_1$, 则 next[2] = 0；

j = 3 时, $t_0 t_1 \neq t_1 t_2$, $t_0 = t_2$, 则 next[3] = 1；

j = 4 时, $t_0 t_1 t_2 \neq t_1 t_2 t_3$, $t_0 t_1 = t_2 t_3$, 则 next[4] = 2。

求模式串 t 的 next 数组的算法如下：

```
void GetNext(string t, int next[])
{
    next[0]=-1;
    for (int j=1; t[j]!='\0'; j++)
    {
        for (int k=j-1; k>=1; k--)
        {
            for (int i=0; i<k; i++)
                if (t[i]!=t[j-k+i])
                        break;
            if (i==k)
            {
                next[j]=k;
                break;
            }
        }
        if (k<1)
            next[j]=0;
    }
}
```

当求出模式串 t 的 next 数组后,就可以消除主串的回溯。

【算法步骤】

(1) 用 i 和 j 指示主串 s 和模式串 t 中当前正待比较的字符下标, i 和 j 的初值均为 0。

(2) 重复下述操作,直到 s 或 t 的所有字符比较完毕：

① 若 $s[i]$ 和 $t[j]$ 相等,则继续比较 s 和 t 的下一对字符。

② 否则,将下标 j 回溯到 next[j]。

③ 若 j 等于 -1,则将下标 i 和 j 分别加 1,准备下一趟比较。

(3) 若 t 中的所有字符全部比较完毕,则匹配成功,返回本趟匹配的起始位置;否则匹配失败,返回 0。

【例 4.3】 设主串 s = "ababaababcb",模式串 t = "ababc",模式 t 的 next 值为 {$-1, 0, 0, 1, 2$}, KMP 算法的匹配过程如图 4-4 所示。

【算法实现】

```
int KMP(string s, string t)
{
```

```
int i=0, j=0;
int next[maxSize]={-1};
GetNext(t, next);
while (s[i]!='\0' && t[j]!='\0')
{
    if (s[i]==t[j])
    {
        i++;
        j++;
    }
    else
    {
        j=next[j];
        if (j==-1)
        {
            i++;
            j++;
        }
    }
}
if (t[j]=='\0')
    return i-t.length()+1;
else
    return 0;
}
```

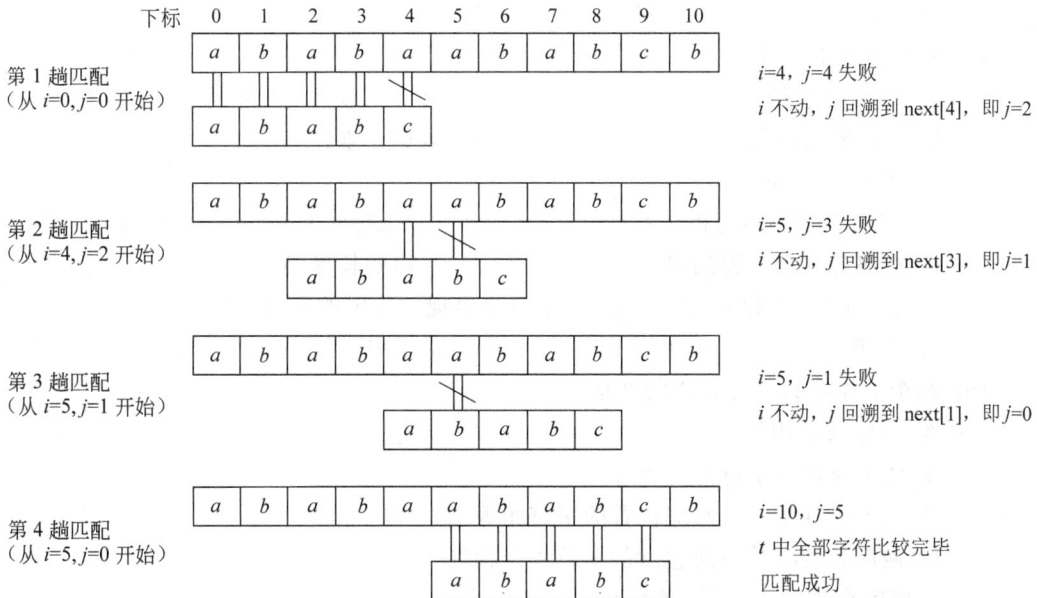

下标 0 1 2 3 4 5 6 7 8 9 10

第 1 趟匹配
（从 i=0, j=0 开始）

| a | b | a | b | a | a | b | a | b | c | b |

| a | b | a | b | c |

i=4，j=4 失败

i 不动，j 回溯到 next[4]，即 j=2

第 2 趟匹配
（从 i=4, j=2 开始）

| a | b | a | b | a | a | b | a | b | c | b |

| a | b | a | b | c |

i=5，j=3 失败

i 不动，j 回溯到 next[3]，即 j=1

第 3 趟匹配
（从 i=5, j=1 开始）

| a | b | a | b | a | a | b | a | b | c | b |

| a | b | a | b | c |

i=5，j=1 失败

i 不动，j 回溯到 next[1]，即 j=0

第 4 趟匹配
（从 i=5, j=0 开始）

| a | b | a | b | a | a | b | a | b | c | b |

| a | b | a | b | c |

i=10，j=5

t 中全部字符比较完毕

匹配成功

图 4-4 KMP 算法的匹配过程

【算法分析】

设主串 s 的长度为 n,子串 s 的长度为 m,在 KMP 算法中求 next 数组的时间复杂度为 $O(m)$,在后面的匹配中因主串的下标 i 不回溯,比较次数为 n,所以 KMP 算法的时间复杂度为 $O(n+m)$。

本 章 小 结

串是一种内容受限的线性表,它限定表中的元素为字符。串有两种基本存储结构:顺序存储和链式存储,但多采用顺序存储结构。串的常用算法是模式匹配算法,主要有 BF 算法和 KMP 算法。BF 算法实现简单,但存在回溯,效率低,时间复杂度为 $O(n×m)$。KMP 算法对 BF 算法进行改进,消除了回溯,提高了效率,时间复杂度为 $O(n+m)$。

习 题 4

1. 选择题

(1) 串是任意有限个( )。

    A. 符号构成的集合   B. 符号构成的序列

    C. 字符构成的集合   D. 字符构成的序列

(2) 下面关于串的叙述中,不正确的是( )。

    A. 串是一种特殊的线性表

    B. 串的长度必须大于 0

    C. 模式匹配是串的一种重要运算

    D. 串既可以采用顺序存储,也可以采用链式存储

(3) 串与普通的线性表相比,它的特殊性体现在( )。

    A. 可以顺序存储   B. 数据元素是一个字符

    C. 可以链接存储   D. 数据元素任意

(4) 下列叙述正确的是( )。

    A. 空格串和空串是相同的   B. "TEL"是"Telephone"的子串

    C. 空串是 0 个字符的串   D. 空串的长度是 1

(5) 设有两个串 $s1$ 和 $s2$,求 $s2$ 在 $s1$ 中首次出现的位置的运算称为( )。

    A. 连接   B. 模式匹配   C. 求子串   D. 求串

(6) 两个串相等的充分必要条件是( )。

    A. 两串长度相等

    B. 两串包含的字符集合相等

    C. 两串长度相等且对应位置的字符相等

    D. 两串长度相等且所包含的字符集合相等

(7) 空格串是( ),其长度等于( )。

    A. ① 空串   ② 0

    B. ① 由一个或多个空格组成的字符串   ② 其包含的空格个数

C. ① 空串　② 未定义

D. ① 由一个或多个空格组成的字符串　② 未定义

(8) 设模式串 $t=$"$abcabc$",则该模式串的 next 值为(　　　)。

A. $\{-1,0,0,1,2,3\}$ 　　　　　　B. $\{-1,0,0,0,1,2\}$

C. $\{-1,0,0,1,1,2\}$ 　　　　　　D. $\{-1,0,0,0,2,3\}$

2. 算法设计题

(1) 编写算法,统计一个字符串中各个不同字符出现的频度。

(2) 编写算法,统计子串 t 在主串 s 中出现的次数。

(3) 编写算法,实现字符串的逆转。

(4) 编写一个字符串替换函数 Replace(String &s, String t, String v),若 t 是 s 的子串,则用串 v 替换串 t 在串 s 中的所有出现;若 t 不是 s 的子串,则串 s 不变。

第 5 章　数组和广义表

数组和广义表可以看成线性表的一种推广，即表中的数据元素本身也可以是线性结构。本章将讨论数组的基本概念和存储结构、特殊矩阵和稀疏矩阵的压缩存储以及广义表的定义和存储结构。

5.1　数　　组

5.1.1　数组的基本概念

数组是由 $n(n \geqslant 1)$ 个相同类型的数据元素构成的有限序列，其逻辑表示如下：

$$a = (a_0, a_1, \cdots, a_{n-1})$$

若 $a_i(i=0,1,\cdots,n-1)$ 是简单元素，则 a 是一维数组；当一维数组的每个元素 a_i 本身又是一个一维数组时，则一维数组扩充为二维数组。同理，二维数组的每个元素本身又是一个一维数组时，则二维数组扩充为三维数组。以此类推，若 a_i 是 $n-1$ 维数组，则 a 是 n 维数组。

在 n 维数组中，每个元素受 $n(n \geqslant 1)$ 个线性关系的约束，它在 n 个线性关系中的序号 $i_1, i_2, \cdots, i_n$，称为该元素的下标。如果数组名为 a，则记下标为 $i_1, i_2, \cdots, i_n$ 的元素为 $a_{i_1 i_2 \cdots i_n}$。

数组可以看成线性表的推广，数组的特点是数据元素本身可以具有某种结构，但属于同一类型。例如，一维数组可以看作一个线性表，二维数组可以看作数据元素是线性表的线性表。如图 5-1 中所示的二维数组，可以看成一个线性表

$$A = (a_0, a_1, \cdots, a_p) \quad (p = m-1 \text{ 或 } n-1)$$

其中每个数据元素是一个列向量形式的线性表，如图 5-1(b)所示，或者是一个行向量形式的线性表，如图 5-1(c)所示。

$$A = \begin{bmatrix} a_{00} & a_{01} & \cdots & a_{0,n-1} \\ a_{10} & a_{11} & \cdots & a_{1,n-1} \\ \vdots & \vdots & & \vdots \\ a_{m-1,0} & a_{m-1,1} & \cdots & a_{m-1,n-1} \end{bmatrix}$$

（a）二维数组

$$A = \begin{bmatrix} \begin{bmatrix} a_{00} \\ a_{10} \\ \vdots \\ a_{m-1,0} \end{bmatrix} & \begin{bmatrix} a_{01} \\ a_{11} \\ \vdots \\ a_{m-1,1} \end{bmatrix} & \cdots & \begin{bmatrix} a_{0,n-1} \\ a_{1,n-1} \\ \vdots \\ a_{m-1,n-1} \end{bmatrix} \end{bmatrix}$$

（b）数据元素是列向量

$$A = \big((a_{00} a_{01} \cdots a_{0,n-1}), (a_{10} a_{11} \cdots a_{1,n-1}), \cdots, (a_{m-1,0} a_{m-1,1} \cdots a_{m-1,n-1})\big)$$

（c）数据元素是行向量

图 5-1　二维数组示例

数组一旦被定义，它的维数和维界就不再改变。因此，数组除了初始化和销毁之外，通常只有以下两种操作。

（1）读操作：给定一组下标，读取相应的数据元素。

（2）写操作：给定一组下标，存储或修改相应的数据元素。

下面给出数组的抽象数据类型定义。

```
ADT Array
{
    数据对象：
        D={a_{j_1 j_2 ⋯ j_n} | j_i=0,1,⋯ b_{i-1}, i=1,2,⋯ n,b_i 为第 i 维的长度}
    数据关系：
        R={r_1,r_2,⋯,r_n}
        r_i={<a_{j_1 ⋯ j_i ⋯ j_n}, a_{j_1 ⋯ j_{i+1} ⋯ j_n}> | 0≤j_k≤b_{k-1},1≤k≤n 且 k≠i,0≤j_i≤b_i-2,i=2,3,⋯,
        n}
    基本操作：
        InitArrary()
        操作结果：初始化数组，即为数组分配空间。
        DistroyArrary()
        初始条件：数组已存在。
        操作结果：销毁数组。
        Value(&e, index1, index2, ⋯, indexn)
        初始条件：n 维数组已存在。
        操作结果：若下标不越界，则将所指定的数组元素的值赋值给 e。
        Assign(e, index1, index2, ⋯, indexn)
        初始条件：n 维数组已存在。
        操作结果：若下标不越界，则将 e 的值赋值给所指定的数组元素。
}
```

5.1.2 数组的存储结构

由于很少对数组进行插入和删除操作，也就是说，一旦建立了数组，其元素个数和元素之间的关系就不再发生变动，因此，采用顺序存储结构表示数组比较合适。

1. 一维数组的存储结构

对于一维数组 $(a_0,a_1,⋯,a_{n-1})$，按元素顺序存储到一块地址连续的内存单元中。假设第一个元素 a_0 的存储地址用 $LOC(a_0)$ 表示，每个元素占用 L 个存储单元，则任一数组元素 a_i 的存储地址 $LOC(a_i)$ 都可由式（5-1）求出：

$$LOC(a_i)=LOC(a_0)+i×L \quad (1≤i≤n-1) \tag{5-1}$$

2. 多维数组的存储结构

由于内存单元是一维的结构，而多维数组是多维的结构，因此，采用顺序存储结构存储多维数组时需要将多维结构映射到一维结构。常用的映射方法有两种：以行序为主序（即按行优先）和以列序为主序（即按列优先）。C++ 中的数组就是按行优先存储的。

对于二维数组，按行优先存储的基本思想是：先行后列，先存储行号较小的元素，行号相同者先存储列号较小的元素，如图 5-2（b）所示。假设第一个元素 a_{00} 的存储地址用 $LOC(a_{00})$ 表示，每个元素占用 L 个存储单元，则二维数组中任一元素 a_{ij} 的存储地址 $LOC(a_{ij})$ 可由式 5-2 确定。

$$LOC(a_{ij})=LOC(a_{00})+(n×i+j)×L \tag{5-2}$$

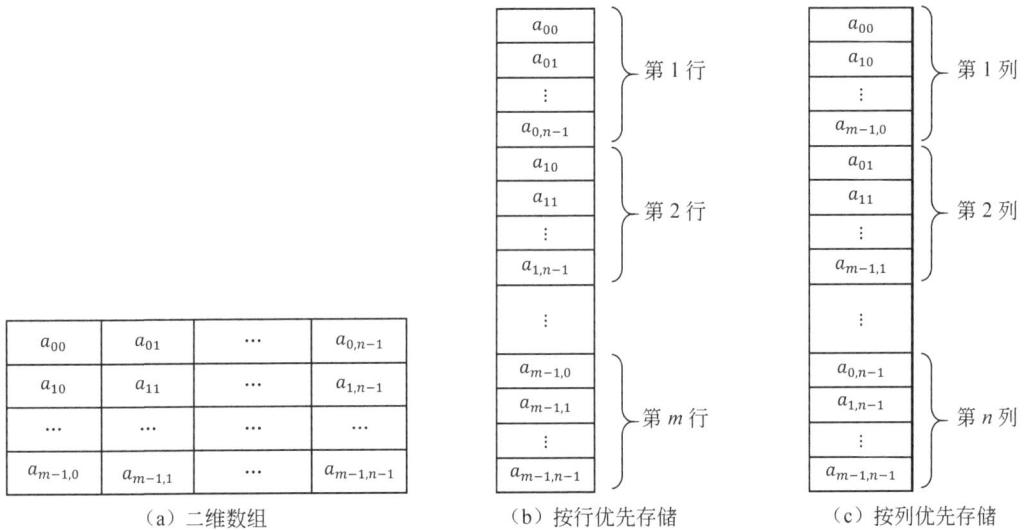

（a）二维数组 　　（b）按行优先存储 　　（c）按列优先存储

图 5-2　二维数组的两种存储方式

按列优先存储的基本思想是：先列后行，先存储列号较小的元素，列号相同者先存储行号较小的元素，如图 5-2(c)所示。二维数组中任一元素 a_{ij} 的存储地址 $\mathrm{LOC}(a_{ij})$ 可由式(5-3)确定。

$$\mathrm{LOC}(a_{ij}) = \mathrm{LOC}(a_{00}) + (m \times j + i) \times L \tag{5-3}$$

对于三维数组和更高维数组，按行优先存储的思想是：最右边的下标先变化，即最右下标从小到大，循环一遍后，右边第二个下标再变化，……，以此类推，最后是最左下标。按列优先存储的思想是：最左边的下标先变化，即最左下标从小到大循环一遍后，左边第二个下标再变化，……，依此类推，最后是最右下标。

由以上讨论可知，数组无论是按行优先存储，还是按列优先存储，都可以在 $O(1)$ 的时间内计算出指定元素的存储地址，因此，存取数组中任一元素的时间都相等，即数组是一种随机存取结构。

5.2　矩　　阵

矩阵是很多科学与工程计算问题中研究的数学对象，在高级语言程序设计中，矩阵用二维数组表示。但是，在数值分析中经常出现一些阶数很高的矩阵，同时矩阵中有很多相同的元素或零元素。为了节省存储空间，可以对这类矩阵进行压缩存储，即为多个值相同的元素只分配一个存储空间，对零元素不分配存储空间。

5.2.1　特殊矩阵的压缩存储

特殊矩阵是指值相同的元素或零元素在矩阵中的分布有一定规律的矩阵。特殊矩阵的主要形式有对称矩阵、三角矩阵和对角矩阵，它们都是方阵，即行数和列数相同。

1. 对称矩阵

若一个 n 阶方阵 A 中的元素满足下述性质：

$$a_{ij}=a_{ji} \quad 1\leqslant i,j \leqslant n$$

则称 A 为 n 阶**对称矩阵**。例如,图 5-3 所示为一个 5 阶对称矩阵。

对称矩阵中的元素是按主对角线对称的,即上三角部分和下三角部分中的对应元素相等,因此,在存储时可以只存储主对角线加上三角部分的元素,或主对角线加下三角部分的元素。这样,一个 n 阶对称矩阵只需要 $n(n+1)/2$ 个存储单元,节约了近一半的存储空间。

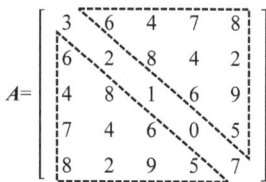

图 5-3 对称矩阵

假设采用按行优先方式,将主对角线加下三角部分的元素存储到一个具有 $n(n+1)/2$ 个存储单元的一维数组 sa 中,如图 5-4 所示。矩阵 A 中的元素 a_{ij} 存储在数组元素 sa$[k]$ 中,如何根据 i 和 j 确定下标 k 的值?

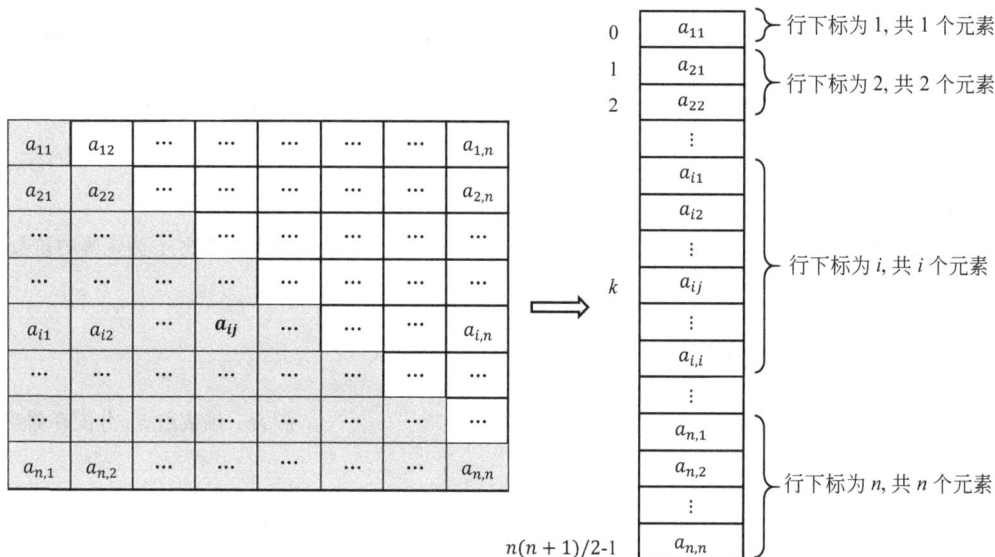

图 5-4 对称矩阵的压缩存储

(1) 若 a_{ij} 是矩阵 A 中主对角线或下三角部分的元素,则有 $i\geqslant j$。元素 a_{ij} 的前面共存储了 $i-1$ 行,第 1 行有 1 个元素,第 2 行有 2 个元素,……,第 $i-1$ 行有 $i-1$ 个元素,这 $i-1$ 行共有 $1+2+\cdots+i-1=i(i-1)/2$ 个元素;第 i 行中,元素 a_{ij} 的前面共存储 $j-1$ 个元素。因此,元素 a_{ij} 的前面共存储了 $i(i-1)/2+j-1$ 个元素,a_{ij} 在数组 sa 中的下标 k 为

$$k=\frac{i(i-1)}{2}+j-1$$

(2) 若 a_{ij} 是矩阵 A 中上三角部分的元素,则有 $i<j$。a_{ij} 的值等于 a_{ji},元素 a_{ji} 是矩阵下三角部分的元素,它存放在下标为 $j(j-1)/2+i-1$ 的位置,即

$$k=\frac{j(j-1)}{2}+i-1$$

综合两种情况,得到 k 与 i、j 的关系如下:

$$k = \begin{cases} \dfrac{i(i-1)}{2} + j - 1 & i \geqslant j \\ \dfrac{j(j-1)}{2} + i - 1 & i < j \end{cases} \tag{5-4}$$

对称矩阵的类模板的声明及实现如下所示。

```
//类模板的声明
template<typename T>
class SymmetricMatrix
{
protected:
    T * sa;                                    //存储矩阵元素
    int n;                                     //对称矩阵阶数
public:
    SymmetricMatrix(int n);                    //构造一个 n 阶对称矩阵
    ~SymmetricMatrix();                        //析构函数
    T &operator()(int i, int j);               //重载()运算符
};
//类模板的实现
template <typename T>
SymmetricMatrix<T>::SymmetricMatrix(int n)     //构造函数,n 为矩阵的阶数
{
    if (n<1)
        throw "阶数无效!";
    this->n=n;
    sa=new T[n * (n+1)/2];                      //为一维数组 sa 分配存储空间
}
template <typename T>
SymmetricMatrix<T>::~SymmetricMatrix()         //析构函数
{
    delete []sa;
}
template <typename T>
T &SymmetricMatrix<T>::operator()(int i, int j)  //重载()运算符
{
    if (i<1 || i>n || j<1 || j>n)
        throw "下标越界!";
    if (i>=j)                                  //元素在主对角线或下三角中
        return sa[i * (i-1)/2+j-1];
    else                                       //元素在上三角中
        return sa[j * (j-1)/2+i-1];
}
```

定义对称矩阵类 SymmetricMatrix 后,在程序中就可以使用它定义对称矩阵的对象,通过括号运算符访问矩阵中的数据元素。

```
#include <iostream>
```

```cpp
#include "symmetric_matrix.h"
using namespace std;
void main()
{
    try
    {
        int i, j, n, tmp;
        cout<<"请输入矩阵的阶数："<<endl;
        cin>>n;
        SymmetricMatrix<int>a(n);                    //定义一个 n 阶对称矩阵
        for (i=1; i<=n; i++)                         //输入数据
        {
            cout<<"请输入矩阵的第"<<i<<"行数据："<<endl;
            for (j=1; j<=n; j++)
            {
                cin>>tmp;
                a(i, j)=tmp;
            }
        }
        for (i=1; i<=n; i++)                         //显示对称矩阵
        {
            for (j=1; j<=n; j++)
                cout<<a(i, j)<<"\t";
            cout<<endl;
        }
    }
    catch (char * error)
    {
        cout<<error<<endl;
    }
}
```

2. 三角矩阵

三角矩阵有上三角矩阵和下三角矩阵两种。**上三角矩阵**是指矩阵下三角部分中的元素均为常数 c 的 n 阶方阵。**下三角矩阵**是指矩阵上三角部分中的元素均为常数 c 的 n 阶方阵,有时 $c=0$。例如,图 5-5 中的 A_1 为上三角矩阵,A_2 为下三角矩阵。

$$A_1 = \begin{bmatrix} 6 & 3 & 7 & 2 & 8 \\ 0 & 4 & 1 & 7 & 5 \\ 0 & 0 & 2 & 6 & 7 \\ 0 & 0 & 0 & 1 & 9 \\ 0 & 0 & 0 & 0 & 4 \end{bmatrix} \qquad A_2 = \begin{bmatrix} 9 & 1 & 1 & 1 & 1 \\ 8 & 5 & 1 & 1 & 1 \\ 6 & 9 & 3 & 1 & 1 \\ 3 & 7 & 5 & 6 & 1 \\ 5 & 4 & 8 & 2 & 7 \end{bmatrix}$$

　　　　　　（a）上三角矩阵　　　　　　　　　　（b）下三角矩阵

图 5-5　三角矩阵

对上三角矩阵进行压缩存储时,除了存储主对角线和上三角中的元素外,再加一个存储常数 c 的空间。因此,上三角矩阵可以用一个具有 $n(n+1)/2+1$ 个存储单元的一维数组存储,常数 c 存储在数组最后的位置。

若 a_{ij} 是矩阵 $\boldsymbol{A}$ 中主对角线或上三角部分的元素,则有 $i \leqslant j$。在按行优先的存储方式下,元素 a_{ij} 的前面共存储了 $i-1$ 行,第 1 行有 n 个元素,第 2 行有 $n-1$ 个元素,……,第 $i-1$ 行有 $n-i+2$ 个元素,这 $i-1$ 行共有:

$$n+(n-1)+\cdots+(n-i+2)=\frac{(i-1)(2n-i+2)}{2}$$

个元素;第 i 行中,元素 a_{ij} 的前面共存储了 $j-i$ 个元素。因此,元素 a_{ij} 的前面共存储了 $(i-1)(2n-i+2)/2+j-i$ 个元素,所以,元素 a_{ij} 在数组中的下标 k 为

$$k=\frac{(i-1)(2n-i+2)}{2}+j-i$$

若 a_{ij} 是矩阵 $\boldsymbol{A}$ 中下三角部分的元素,则有 $i>j$,其值为常数 c,存储在数组的最后一个位置,下标为 $n(n+1)/2$。

综上,得到 k 与 i、j 的关系如下:

$$k=\begin{cases}\dfrac{(i-1)(2n-i+2)}{2}+j-i & i \leqslant j \\ \dfrac{n(n+1)}{2} & i>j\end{cases} \tag{5-5}$$

对下三角矩阵进行压缩存储时,除了存储主对角线和下三角中的元素外,再加一个存储常数 c 的空间。同上三角矩阵一样,下三角矩阵也可以用一个具有 $n(n+1)/2+1$ 个存储单元的一维数组存储,常数 c 存储在数组的最后位置。

采用类似对称矩阵的推导过程,得到 k 与 i、j 的关系如下:

$$k=\begin{cases}\dfrac{i(i-1)}{2}+j-1 & i \geqslant j \\ \dfrac{n(n+1)}{2} & i<j\end{cases} \tag{5-6}$$

3. 对角矩阵

在对角矩阵中,所有非零元素都集中在以主对角线为中心的带状区域,除了主对角线和若干条次对角线的元素外,其他元素都为零。例如,图 5-6 所示为一个对角矩阵。对这种矩阵,也可按某个原则(以行为主,或

$$A=\begin{bmatrix}5 & 8 & 0 & 0 & 0 \\ 6 & 4 & 1 & 0 & 0 \\ 0 & 7 & 2 & 6 & 0 \\ 0 & 0 & 3 & 1 & 9 \\ 0 & 0 & 0 & 2 & 4\end{bmatrix}$$

图 5-6 对角矩阵

以对角线的顺序)将其压缩存储到一维数组中。

以上讨论的对称矩阵、三角矩阵和对角矩阵的压缩存储方法是把有一定分布规律的、值相同的数据元素压缩存储到一个连续的存储空间中,这样的压缩存储只需在算法中按公式做映射即可实现特殊矩阵元素的随机存取。

5.2.2 稀疏矩阵的压缩存储

如果一个矩阵中的非零元素个数远远小于矩阵元素的总数,且非零元素的分布无一定规律,则称之为**稀疏矩阵**。在稀疏矩阵和稠密矩阵之间没有一个精确的界限,可以用稀疏因

子描述矩阵的稀疏程度。设一个 m 行 n 列的矩阵中有 t 个非零元素,则稀疏因子 $\delta = t/(m \times n)$。通常,在 $\delta < 0.5$ 时,就可以认为矩阵是稀疏的。

当稀疏矩阵的阶很高时,其中零元素会很多,如果用一个二维数组直接存储稀疏矩阵,将存储大量零元素,造成存储空间的浪费。但如果不存储零元素,而只存储非零元素,元素的存储顺序又不能反映它们的逻辑关系,因此需要显示地指出每个元素在原矩阵中的逻辑位置。一种直观、常用的方法是对每个非零元素用三元组(行号,列号,元素值)表示。三元组的结构定义如下:

```cpp
template<typename T>
struct Element
{
    int row, col;                              //非零元素的行下标与列下标
    T value;                                   //非零元素的值
};
```

将稀疏矩阵的非零元素对应的三元组所构成的集合,按行优先排成一个线性表,称为三元组表,则稀疏矩阵的压缩存储转化为三元组表的存储。例如,图 5-7 所示稀疏矩阵 A 的三元组表为$((1,2,6),(2,4,3),(3,5,4),(5,1,1),(5,3,5),(6,4,7))$。

稀疏矩阵采用三元组表存储,一定程度上节省了存储空间,但也丧失了随机存取特性。

1. 三元组顺序表

以顺序表存储三元组表,可得到稀疏矩阵的顺序存储结构——三元组顺序表。例如,图 5-7 所示稀疏矩阵的三元组顺序表如图 5-8 所示。

$$A = \begin{bmatrix} 0 & 6 & 0 & 0 & 0 \\ 0 & 0 & 0 & 3 & 0 \\ 0 & 0 & 0 & 0 & 4 \\ 0 & 0 & 0 & 0 & 0 \\ 1 & 0 & 5 & 0 & 0 \\ 0 & 0 & 0 & 7 & 0 \end{bmatrix}$$

图 5-7 稀疏矩阵

下标	row	col	vlaue
0	1	2	6
1	2	4	3
2	3	5	4
3	5	1	1
4	5	3	5
5	6	4	7
	空闲	空闲	空闲
maxSize-1			

图 5-8 稀疏矩阵 A 的三元组顺序表

三元组顺序表的类模板定义及实现如下,成员变量实现三元组顺序表的存储结构,其中数组 elems 用于存储非零元素的三元组,maxSize 为数组的长度,即稀疏矩阵中非零元素的最大个数,rows 和 cols 分别存储稀疏矩阵的行数和列数,num 存储稀疏矩阵中非零元素的实际个数;成员函数实现稀疏矩阵的基本操作,包括返回稀疏矩阵的行数或列数,返回或设置元素的值等。

```cpp
//三元组顺序表类模板的定义
template<typename T>
```

```
class SparseMatrix
{
protected:
    Element<T> * elems;                            //存储稀疏矩阵的三元组表
    int rows, cols, num;                           //行数、列数及非零元素的个数
    int maxSize;                                   //非零元素的最大个数
public:
    SparseMatrix(int rs, int cs, int size);        //构造函数
    ~SparseMatrix();                               //析构函数
    int GetRows();                                 //返回稀疏矩阵的行数
    int GetColumns();                              //返回稀疏矩阵的列数
    int GetNum() ;                                 //返回稀疏矩阵非零元素的个数
    bool SetElem(int r, int c, T v);               //设置指定位置的元素值
    bool GetElem(int r, int c, T &v);              //返回指定位置的元素值
};
//三元组顺序表类模板的实现
template <typename T>
SparseMatrix<T>::SparseMatrix(int rs, int cs, int size)
//构造函数,rs、cs、size 分别表示行数、列数和非零元素的最大个数
{
    if (rs<1 || cs<1)
        throw "行数或列数无效!";
    maxSize=size;
    rows=rs;
    cols=cs;
    num=0;
    elems=new Element<T>[maxSize];
}
template <typename T>
SparseMatrix<T>::~SparseMatrix()                   //析构函数
{
    delete []elems;
}
template <typename T>
int SparseMatrix<T>::GetRows()                     //返回稀疏矩阵的行数
{
    return rows;
}
template <typename T>                              //返回稀疏矩阵的列数
int SparseMatrix<T>::GetColums()
{
    return cols;
```

```
}
template <typename T>                                 //返回非零元素的个数
int SparseMatrix<T>::GetNum()
{
    return num;
}
template <typename T>
bool SparseMatrix<T>::SetElem(int r, int c, T v)
{
    int i=0, j;
    if (r<1 || r>rows || c<1 || c>cols)               //下标越界
        return false;
    while (i<num && r<elems[i].row)                   //查找第 r 行的第一个非零元素
        i++;
    while (i<num && r==elems[i].row && c<elems[i].col)//查找第 r 行第 c 列的元素
        i++;
    if (elems[i].row==r && elems[i].col==c)           //找到
    {
        if (v!=0)                                     //若 v≠0,则修改元素值
            elems[i].value=v;
        else                                          //若 v=0,则删除三元组
        {
            for (j=i+1; j<num; j++)                   //前移元素
                elems[j-1]=elems[j];
            num--;                                    //非零元素个数减 1
        }
        return true;
    }
    else if (v!=0)                                    //若未找到,则将元素插入三元组表
    {
        if (num>=maxSize)
            return false;
        else
        {
            for (j=num-1; j>=i; j--)                  //后移元素
                elems[j+1]=elems[j];
            elems[i].row=r;                           //插入元素
            elems[i].col=c;
            elems[i].value=v;
            num++;                                    //非零元素个数增 1
        }
    }
```

```cpp
        return true;
    }
    template <typename T>
    bool SparseMatrix<T>::GetElem(int r, int c, T &v)           //返回指定位置的元素值
    {
        if (r<1 || r>rows || c<1 || c>cols)                    //下标越界
            return false;
        int i=0;
        while (i<num && r<elems[i].row)                        //查找第 r 行的第一个非零元素
            i++;
        while (i<num && r==elems[i].row && c<elems[i].col)//查找第 r 行第 c 列的元素
            i++;
        if (elems[i].row==r && elems[i].col==c)     //若找到,则用 v 返回指定位置的元素值
            v=elems[i].value;
        else                                                   //若未找到,则说明为零元素
            v=0;
        return true;
    }
```

2. 十字链表

当稀疏矩阵中的非零元素位置或个数在操作过程中经常发生变化时,就不适合采用三元组顺序表表示稀疏矩阵了,此时采用链式存储结构更恰当。十字链表是稀疏矩阵的链式存储结构中的一种较好的存储方法,它不仅可以用来表示稀疏矩阵,事实上,一切具有正交关系的结构,都可以用十字链表存储。

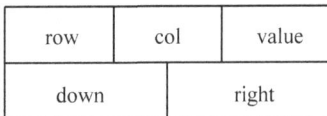

图 5-9　十字链表的结点结构

在稀疏矩阵的十字链表表示中,每个非零元素都对应十字链表中的一个结点。十字链表的结点结构如图 5-9所示。

结点中的 row、col 和 value 分别记录非零元素的行号、列号和元素值,down 和 right 是两个指针,分别指向同一列和同一行的下一个非零元素结点。这样,每个非零元素既是某个行链表中的一个结点,又是某个列链表中的结点。结点的结构定义如下:

```cpp
template <typename T>
struct OrthListNode
{
    Element<T>data;                             //三元组
    OrthListNode<T> * down, * right;            //非零元素所在行链表和列链表的后继指针
}
```

为了能够快速找到各个行、列链表,可用两个一维数组分别存储行链表的头指针和列链表的头指针。例如,图 5-7 所示的稀疏矩阵 **A** 的十字链表如图 5-10 所示。

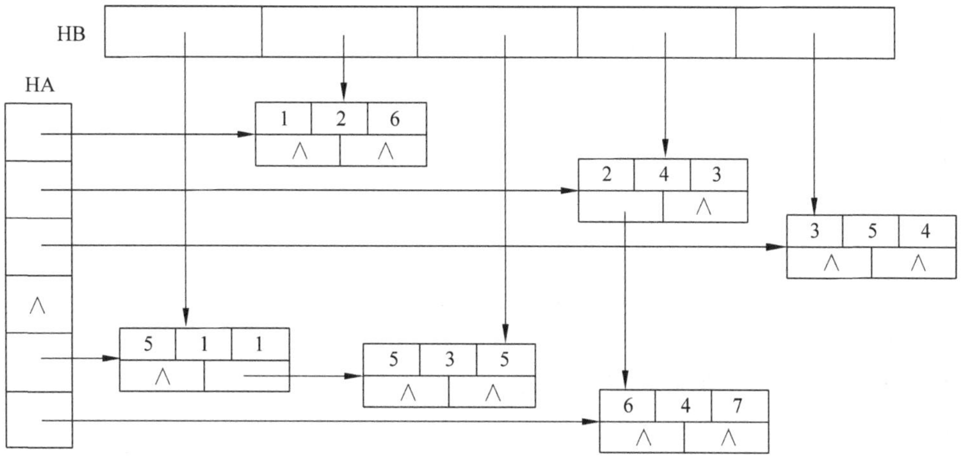

图 5-10　图 5-7 所示稀疏矩阵 **A** 的十字链表

5.3　广　义　表

广义表是线性表的另一种推广形式,也称为列表。广泛用于人工智能等领域的 LISP (List Processing)语言把广义表作为基本的数据结构,就连程序也可表示为一系列的广义表。

5.3.1　广义表的定义

广义表是由 $n(n \geqslant 0)$ 个元素组成的有限序列,记作:

$$GL = (a_1, a_2, a_3, \cdots, a_n)$$

其中 GL 是表名,n 为表的长度,$n = 0$ 时为空表。$a_i(i = 1, 2, 3, \cdots, n)$ 是表元素,简称为元素,它可以是单个数据元素(称为原子元素,或简称为原子),也可以是满足本定义的广义表(称为子表元素,或简称为子表)。例如:

$$G = ((a, (b, c)), x, (y, z))$$

该广义表的表名为 G,长度为 3,元素包括 $(a, (b, c))$、x 和 (y, z),其中 x 是原子元素,$(a, (b, c))$ 和 (y, z) 是子表元素,它们本身又是一个广义表。若广义表 GL 中的某个元素含有广义表 GL 自身,则称 GL 为递归表。

由于广义表中的元素又可以是广义表,因此广义表有深度的概念。广义表的深度定义如下:

$$\text{Depth}(GL) = \begin{cases} 0 & \text{GL 为原子元素} \\ 1 & \text{GL 为空表} \\ 1 + \text{Max}(\text{Depth}(a_i)) & 1 \leqslant i \leqslant n, n \geqslant 1 \end{cases}$$

广义表的深度本质上就是广义表表达式中括号的最大嵌套层数。

下面是一些广义表的示例,通常用大写字母表示广义表,用小写字母表示原子元素。

```
A=()
B=(e)
C=(a,(b,c,d))
D=(A,B,C)
E=(a,E)
```

其中：

　　A 是一个空表,长度为 0,深度为 1;

　　B 中只有一个原子元素,长度为 1,深度为 1;

　　C 中有一个原子,一个子表,长度为 2,深度为 2;

　　D 中有三个子表,长度为 3,深度为 3;

　　E 是一个递归表,长度为 2,深度为 ∞。

从广义表的定义可以看出,广义表有如下特性。

(1) 广义表的元素可以是子表,子表的元素还可以是子表,因此,广义表是一个多层次的结构,可以用图形形象地表示。例如,图 5-11 是广义表 D 的图形表示,图中的圆圈表示广义表,方框表示原子,边表示表和元素之间的包含关系。

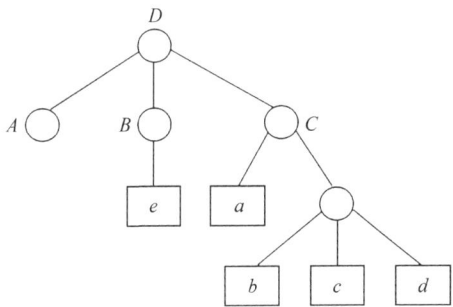

图 5-11　广义表的图形表示

(2) 广义表可以为其他广义表所共享。例如,在上面的示例中,广义表 A、B 和 C 为 D 的子表,则在 D 中可以不必列出子表的值,而是通过子表的名称来引用。

(3) 广义表可以是递归的,即广义表可以是其自身的一个子表。

为了描述和操作方便,通常将广义表中的表元素分为两部分: 表头和表尾。当广义表的长度 n 大于 0 时,广义表中的第一个元素称为表头,除表头之外的其他元素组成的表称为广义表的表尾。一般用 HEAD(GL)表示广义表 GL 的表头,用 TAIL(GL)表示广义表 GL 的表尾。显然,表尾一定是广义表,但表头不一定是广义表。

例如:

```
HEAD(B)=e      TAIL(B)=()
HEAD(C)=a      TAIL(C)=((b,c,d))
HEAD(D)=()     TAIL(D)=((e),(a,(b,c,d)))
```

广义表的上述特性使得广义表具有很大的使用价值。广义表可以兼容线性表、数组、树和有向图等各种常用的数据结构。例如,当二维数组的每行(列)作为子表处理时,二维数组即为一个广义表;如果限制广义表中元素的共享和递归,广义表和树对应;如果限制广义表的递归并允许元素共享,则广义表和图对应。

广义表的抽象数据类型定义如下:

```
ADT GList
```

{

    数据对象：

        D={e_i | 1≤i≤n, n≥0, e_i∈AtomSet 或 e_i∈GList, AtomSet 为某个数据对象}

    数据关系：

        R={<e_{i-1}, e_i> | e_{i-1}, e_i∈D, 2≤i≤n}

    基本操作：

        InitGList()

        操作结果：创建一个空的广义表。

        DistroyGList()

        初始条件：广义表已存在。

        操作结果：销毁广义表。

        Length()

        初始条件：广义表已存在。

        操作结果：返回广义表的长度。

        Depth()

        初始条件：广义表已存在。

        操作结果：返回广义表的深度。

        GetHead()

        初始条件：广义表已存在。

        操作结果：返回广义表的第一个元素。

        GetTail()

        初始条件：广义表已存在。

        操作结果：返回广义表的表尾。

}

5.3.2　广义表的存储结构

由于广义表的数据元素可以有不同的结构，因此难以用顺序存储结构表示，通常采用链式存储结构。由 5.3.1 节可知，若广义表不为空，则可分解为表头和表尾，因此，一对确定的表头和表尾可唯一地确定一个广义表。根据这一性质可采用头尾链表存储广义表。

由于广义表的数据元素既可以是原子，也可以是广义表，因此头尾链表中的结点结构有两种：一种是原子结点，用来表示原子；一种是表结点，用来表示广义表。为了区分这两类结点，在结点中增设一个标志域，其值为 0 时表示该结点为原子结点，为 1 时表示该结点为表结点。头尾链表的结点结构如图 5-12 所示，其中 tag 为标志域，head 和 tail 为指针域，分别指向表头和表尾，data 为数据域，用于存储原子元素的值。

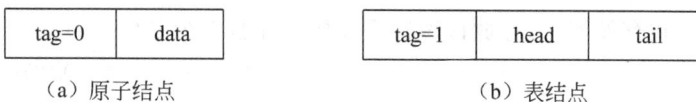

tag=0	data

（a）原子结点

tag=1	head	tail

（b）表结点

图 5-12　头尾链表的结点结构

对于图 5-11 所示的广义表，其采用头尾链表表示的存储示意图如图 5-13 所示。

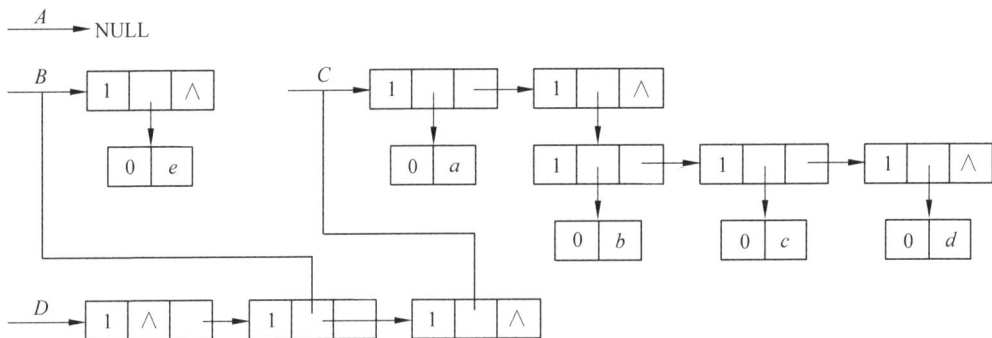

图 5-13 广义表的头尾链表存储表示

本 章 小 结

本章介绍了两种数据结构：数组和广义表，主要内容如下。

(1) 数组可以看成线性表的推广，其特点是结构中的元素本身可以是具有某种结构的数据，但属于同一数据类型。一个 n 维数组实质上是 n 个线性表的组合，其每一维都是一个线性表。数组一般采用顺序存储，存储多维数组时，应先将其转换为一维结构，有按行转换和按列转换两种方法。科学与工程计算中的矩阵通常用二维数组表示，为了节省存储空间，对特殊矩阵和稀疏矩阵可进行压缩存储。

(2) 广义表是线性表的另一种推广形式，表中的元素可以是称为原子的单个元素，也可以是子表。广义表的结构相当灵活，在某种前提下，它可以兼容线性表、数组、树和有向图等各种常用的数据结构。广义表的存储通常采用链式存储结构。

习 题 5

1. 选择题

(1) 下面的说法中，不正确的是（   ）。

　　A. 数组是一种线性结构

　　B. 数组是一种定长的线性结构

　　C. 数组的基本操作有存取、修改、检索和排序等，很少对数组进行插入与删除操作

　　D. 数组的基本操作有存取、修改、检索和排序等，没有插入与删除操作

(2) 数组 A 中，每个元素的长度为 3B，行下标 i 从 1 到 8，列下标 j 从 1 到 10，从首地址 SA 开始连续存放在存储器内，存放该数组需要的单元数至少是（   ）。

　　A. 80　　　　　　　B. 100　　　　　　　C. 240　　　　　　　D. 270

(3) 将数组称为随机存取结构是因为（   ）。

　　A. 数组元素是随机的

　　B. 对数组任一元素的存取时间是相等的

　　C. 随时可以对数组进行访问

D. 数组的存储结构是不定的

(4) 数组 A 中,每个元素的长度为 3B,行下标 i 从 1 到 8,列下标 j 从 1 到 10,从首地址 SA 开始连续存放在存储器内,该数组按行存放时,元素 $A[8][5]$ 的起始地址为( )。

    A. SA+141   B. SA+180   C. SA+222   D. SA+225

(5) 设一个 10 阶的对称矩阵 A,采用压缩存储方式,以行序为主存储,a_{11} 为第一个元素,其存储地址为 1,每个元素占一个地址空间,则 a_{85} 的地址是( )。

    A. 13   B. 32   C. 33   D. 40

(6) 多维数组之所以有行优先顺序和列优先顺序两种存储方式,原因是( )。

    A. 数组的元素在行和列两个关系中   B. 数组的元素必须按从左到右的顺序排列

    C. 数组的元素之间存在顺序关系   D. 数组是多维结构,内存是一维结构

(7) 下面说法中,不正确的是( )。

    A. 对称矩阵只存储包括主对角线在内的上(或下)三角的元素即可

    B. 对角矩阵只存放非零元素即可

    C. 稀疏矩阵中值为零的元素较多,因此可以采用三元组表方法存储

    D. 稀疏矩阵中大量值为零的元素分布有规律,因此可以采用三元组表方法存储

(8) ( )不属于特殊矩阵。

    A. 对角矩阵   B. 三角矩阵   C. 稀疏矩阵   D. 对称矩阵

(9) 对特殊矩阵采用压缩存储的目的主要是为了( )。

    A. 表达变得简单   B. 对矩阵元素的存取变得简单

    C. 去掉矩阵中的多余元素   D. 减少不必要的存储空间

(10) 将一个 10 阶上三角矩阵压缩存储到一维数组 A 中,则数组 A 的长度至少为( )。

    A. 100   B. 56   C. 41   D. 80

(11) 稀疏矩阵的常见压缩存储方法有( )两种。

    A. 二维数组和三维数组   B. 三元组和散列表

    C. 三元组和十字链表   D. 散列表和十字链表

(12) 一个非空广义表的表头( )。

    A. 不可能是子表   B. 只能是子表

    C. 只能是原子   D. 可以是原子或子表

(13) 关于广义表,下列说法不正确的是( )。

    A. 广义表的表尾总是一个广义表

    B. 广义表的表头总是一个广义表

    C. 广义表难以用顺序存储结构表示

    D. 广义表可以是一个多层次的结构

(14) 广义表 $G=(a,b,(c,d,(e,f)),G)$ 的长度是( )。

    A. ∞   B. 4   C. 7   D. 3

(15) 设广义表 $L=((a,b,c))$,则 L 的长度和深度分别是( )。

    A. 1 和 1   B. 1 和 3   C. 1 和 2   D. 2 和 3

2. 填空题

(1) 二维数组 $A[10,20]$ 按列优先存储，每个元素占一个存储单元，元素 $A[0,0]$ 的地址是 200，则元素 $A[6,12]$ 的地址是_____。

(2) 将下三角矩阵 $A[1\cdots8,1\cdots8]$ 的下三角部分（含对角线）逐行存储到起始地址为 1000 的内存单元中，已知每个元素占 4 个单元，则元素 $A[7,5]$ 的地址为_____。

(3) 广义表 $G=(a,(a,b),d,e,((i,j),k))$ 的长度是_____，深度是_____，表头是_____，表尾是_____。

(4) 对广义表 $L=(a,b,(c,d),(e,(f,g)))$ 执行 head(tail(head(tail(tail(L))))) 操作的结果是_____。

(5) 已知广义表 $L=((x,y,z),a,(u,t,w))$，从 L 表中取出原子项 t 的运算是_____。

3. 综合题

(1) 数组 $A[1\cdots11,1\cdots11]$ 中，每个元素 $A[i,j]$ 的长度均为 32 个二进位，从首地址 S 开始连续存放在主存储器中，主存储器字长为 16 位，求：

① 存放该数组需多少单元？

② 存放数组的第 4 列元素至少需多少单元？

③ 数组按行存放时，元素 $A[7,4]$ 的起始地址是多少？

④ 数组按列存放时，元素 $A[7,4]$ 的起始地址是多少？

(2) 分别按行优先顺序、列优先顺序列出四维数组 $A[0\cdots1,0\cdots1,0\cdots1,0\cdots1]$ 所有元素在内存中的存储顺序。

(3) 设矩阵

$$A=\begin{bmatrix} 0 & 0 & 1 & 0 & 3 \\ 0 & 2 & 0 & 0 & 0 \\ 0 & 0 & 0 & 1 & 5 \\ 0 & 0 & 0 & 0 & 1 \\ 0 & 0 & 0 & 0 & 8 \end{bmatrix} \quad 行列下标\ i、j\ 满足\ 1\leqslant i,\ j\leqslant5$$

① 若将 A 视为一个上三角矩阵，请画出"按行优先存储"的压缩存储表 S，请写出 A 中元素的下标 $[i,j]$ 与表 S 中元素的下标 $k(1\leqslant k\leqslant15)$ 之间的关系。

② 若将 A 视为一个稀疏矩阵，请写出对应的三元组顺序表和十字链表存储表示。

(4) 设有三对角矩阵 $A[1\cdots n,1\cdots n]$，将其三条对角线上的元素逐行存于数组 $B[1\cdots m]$ 中，使 $B[k]=A[i,j]$，请写出用 i、j 表示 k 的下标计算公式。例如，5 阶三对角矩阵如图 5-14 所示。

$$\begin{bmatrix} x & x & 0 & 0 & 0 \\ x & x & x & 0 & 0 \\ 0 & x & x & x & 0 \\ 0 & 0 & x & x & x \\ 0 & 0 & 0 & x & x \end{bmatrix}$$

图 5-14　5 阶三对角矩阵

4. 算法设计

(1) 设计一个算法,将一维数组 $A[n]$ 中所有的奇数移到偶数之前。要求:不另增加存储空间,且时间复杂度为 $O(n)$。

(2) 设计一个算法,将一维数组 $A[n]$ 中的所有元素以 $A[n-1]$ 为参考量分为左右两部分,其中左半部分的元素值均小于或等于 $A[n-1]$,右半部分的元素值均大于 $A[n-1]$,要求结果仍存放在数组 A 中。

(3) 若在矩阵 A 中存在一个元素 a_{ij}($1 \leqslant i \leqslant n$,$1 \leqslant j \leqslant m$),该元素是第 i 行的最小值元素且又是第 j 列的最大值元素,则称此元素为该矩阵的一个鞍点。假设以二维数组存储矩阵,设计算法求矩阵 A 的所有鞍点。

(4) 假设矩阵 A 采用三元组表表示,编写一个函数,计算其转置矩阵 B,要求 B 也用三元组表表示。

(5) 设矩阵 A 和 B 都用三元组表表示,编写一个函数,计算 $C = A + B$,要求 C 也采用三元组表表示。

第6章　树和二叉树

前面几章讨论的数据结构都是线性结构,线性结构主要描述具有单一的前驱和后继关系的数据,本章讨论树结构。树结构是一类重要的非线性结构,适合描述具有层次关系的数据,如家族关系、部门机构等。树结构在计算机领域有广泛的应用,如在操作系统中用树表示文件目录的组织结构,在编译系统中用树表示源程序的语法结构,在数据挖掘中用决策树进行数据分类等。本章将讨论树和二叉树的基本概念、存储结构和相关运算,并给出树的应用实例。

6.1　树

6.1.1　树的定义

树(Tree)是 $n(n \geqslant 0)$ 个结点的有限集合。当 $n=0$ 时,称为空树;任意一棵非空树均满足以下条件:

(1) 有且仅有一个特定的称为根(root)的结点,它只有直接后继,没有直接前驱。

(2) 当 $n>1$ 时,除根结点以外的其余结点可分为 $m(m>0)$ 个互不相交的有限集合 T_1,T_2,$\cdots$,T_m,其中每个集合本身又是一棵树,并且称为根的子树(SubTree)。

例如,图 6-1(a)所示的是只有一个根结点的树;图 6-1(b)所示的是一棵有 13 个结点的树,其中 A 是根结点,其余结点分成 3 个互不相交的子树:$T_1=\{B,E,F,K,L\}$,$T_2=\{C,G\}$,$T_3=\{D,H,I,J,M\}$。T_1、T_2 和 T_3 都是根 A 的子树,且本身也是一棵树。例如 T_1,其根为 B,其余结点分为两个互不相交的子集:$T_{11}=\{E,K,L\}$,$T_{12}=\{F\}$,T_{11} 和 T_{12} 都是 B 的子树,而 T_{11} 中,E 是根,$\{K\}$ 和 $\{L\}$ 是 E 的两棵互不相交的子树,其本身又是只有一个根结点的树。

从以上树的定义及树的示例可以看出,树的定义是一个递归的定义,也就是说,在树的定义中又用到树的概念。它刻画了树的固有特性,即一棵树由若干棵互不相交的子树构成,而子树又由更小的若干棵子树构成。

除了图 6-1 所示的树形表示法之外,树还有其他的表示形式,图 6-2 为图 6-1(b)中树的各种表示。其中,图 6-2(a)为文氏图表示法,它是以嵌套集合的形式表示的,其中任何两个集合都不能相交;图 6-2(b)为括号表示法,每棵树对应一个形如"根(子树 1,子树 2,……,子树 m)"的字符串,每棵子树的表示方式与整棵树类似,各子树之间用逗号分隔;图 6-2(c)为凹入表示法,每棵树的根结点对应一个条形,其子树的根对应一个较短的条形,树根在上,子树的根在下,同一根下的各子树的根对应的条形长度是相同的。

6.1.2　树的基本术语

(1) **结点**:树中每个元素分别对应一个结点,结点包含数据元素值及若干指向其子树

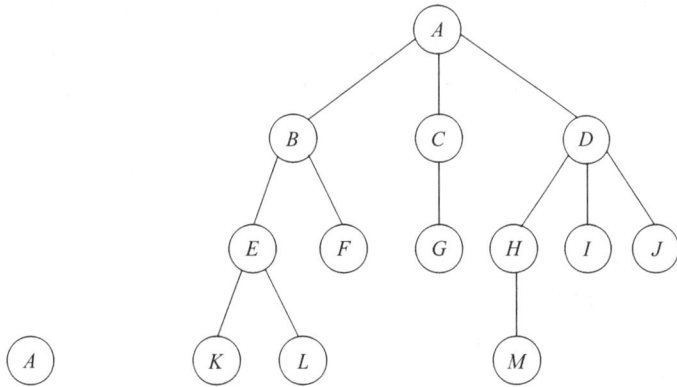

（a）只有根结点的树   （b）一般的树

图 6-1　树的示例

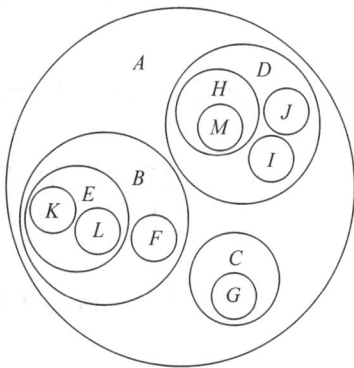

（a）文氏图表示法

$A(B(E(K, L), F), C(G), D(H(M), I, J))$

（b）括号表示法

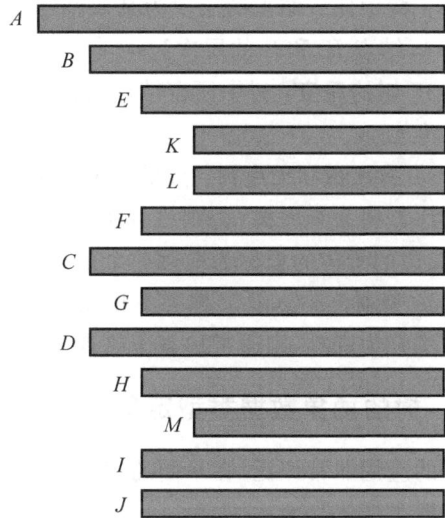

（c）凹入表示法

图 6-2　树的其他 3 种表示法

的分支,如图 6-1(b)中的 A、B、C、D 等。

　　(2) **结点的度**：结点拥有的子树的数目称为结点的度。图 6-1(b)所示的树中,根结点 A 的度为 3,结点 B 的度为 2,而结点 F、G、I、J、K、L、M 都没有子树,所以它们的度都为 0。

　　(3) **树的度**：树的度是树中所有结点的度的最大值。例如,图 6-1(b)所示的树的度为 3。

　　(4) **叶子结点**：度为 0 的结点称为叶子结点或终端结点。图 6-1(b)所示的树中,结点 F、G、I、J、K、L、M 都是叶子结点。

　　(5) **分支结点**：度不为 0 的结点称为分支结点或非终端结点。图 6-1(b)所示的树中,结点 A、B、C、D、E、H 都是分支结点。

（6）**孩子结点和双亲结点**：如果结点有子树，则子树的根结点称为该结点的孩子结点，简称为孩子。相应地，该结点称为孩子结点的双亲结点，简称为双亲。图 6-1(b)所示的树中，结点 B、C、D 是 A 的子树的根，则 B、C、D 是 A 的孩子结点，而 A 则是 B、C、D 的双亲结点。

（7）**兄弟结点**：同一个双亲的孩子结点之间互称为兄弟结点，简称为兄弟。图 6-1(b)所示的树中，结点 B、C 和 D 互为兄弟。

（8）**堂兄弟结点**：在同一层，但双亲不同的结点互为堂兄弟结点。图 6-1(b)所示的树中，结点 E、G 和 H 互为堂兄弟结点。

（9）**祖先结点**：从根结点到某结点所经分支上的所有结点都是此结点的祖先结点。图 6-1(b)所示的树中，结点 M 的祖先结点为 A、D 和 H。

（10）**子孙结点**：以某结点为根的子树中的任一结点都称为该结点的子孙结点。图 6-1(b)所示的树中，结点 B 的子孙结点为 E、F、K 和 L。

（11）**结点的层次**：结点的层次从根开始定义，根结点的层次为 1，其孩子结点的层次为 2，……。树中任一结点的层次为其双亲结点的层次加 1。图 6-1(b)所示的树中，结点 A 的层次为 1，结点 K 和 L 的层次为 4。

（12）**树的深度**：树中所有结点的最大层次称为树的深度或高度。图 6-1(b)所示的树的深度为 4。

（13）**有序树和无序树**：如果将树中结点的各子树看成从左至右是有次序的（即不能互换），则称该树为有序树，否则称为无序树。在有序树中，最左边的子树的根称为第一个孩子，最右边的子树的根称为最后一个孩子。

（14）**森林**：$m(m \geqslant 0)$ 棵互不相交的树的集合称为森林。对于树中每个结点而言，若其子树的集合为森林，则通常称为子树森林。

6.1.3　树的抽象数据类型定义

树的应用非常广泛，在不同的实际应用中，树的基本操作不尽相同。下面给出一个树的抽象数据类型定义。

```
ADT Tree
{
    数据对象 D：D 是具有相同特性的数据元素的集合。
    数据关系 R：
        若 D 为空集，则称为空树；
        若 D 仅含一个数据元素，则 R 为空集，否则 R={H}，H 是如下的二元关系：
        (1) 在 D 中存在唯一称为根的数据元素 root，它在关系 H 下无前驱；
        (2) 若 D-{root}≠ϕ，则存在 D-{root}的一个划分 D₁，D₂，…，Dₘ(m>0)，对任意 j≠k
            (1≤j，k≤m)有 Dⱼ∩Dₖ=∅，且对任意 i(1≤i≤m)，唯一存在数据元素 xᵢ∈Dᵢ，有
            <root，xᵢ>∈H；
        (3) 对应于 D-{root}的划分，H-{<root，x₁>，…，<root，xₘ>}有唯一的一个划分 H₁，
            H₂，…，Hₘ(m>0)，对任意 j≠k( 1≤j，k≤m)，有 Hⱼ∩Hₖ=∅，且对任意的 i(1≤i≤
            m)，Hᵢ 是 Dᵢ 上的二元关系，(Dᵢ，{ Hᵢ})是一棵符合本定义的树，称为 Root 的子树。
    基本操作：
```

```
InitTree()
```
操作结果：构造空树。

```
DestroyTree()
```
初始条件：树已存在。

操作结果：销毁树。

```
Empty()
```
初始条件：树已存在。

操作结果：如果树为空,则返回 true,否则返回 false。

```
Depth()
```
初始条件：树已存在。

操作结果：返回树的深度。

```
Getroot()
```
初始条件：树已存在。

操作结果：返回树的根。

```
GetElem(tn, e)
```
初始条件：树已存在,tn 是树中的某个结点。

操作结果：用 e 返回结点 tn 的元素值。

```
SetElem(tn, e)
```
初始条件：树已存在,tn 是树中的某个结点。

操作结果：将结点 tn 的元素值设置为 e。

```
LeftChild(tn)
```
初始条件：树已存在,tn 是树中的某个结点。

操作结果：返回 tn 的最左孩子。

```
Parent(tn)
```
初始条件：树已存在,tn 是树中的某个结点。

操作结果：返回 tn 的双亲结点。

```
InsertChild(tn, i, e)
```
初始条件：树已存在,tn 是树中的某个结点。

操作结果：插入 e 为 tn 结点的第 i 棵子树。

```
DeleteChild (tn, i)
```
初始条件：树已存在,tn 是树中的某个结点。

操作结果：删除 tn 结点的第 i 棵子树。

```
Traverse()
```
初始条件：树已存在。

操作结果：按某种次序遍历树中的结点。

}

6.2 二 叉 树

　　二叉树是一种特殊的树,比较适合计算机处理,而且任何树和森林都可以转化为二叉树,所以关于二叉树的存储和操作是本章的重点。

6.2.1 二叉树的定义

　　二叉树(Binary Tree)是 $n(n \geqslant 0)$ 个结点构成的集合,它或为空树($n=0$),或为非空树。

对于非空树 T：

　　（1）有且仅有一个称之为根的结点。

　　（2）除根结点以外的其余结点分为两个互不相交的子集 T_1 和 T_2，分别称为 T 的左子树和右子树，且 T_1 和 T_2 本身也都是二叉树。

　　由二叉树的定义可以看出，二叉树具有如下特点：

　　（1）二叉树的每个结点至多只有两棵子树（即二叉树中不存在度大于 2 的结点）。

　　（2）二叉树的子树有左、右之分，其次序不能颠倒。

　　二叉树与树一样具有递归性质。二叉树的递归定义表明二叉树或为空，或是由一个根结点加上两棵分别称为左子树和右子树的、互不交叉的二叉树组成。由于这两棵子树也是二叉树，由二叉树的定义可知，它们也可以是空树。由此，二叉树有 5 种基本形态，如图 6-3 所示。

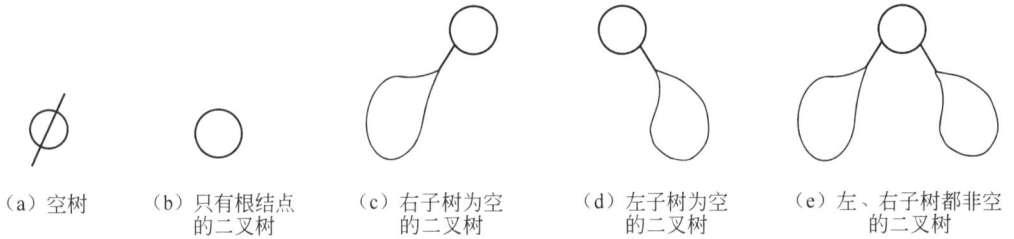

（a）空树　　（b）只有根结点　　（c）右子树为空　　（d）左子树为空　　（e）左、右子树都非空
　　　　　　　　的二叉树　　　　　的二叉树　　　　　的二叉树　　　　　　的二叉树

图 6-3　二叉树的 5 种基本形态

　　实际应用中，经常用到以下几种特殊的二叉树。

　　1）斜树

　　所有结点都只有左子树的二叉树称为**左斜树**；所有结点都只有右子树的二叉树称为**右斜树**，左斜树和右斜树统称为**斜树**，如图 6-4 所示。斜树的每一层只有一个结点，结点个数与树的深度相同。

　　2）满二叉树

　　在一棵二叉树中，如果所有分支结点都有左孩子结点和右孩子结点，并且叶子结点都集中在二叉树的最下一层，这样的二叉树称为**满二叉树**。图 6-5 所示是一棵深度为 4 的满二叉树。在满二叉树中，只有度为 0 和度为 2 的结点，而且叶子结点只能出现在最下一层。

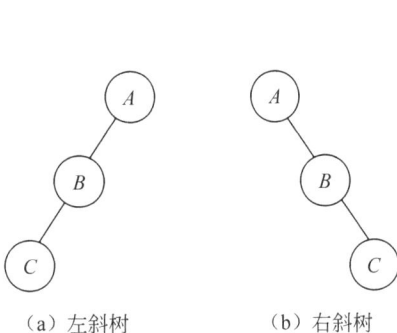

（a）左斜树　　　　　（b）右斜树

图 6-4　斜树示例　　　　　　　　　　图 6-5　满二叉树

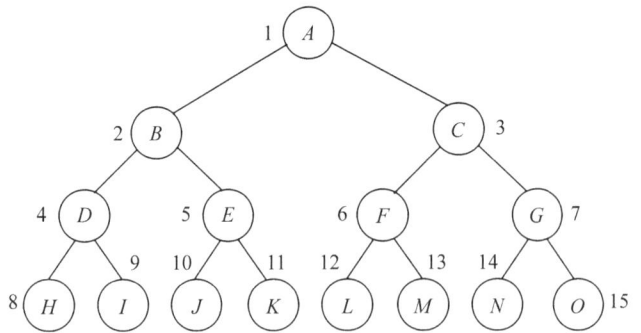

　　3）完全二叉树

　　对一棵具有 n 个结点的二叉树按层序编号（从第一层到最后一层，每层从左到右），如

果编号为 $i(1 \leqslant i \leqslant n)$ 的结点与同样深度的满二叉树中编号为 i 的结点在二叉树中的位置完全相同,则这棵二叉树称为完全二叉树。显然,满二叉树是完全二叉树的一种特例。

完全二叉树的特点如下:

(1) 深度为 k 的完全二叉树的前 $k-1$ 层是满二叉树。

(2) 叶子结点只能出现在最下两层,且最下层的叶子结点都集中在左侧连续的位置。

(3) 如果有度为 1 的结点,则只可能有一个,且该结点只有左孩子。

图 6-6 是完全二叉树和非完全二叉树的示例。

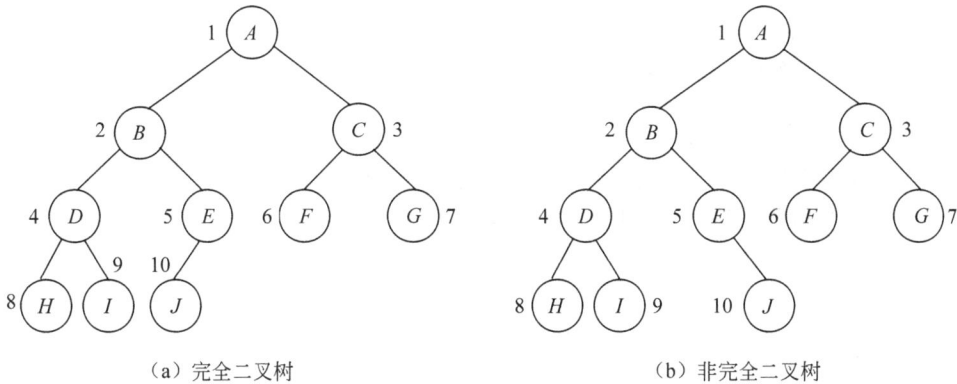

（a）完全二叉树　　　　　　　　　　　（b）非完全二叉树

图 6-6　完全二叉树和非完全二叉树示例

6.2.2　二叉树的抽象数据类型定义

在不同的应用中,二叉树的基本操作不尽相同。下面给出一个二叉树抽象数据类型定义的示例。

```
ADT BinaryTree
{
    数据对象 D: D 是具有相同特性的数据元素的集合。
    数据关系 R:
        若 D=∅,则 R=∅,称为空二叉树;
        若 D≠∅,则 R={H},H 是如下的二元关系:
    (1) 在 D 中存在唯一称为根的数据元素 root,它在关系 H 下无前驱;
    (2) 若 D-{root}≠∅,则存在 D-{root}={D₁, Dᵣ},且 D₁∩Dᵣ=∅;
    (3) 若 D₁≠∅,则 D₁ 中存在唯一的元素 x₁,<root, x₁>∈H,且存在 D₁ 上的关系 H₁∈H;
        若 Dᵣ≠∅,则 Dᵣ 中存在唯一的元素 xᵣ,<root, xᵣ>∈H,且存在 Dᵣ 上的关系 Hᵣ∈H;H
        ={<root, x₁>,<root, xᵣ>, H₁, Hᵣ};
    (4) (D₁, {H₁})是一棵符合本定义的二叉树,称为根的左子树。(Dᵣ, {Hᵣ})是一棵符合本定
        义的二叉树,称为根的右子树。
    基本操作:
    InitBinTree()
    操作结果:构造一棵空二叉树。

    DestroyBinTree()
    初始条件:二叉树已存在。
    操作结果:销毁二叉树。
```

NodeCount()

初始条件：二叉树已存在。

操作结果：返回二叉树的结点个数。

Depth()

初始条件：二叉树已存在。

操作结果：返回二叉树的深度。

Getroot()

初始条件：二叉树已存在。

操作结果：返回二叉树的根。

GetElem(btn, *e*)

初始条件：二叉树已存在,btn 为二叉树的一个结点。

操作结果：用 *e* 返回结点 btn 的元素值。

SetElem(btn, *e*)

初始条件：二叉树已存在,btn 为二叉树的一个结点。

操作结果：将结点 btn 的元素值设置为 *e*。

LeftChild(btn)

初始条件：二叉树已存在,btn 为二叉树的一个结点。

操作结果：返回 btn 的左孩子。

RightChild(btn)

初始条件：二叉树已存在,btn 为二叉树的一个结点。

操作结果：返回 btn 的右孩子。

Parent(btn)

初始条件：二叉树已存在,btn 为二叉树的一个结点。

操作结果：返回 btn 的双亲结点。

InsertLeftChild(btn, *e*)

初始条件：二叉树已存在,btn 为二叉树的一个结点。

操作结果：插入 *e* 为 btn 的左孩子,如果 btn 的左孩子非空,则 btn 的原有左子树成为 *e* 的左子树。

InsertRightChild(btn, *e*)

初始条件：二叉树已存在,btn 为二叉树的一个结点。

操作结果：插入 *e* 为 btn 的右孩子,如果 btn 的右孩子非空,则 btn 的原有右子树成为 *e* 的右子树。

DeleteLeftChild(btn, *e*)

初始条件：二叉树已存在,btn 为二叉树的一个结点。

操作结果：删除结点 btn 的左子树。

DeleteRightChild(btn, *e*)

初始条件：二叉树已存在,btn 为二叉树的一个结点。

操作结果：删除结点 btn 的右子树。

PreOrderTraverse()

初始条件：二叉树已存在。

操作结果：先序遍历二叉树。

InOrderTraverse()

初始条件：二叉树已存在。

操作结果：中序遍历二叉树。

PostOrderTraverse()

初始条件：二叉树已存在。

操作结果：后序遍历二叉树。

`LevelOrderTraverse()`

初始条件：二叉树已存在。

操作结果：层次遍历二叉树。

}

6.2.3　二叉树的性质

性质 1：在二叉树的第 $i(i \geqslant 1)$ 层上最多有 2^{i-1} 个结点。

证明：采用归纳法证明。

当 $i=1$ 时，只有一个根结点，而 $2^{i-1}=2^0=1$，结论显然成立。

假设对所有的 $j(1 \leqslant j < i)$，命题成立，即第 j 层上至多有 2^{j-1} 个结点，则当 $j=i-1$ 时，第 j 层最多有 $2^{j-1}=2^{i-2}$ 个结点。

当 $j=i$ 时，由于二叉树的每个结点最多只有两棵子树，则第 i 层的结点数最多是第 $i-1$ 层上结点数的 2 倍，也就是第 i 层的结点数 $\leqslant 2 \times 2^{i-2}=2^{i-1}$，结论成立。

性质 2：深度为 $k(k \geqslant 1)$ 的二叉树上至多有 2^k-1 个结点。

证明：由性质 1 可知，深度为 k 的二叉树的最大结点数为

$$\sum_{i=1}^{k}(\text{第 } i \text{ 层上的最大结点数}) = \sum_{i=1}^{k} 2^{i-1} = 2^k - 1$$

性质 3：对任何一棵二叉树 T，如果叶子结点数为 n_0，度为 2 的结点数为 n_2，则 $n_0 = n_2 + 1$。

证明：设 n 为二叉树 T 中的结点总数，n_1 为二叉树 T 中度为 1 的结点个数。因为二叉树中所有结点的度均小于或等于 2，则有

$$n = n_0 + n_1 + n_2 \tag{6-1}$$

再分析二叉树中的分支数。除根结点外，其余结点都有且仅有一个分支进入，设 b 为分支总数，则 $b=n-1$。这些分支都是由度为 1 或度为 2 的结点射出的，一个度为 1 的结点射出一个分支，一个度为 2 的结点射出两个分支，所以有 $b=n_1+2n_2$。

于是得

$$n - 1 = n_1 + 2n_2 \tag{6-2}$$

由式(6-1)和式(6-2)可以得到：$n_0 = n_2 + 1$。

性质 4：具有 n 个结点的完全二叉树的深度为 $\lfloor \log_2 n \rfloor + 1$。

证明：设完全二叉树的深度为 k，根据性质 2 和完全二叉树的定义有

$$2^{k-1} - 1 < n \leqslant 2^k - 1 \quad \text{或} \quad 2^{k-1} \leqslant n < 2^k$$

各项取以 2 为底的对数，有

$$k - 1 \leqslant \log_2 n < k$$

即

$$\log_2 n < k \leqslant \log_2 n + 1$$

因为 k 是整数，所以 $k = \lfloor \log_2 n \rfloor + 1$。

性质 5：如果对一棵有 n 个结点的完全二叉树从 1 开始按层序编号，则对任意一个编号

为 i 的结点(简称为结点 i),均有以下关系成立:

(1) 若 $i=1$,则结点 i 是二叉树的根,无双亲结点;若 $i>1$,则结点 $\lfloor i/2 \rfloor$ 为其双亲结点;

(2) 若 $2i>n$,则结点 i 无左孩子(结点 i 为叶子结点);否则,结点 $2i$ 为其左孩子;

(3) 若 $2i+1>n$,则结点 i 无右孩子;否则,结点 $2i+1$ 为其右孩子。

证明:先证明(2)和(3),然后再由(2)和(3)推导(1)。

当 $i=1$ 时,结点 i 就是根结点。由完全二叉树的定义可知,如果有左孩子,则左孩子的编号为 2;如果有右孩子,则右孩子的编号为 3;如果结点 2 不存在,也就是说 $n<2$,这时结点 i 便没有左孩子;同样,如果结点 3 不存在,也就是说 $n<3$,这时结点 i 便没有右孩子。

当 $i>1$ 时,分两种情况进行讨论。

(1) 结点 i 为某层上的第一个结点。

设结点 i 为第 j 层的第一个结点,由完全二叉树的定义和性质 2 可知,第 j 层的第一个结点的编号为 2^{j-1},也就是说,$i=2^{j-1}$,这时结点 i 的左孩子为第 $j+1$ 层的第一个结点,编号为 $2^j = 2 \times 2^{j-1} = 2i$,如果 $2i>n$,则无左孩子;结点 i 的右孩子为第 $j+1$ 层的第二个结点,编号为 $2i+1$,如果 $2i+1>n$,则无右孩子。

(2) 结点 i 为某层上除第一个结点之外的其他结点。

设结点 i 为第 j 层的一个结点,假设 $2i+1<n$,则结点 i 的左孩子为结点 $2i$,右孩子为结点 $2i+1$。如果结点 $i+1$ 与结点 i 在同一层,则结点 $i+1$ 的左孩子应与结点 i 的右孩子相邻,编号为 $2i+1+1=2(i+1)$,右孩子应与左孩子相邻,编号为 $2(i+1)+1$,如图 6-7(a) 所示,也就是说,对于结点 $i+1$,性质 5(2) 与性质 5(3) 也成立;如果结点 $i+1$ 与结点 i 不在同一层,则结点 $i+1$ 为第 $j+1$ 层的第一个结点,如图 6-7(b) 所示,性质 5(2) 与性质 5(3) 也成立,由数学归纳法可知性质 5(2) 与性质 5(3) 成立。

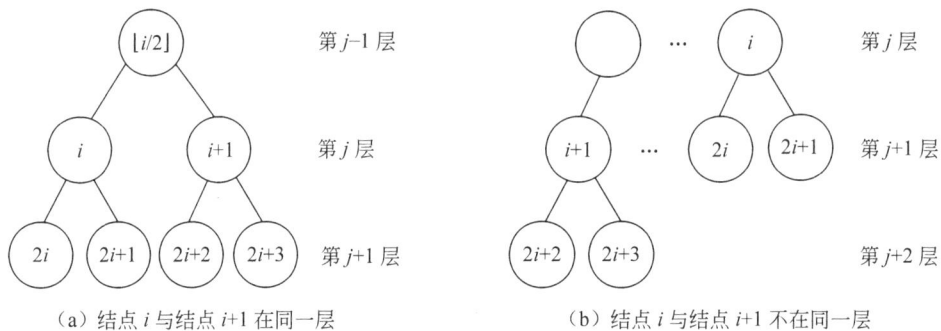

(a) 结点 i 与结点 $i+1$ 在同一层　　　　(b) 结点 i 与结点 $i+1$ 不在同一层

图 6-7　完全二叉树的结点 i 与结点 $i+1$ 的左、右孩子示意图

下面再推导性质 5(1),如果 $i=1$,编号为 1 的结点显然为根结点,根结点无双亲;如果 $i>1$,设结点 i 的双亲为结点 j,如果结点 i 为结点 j 的左孩子,这时 $i=2j$,i 为偶数,可得

$$j = i/2 = \lfloor i/2 \rfloor$$

如果结点 i 为结点 j 的右孩子,这时 $i=2j+1$,i 为奇数,可得

$$j = (i-1)/2 = \lfloor i/2 \rfloor$$

由上可知,性质 5(1) 也成立。

6.2.4　二叉树的存储结构

二叉树的存储结构应能体现二叉树的逻辑关系。在具体应用中,可能需要从任一结点

能直接访问它的孩子结点,或者直接访问它的双亲结点,或同时直接访问它的孩子结点和双亲结点,在设计二叉树的存储结构时,应根据不同的访问要求进行存储结构的设计。

1. 顺序存储结构

顺序存储结构是用一组地址连续的存储单元存放二叉树的数据元素,为了能在存储结构中反映出结点之间的逻辑关系,必须将二叉树中的结点按照一定的规律存放在这组单元中。

由二叉树的性质 5 可知,完全二叉树中结点的层序编号可以唯一地反映结点之间的逻辑关系,因此可以按从上到下、从左到右的顺序将树中的所有结点值存储到一维数组中,通过数组元素的下标关系反映完全二叉树中结点之间的逻辑关系。例如,图 6-8 给出了一棵完全二叉树对应的顺序存储结构示意图,编号为 i 的结点存放在数组下标为 i 的元素中。由于 C++ 语言中的数组下标从 0 开始,因此,为了一致性而没有使用下标为 0 的数组元素。

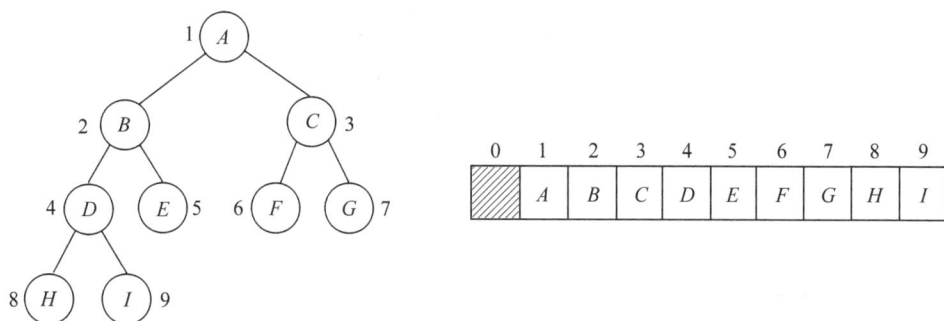

图 6-8　完全二叉树的顺序存储结构

对于一般的二叉树,如果按照从上到下、从左到右的顺序将树中的结点顺序存储在一维数组中,则数组元素下标之间的关系不能反映二叉树中结点之间的逻辑关系,这时可将一般二叉树进行改造,添加一些虚结点,使之成为一棵完全二叉树,然后对所有结点(包括添加的虚结点)按层次从上到下、从左到右进行编号,再按完全二叉树的顺序存储方式存储。图 6-9 所示是一般二叉树的存储结构的一个示例,其中∧表示虚结点。

显然,完全二叉树采用顺序存储结构比较合适,既能最大可能地节省存储空间,又可以利用数组元素的下标确定结点在二叉树中的位置以及结点之间的关系。对于一般二叉树,如果它接近完全二叉树形态,需要增加的虚结点个数不多,也可以采用顺序存储结构。如果需要增加很多虚结点,才能将一棵二叉树改造成一棵完全二叉树,则采用顺序存储结构会造成空间的大量浪费。在最坏情况下,一棵深度为 k 的斜树只有 k 个结点,却需要 2^k-1 个存储单元。因此,一般的二叉树更适合采用下面介绍的链式存储结构。

2. 链式存储结构

二叉树的链式存储结构是指用一个链表存储一棵二叉树。根据二叉树的定义,二叉树的结点由一个数据元素和分别指向其左、右子树的两个分支构成,如图 6-10(a)所示,因此,表示二叉树的链表中的结点至少包含 3 个域:数据域和左、右指针域,如图 6-10(b)所示。

在这种存储方式下,从根结点出发可以访问所有结点,因此只记录根结点的地址,就可以访问二叉树中的各个结点。但是,从某个结点出发,要找到其双亲结点,需要从根结点开始搜索,效率较低。为了便于找到结点的双亲,可在结点结构中增加一个指向其双亲结点的

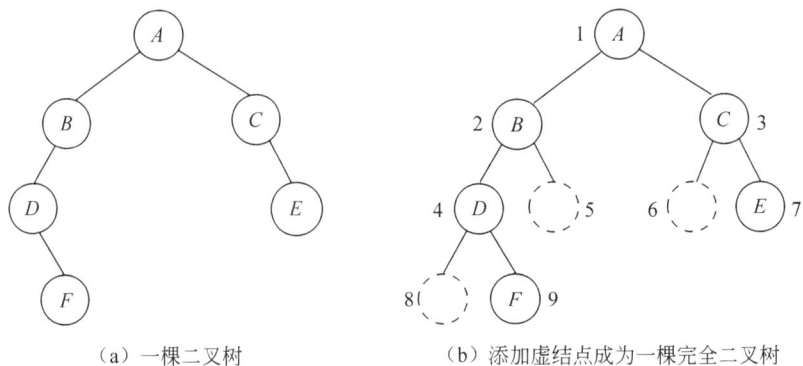

（a）一棵二叉树　　　　　　（b）添加虚结点成为一棵完全二叉树

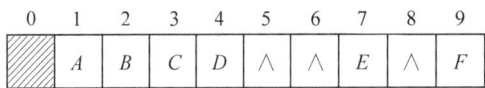

（c）二叉树的顺序存储结构

图 6-9　一般二叉树及其顺序存储结构示意图

指针域,如图 6-10(c)所示。

（a）二叉树的结点　　（b）含有两个指针域的结点结构　　（c）含有 3 个指针域的结点结构

图 6-10　二叉树的结点及其存储结构

利用上面两种结点结构所得二叉树的存储结构分别称为二叉链表和三叉链表,如图 6-11 所示,链表的头指针指向二叉树的根结点。

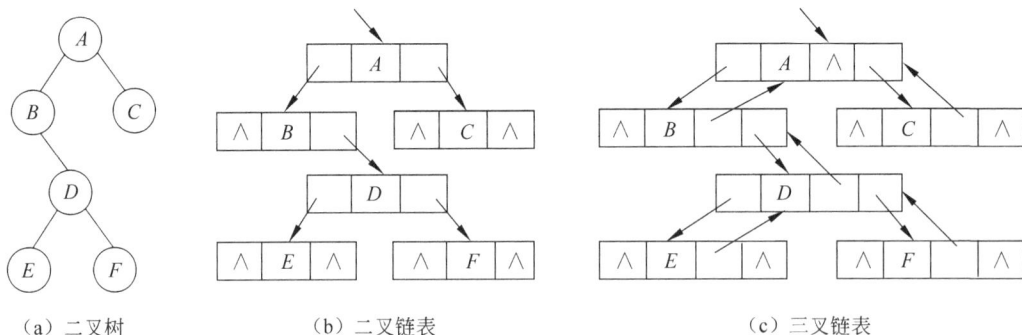

（a）二叉树　　　　（b）二叉链表　　　　（c）三叉链表

图 6-11　二叉树的链式存储结构

在不同的存储结构中,实现二叉树的操作方法也不同。例如,查找某结点的双亲结点, 在三叉链表中很容易实现,而在二叉链表中则需要从根结点出发巡查。因此,在具体应用中采用什么存储结构,除根据二叉树的形态之外,还要考虑进行何种操作。在后面的讨论中,除非特殊说明,都是基于二叉树的二叉链表存储结构进行描述。

下面给出二叉链表的结点结构定义:

```
template <typename T>
struct BTNode
{
    T data;                           //数据元素
    BTNode<T> * lchild;               //指向左孩子的指针
    BTNode<T> * rchild;               //指向右孩子的指针
};
```

6.2.5 二叉链表的实现

将二叉树的抽象数据类型定义在二叉链表存储结构下用 C++ 语言的类模板实现,代码如下,其中成员变量 root 为二叉链表的根指针,成员函数实现二叉树的基本操作。

为了避免在类外访问私有变量 root,二叉链表的类模板中定义了一些辅助函数模板,这些辅助函数模板是作为类模板的私有成员定义的。在析构函数、计算结点个数、遍历等公有函数模板中调用了相应的辅助函数模板,例如,在先序遍历函数模板 PreOrderTraverse 中调用了辅助函数 PreOrder(root, visit)。

```
template <typename T>
class BinTree
{
private:
    BTNode<T> * root;
    //辅助函数模板:
    void Destroy(BTNode<T> * r);                      //销毁以 r 为根的二叉树
    void PreOrder(BTNode<T> * r, void ( * visit)(T));  //先序遍历以 r 为根的二叉树
    void InOrder(BTNode<T> * r, void ( * visit)(T)) ;  //中序遍历以 r 为根的二叉树
    void PostOrder(BTNode<T> * r, void ( * visit)(T)); //后序遍历以 r 为根的二叉树
    int Depth(BTNode<T> * r);                          //返回以 r 为根的二叉树的深度
    int NodeCount(BTNode<T> * r);                      //返回以 r 为根的二叉树的结点个数
    BTNode<T> * Parent(BTNode<T> * r,BTNode<T> * p);
                                                       //以 r 为根的二叉树中,返回 p 的双亲
public:
    BinTree(T e);                                      //建立以 e 为根的二叉树
    ~BinTree();                                        //析构函数
    BTNode<T> * Getroot();                             //返回二叉树的根
    int BT_NodeCount() ;                               //返回二叉树的结点个数
    int BT_Depth() ;                                   //返回二叉树的深度
    bool GetElem(BTNode<T> * p, T &e);                 //用 e 返回结点元素值
    bool SetElem(BTNode<T> * p, T e);                  //将结点 p 的值置为 e
    void PreOrderTraverse(void ( * visit)(T));         //二叉树的先序遍历
    void InOrderTraverse(void ( * visit)(T));          //二叉树的中序遍历
    void PostOrderTraverse(void ( * visit)(T));        //二叉树的后序遍历
    void LevelOrderTraverse(void ( * visit)(T));       //二叉树的层次遍历
```

```
    BTNode<T> * LchildNode(BTNode<T> * p);          //返回结点 p 的左孩子
    BTNode<T> * RchildNode(BTNode<T> * p);          //返回结点 p 的右孩子
    BTNode<T> * ParentNode(BTNode<T> * p);          //返回结点 p 的双亲
    void InsertLeftChild(BTNode<T> * p, T e);       //插入左孩子
    void InsertRightChild(BTNode<T> * p, T e);      //插入右孩子
    void DeleteLeftChild(BTNode<T> * p);            //删除左子树
    void DeleteRightChild(BTNode<T> * p);           //删除右子树
};
```

下面讨论基本操作的算法及实现。

1. 构造函数——建立以 *e* 为根的二叉树

该函数用于建立一棵只有一个根结点的二叉树,根结点的数据域为 *e*,左、右指针域均为空。

【算法实现】

```
template <typename T>
BinTree<T>::BinTree(T e)
{
    root=new BTNode<T>;
    root->data=e;
    root->lchild=NULL;
    root->rchild=NULL;
}
```

2. 析构函数——销毁二叉树

二叉链表的结点空间是在程序运行过程中动态申请的,在二叉链表的实例退出作用域前,应释放其所有结点的存储空间。

析构函数是通过以根指针 root 为参数,调用辅助函数 Destroy()实现的。

【算法实现】

```
template <typename T>
BinTree<T>::~BinTree()
{
    Destroy(root);
}
template <typename T>
void BinTree<T>::Destroy(BTNode<T> * r)          //销毁以 r 为根的二叉树
{
    if (r!=NULL)
    {
        Destroy(r->lchild);                       //释放左子树
        Destroy(r->rchild);                       //释放右子树
        delete r;                                 //释放根结点
        r=NULL;
    }
}
```

3. 返回二叉树的根

成员变量 root 为指向二叉链表的根结点的指针,因此该函数只需返回 root 的值。

【算法实现】

```
template <typename T>
BTNode<T> * BinTree<T>::GetRoot()
{
    return root;
}
```

4. 求二叉树中的结点个数

如果是空二叉树,则结点个数为 0;否则,结点个数为左子树的结点个数与右子树的结点个数之和再加 1。

求结点个数的函数 BT_NodeCount()是通过以根指针 root 为参数,调用辅助函数 NodeCount()实现的。

【算法实现】

```
template <typename T>
int BinTree<T>::BT_NodeCount()
{
    return NodeCount(root);
}
//返回以 r 为根的二叉树的结点个数,是一个辅助函数
template <typename T>
int BinTree<T>::NodeCount(BTNode<T> * r)
{
    if (r==NULL)
        return 0;
    else
        return NodeCount(r->lchild)+NodeCount(r->rchild)+1;
}
```

5. 求二叉树的深度

如果是空二叉树,则深度为 0;否则,递归计算左子树的深度记为 l_dep,递归计算右子树的深度记为 r_dep,如果 l_dep 大于 r_dep,则二叉树的深度为 l_dep+1,否则为 r_dep+1。

求二叉树深度的函数 BT_Depth()是通过以根指针 root 为参数,调用辅助函数 Depth()实现的。

【算法实现】

```
template <typename T>
int BinTree<T>::BT_Depth()
{
    return Depth(root);
}
//返回以 r 为根的二叉树的深度,是一个辅助函数
```

```
template <typename T>
int BinTree<T>::Depth(BTNode<T> * r)
{
    if (r==NULL)
        return 0;
    else
    {
        int l_dep, r_dep;
        l_dep=Depth(r->lchild);                    //左子树的深度
        r_dep=Depth(r->rchild);                    //右子树的深度
        if (l_dep>r_dep)
            return l_dep+1;
        else
            return r_dep+1;
    }
}
```

6. 读取结点的元素值

如果指针 p 为空,则返回 false;否则读取指针 p 所指结点的数据域,将其值赋给 e,并返回 true。

【算法实现】

```
template <typename T>
bool BinTree<T>::GetElem(BTNode<T> * p, T &e)
{
    if (p==NULL)
        return false;
    e=p->data;
    return true;
}
```

7. 设置结点的元素值

如果指针 p 为空,则返回 false;否则将 e 的值写入指针 p 所指结点的数据域,并返回 true。

【算法实现】

```
template <typename T>
bool BinTree<T>::SetElem(BTNode<T> * p, T e)
{
    if (p==NULL)
        return false;
    p->data=e;
    return true;
}
```

8. 返回结点的左孩子

结点的左指针域 lchild 指向其左孩子结点,因此,该函数只需返回结点 p 的左孩子指针

lchild 的值。

【算法实现】

```
template <typename T>
BTNode<T> * BinTree<T>::LchildNode(BTNode<T> * p)
{
    return p->lchild;
}
```

9. 返回结点的右孩子

结点的右指针域 rchild 指向其右孩子结点,因此,该函数只需返回结点 p 的右孩子指针 rchild 的值。

【算法实现】

```
template <typename T>
BTNode<T> * BinTree<T>::RchildNode(BTNode<T> * p)
{
    return p->rchild;
}
```

10. 返回结点的双亲

如果 p 是二叉树根结点的孩子,则返回指向根结点的指针;否则,在根结点的左子树和右子树上递归查找,若找到,则返回指向 p 双亲结点的指针,否则返回 NULL。

求结点双亲的函数 ParentNode()是通过调用辅助函数 Parent()实现的。

【算法实现】

```
template <typename T>
BTNode<T> * BinTree<T>::ParentNode(BTNode<T> * p)
{
    return Parent(root, p);
}
//辅助函数:返回以 r 为根的二叉树中结点 p 的双亲
template <typename T>
BTNode<T> * BinTree<T>::Parent(BTNode<T> * r, BTNode<T> * p)
{
    if (r==NULL)
        return NULL;
    else if (r->lchild==p || r->rchild==p)
        return r;
    else                                    //在子树上求双亲
    {
        BTNode<T> * tmp;
        tmp=Parent(l->lchild, p);           //在左子树上求 p 的双亲
        if (tmp!=NULL)
            return tmp;
```

```
        tmp=Parent(r->rchild, p);                    //在右子树上求 p 的双亲
        if (tmp!=NULL)
            return tmp;
        else
            return NULL;                             //p 无双亲
    }
}
```

11. 插入左孩子

将元素值为 e 的新结点作为 p 的左孩子,如果插入前 p 的左孩子非空,则 p 的原有左子树成为 e 的左子树。

【算法实现】

```
template <typename T>
void BinTree<T>::InsertLeftChild(BTNode<T> * p, T e)
{
    if (p!=NULL)
    {
        BTNode<T> * child=new BTNode<T>;             //创建新结点
        child->data=e;
        child->lchild=NULL;
        child->rchild=NULL;
        if (p->lchild !=NULL)                        //p 的左孩子非空
            child->lchild=p->lchild;                 //p 的原有左子树成为 e 的左子树
        p->lchild=child;                             //e 成为 p 的左孩子
    }
}
```

12. 插入右孩子

将元素值为 e 的新结点作为 p 的右孩子,如果插入前 p 的右孩子非空,则 p 的原有右子树成为 e 的右子树。

【算法实现】

```
template <typename T>
void BinTree<T>::InsertRightChild(BTNode<T> * p, T e)
{
    if (p!=NULL)
    {
        BTNode<T> * child=new BTNode<T>;             //创建新结点
        child->data=e;
        child->lchild=NULL;
        child->rchild=NULL;
        if (p->rchild !=NULL)                        //p 的右孩子非空
            child->rchild=p->rchild;                 //p 的原有右子树成为 e 的右子树
        p->rchild=child;                             //e 成为 p 的右孩子
```

```
        }
}
```

13. 删除结点的左子树

如果 p 结点的左孩子非空,则调用辅助函数 Destroy() 销毁 p 的左子树。

【算法实现】

```
template <typename T>
void BinTree<T>::DeleteLeftChild(BTNode<T> * p)
{
    if (p!=NULL)
        Destroy(p->lchild);
}
```

14. 删除结点的右子树

如果 p 结点的右孩子非空,则调用辅助函数 Destroy() 销毁 p 的右子树。

【算法实现】

```
template <typename T>
void BinTree<T>::DeleteRightChild(BTNode<T> * p)
{
    if (p!=NULL)
        Destroy(p->rchild);
}
```

6.3 二叉树的遍历

6.3.1 遍历的概念

二叉树的遍历是指从根结点出发,按照某种次序依次访问二叉树中的所有结点,使得每个结点均被访问一次且仅被访问一次。访问的含义很广,可以是对结点做各种处理,包括输出结点的信息,对结点进行运算和修改等。遍历二叉树是二叉树最基本的操作,也是二叉树其他各种操作的基础,遍历的实质是对二叉树进行线性化的过程,即遍历的结果是将非线性结构树中的结点排成一个线性序列。

二叉树由根结点、左子树和右子树三部分组成,只要依次遍历这三部分,就可以遍历整个二叉树。假设 D、L、R 分别表示访问根结点、遍历左子树和遍历右子树,则可有 DLR、LDR、LRD、DRL、RDL、RLD 6 种遍历二叉树的方案。若限定先左后右,则只有前 3 种情况,分别称为先(根)序遍历、中(根)序遍历和后(根)序遍历。如果按照二叉树的层序依次访问各结点,可得到另一种遍历次序,通常称为层次遍历。

1. 先序遍历

先序遍历二叉树的操作定义如下:

若二叉树为空,则空操作;否则

(1) 访问根结点;

(2) 先序遍历左子树;

（3）先序遍历右子树。

例如，图 6-12 所示二叉树的先序序列为 *ABDGCEF*。显然，在一个二叉树的先序序列中，第一个结点即为根结点。

2. 中序遍历

中序遍历二叉树的操作定义如下：

若二叉树为空，则空操作；否则

（1）中序遍历左子树；

（2）访问根结点；

（3）中序遍历右子树。

例如，图 6-12 所示二叉树的中序序列为 *DGBAECF*。显然，在一个二叉树的中序序列中，根结点值将序列分为前、后两个部分，前面的部分为左子树的中序序列，后面的部分为右子树的中序序列。

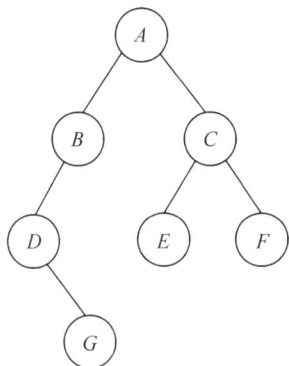

图 6-12　一棵二叉树

3. 后序遍历

后序遍历二叉树的操作定义如下：

若二叉树为空，则空操作；否则

（1）后序遍历左子树；

（2）后序遍历右子树；

（3）访问根结点。

例如，图 6-12 所示二叉树的后序序列为 *GDBEFCA*。显然，在一个二叉树的后序序列中，最后一个结点即为根结点。

4. 层次遍历

层次遍历不同于前 3 种遍历方法，它是非递归的。

层次遍历二叉树的操作定义如下：

若二叉树为空，则空操作；否则按照二叉树的层次，从上到下、从左到右依次访问各结点。

例如，图 6-12 所示二叉树的层次遍历序列为 *ABCDEFG*。显然，在一个二叉树的层次遍历序列中，第一个结点即为根结点。

任意一棵二叉树的先序、中序和后序遍历序列都是唯一的，反过来，先序、中序和后序遍历序列中的任一个都不能唯一确定这棵二叉树。如果已知先序序列和中序序列，能否唯一地确定一棵二叉树呢？

根据先序遍历的定义，先序序列中的第一个结点一定是根结点，所以可以从先序序列中确定二叉树的根结点。另一方面，由于中序遍历是先遍历左子树，然后访问根结点，最后遍历右子树，所以，在中序序列中，根结点将序列分割成两部分：在根结点之前的是左子树的结点，在根结点之后的是右子树的结点。这样，根据在中序序列中确定的左、右结点个数，又可反过来将先序序列中除根以外的部分分成左、右子树的先序序列。然后，根据相同的方法又可以确定左、右子树的根及下一代左、右子树。以此类推，最终可得到整棵二叉树。

同理，由二叉树的后序序列和中序序列也可以唯一地确定一棵二叉树。根据后序遍历和中序遍历的定义，后序序列的最后一个结点一定是根结点，它将中序序列分成两个子序列,分别为根结点的左子树和右子树的中序序列。根据这两个子序列,在后序序列中找到对应的左子序列和右子序列,便可以确定左、右子树的根。如此重复下去,最终可得到一棵二叉树。

但是,由二叉树的先序序列和后序序列不能唯一地确定一棵二叉树,因为无法确定左、右子树两部分。例如,如果有先序序列 AB,后序序列 BA,因为无法确定 B 是左子树,还是右子树,所以可得到图 6-13 所示的两棵不同的二叉树。

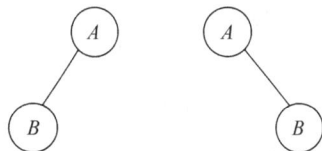

图 6-13 两棵不同的二叉树

【例 6.1】 已知一棵二叉树的先序序列为 $ABCDEFGHIJ$,中序序列为 $CBEDAGHFJI$,请画出这棵二叉树。

(1) 由先序序列可知,结点 A 是二叉树的根结点。

(2) 根据中序序列,在 A 之前的所有结点都是结点 A 的左子树的结点,在 A 之后的所有结点都是结点 A 的右子树的结点,如图 6-14(a)所示,由此得到图 6-14(b)的状态。

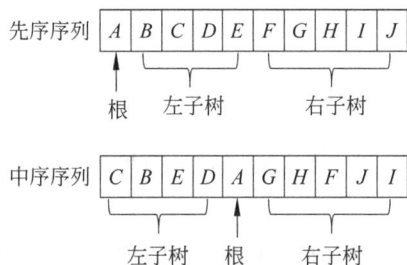
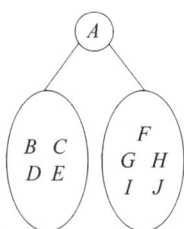
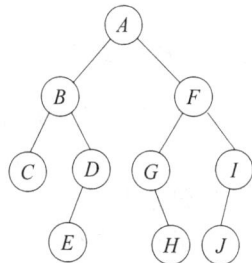

(a) 根据先序序列和中序序列确定
二叉树的根和左、右子树的结点

(b) 初始形态

(c) 最终结果

图 6-14 例 6-1 二叉树的构造过程

(3) 结点 A 的左子树的先序序列是 $BCDE$,所以结点 B 是左子树的根结点,结点 A 的左子树的中序序列是 $CBED$,则 B 之前的结点 C 是 B 的左子树的结点,B 之后的结点 ED 是 B 的右子树的结点。

(4) 结点 A 的右子树的先序序列是 $FGHIJ$,所以结点 F 是右子树的根结点,结点 A 的右子树的中序序列是 $GHFJI$,则 F 之前的结点 GH 是 F 的左子树的结点,F 之后的结点 JI 是 F 的右子树的结点。

(5) 以此类推,得到图 6-14(c)所示的二叉树。

【例 6.2】 已知一棵二叉树的后序序列为 $DCBFHGEA$,中序序列为 $CDBAFEHG$,请画出这棵二叉树。

(1) 由后序序列可知,结点 A 是二叉树的根结点。

(2) 根据中序序列,在 A 之前的所有结点都是结点 A 的左子树的结点,在 A 之后的所有结点都是结点 A 的右子树的结点,如图 6-15(a)所示,由此得到图 6-15(b)的状态。

(3) 结点 A 的左子树的后序序列是 DCB,所以结点 B 是左子树的根结点,结点 A 的左子树的中序序列是 CDB,则 B 之前的结点 CD 是 B 的左子树的结点,B 的右子树为空。

(4) 结点 A 的右子树的后序序列是 $FHGE$,所以结点 E 是右子树的根结点,结点 A 的

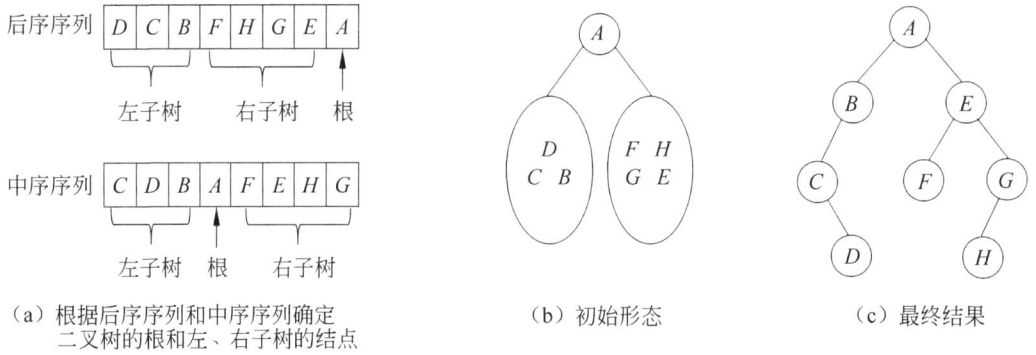

（a）根据后序序列和中序序列确定　　　　　（b）初始形态　　　　　（c）最终结果
　　　二叉树的根和左、右子树的结点

图 6-15　例 6-2 二叉树的构造过程

右子树的中序序列是 $FEHG$，则 E 之前的结点 F 是 E 的左子树的结点，E 之后的结点 HG 是 E 的右子树的结点。

（5）以此类推，得到图 6-15(c)所示的二叉树。

6.3.2　遍历算法

1. 先序、中序和后序遍历递归算法

二叉树的先序、中序和后序遍历采用递归方式进行定义，算法实现时最简单直接的方式就是递归方式。

为了避免在类外访问私有变量 root，对二叉树进行先序、中序和后序遍历的实现，都是以根指针 root 为参数，通过调用对应的辅助函数实现的，参数中的函数指针 visit 表示遍历结点时对结点值进行处理的函数。

1）先序遍历递归算法

【算法实现】

```
template <typename T>
void BinTree<T>::PreOrderTraverse(void (*visit)(T))
{
    PreOrder(root, visit);
}
//辅助函数: 先序遍历以 r 为根的二叉树
template <typename T>
void BinTree<T>::PreOrder(BTNode<T> *r, void (*visit)(T))
{
    if (r!=NULL)
    {
        (*visit)(r->data);                  //访问根结点
        PreOrder(r->lchild, visit);         //先序遍历左子树
        PreOrder(r->rchild, visit);         //先序遍历右子树
    }
}
```

2）中序遍历递归算法
【算法实现】

```
template <typename T>
void BinTree<T>::InOrderTraverse(void ( * visit)(T))
{
    InOrder(root, visit);
}
//辅助函数：中序遍历以 r 为根的二叉树
template <typename T>
void BinTree<T>::InOrder(BTNode<T> * r, void ( * visit)(T))
{
    if (r!=NULL)
    {
        InOrder(r->lchild, visit);          //中序遍历左子树
        ( * visit)(r->data);                //访问根结点
        InOrder(r->rchild, visit);          //中序遍历右子树
    }
}
```

3）后序遍历递归算法
【算法实现】

```
template <typename T>
void BinTree<T>::PostOrderTraverse(void ( * visit)(T))
{
    PostOrder(root, visit);
}
//辅助函数：后序遍历以 r 为根的二叉树
template <typename T>
void BinTree<T>::PostOrder(BTNode<T> * r, void ( * visit)(T))
{
    if (r!=NULL)
    {
        PostOrder(r->lchild, visit);        //后序遍历左子树
        PostOrder(r->rchild, visit);        //后序遍历右子树
        ( * visit)(r->data);                //访问根结点
    }
}
```

递归算法在执行过程中需要多次调用自身。例如，对于图 6-16 所示的二叉树，先序遍历算法的执行过程如图 6-17 所示。

【例 6.3】 构建图 6-16 所示的二叉树，输出先序、中序和后序遍历序列。

程序代码如下：

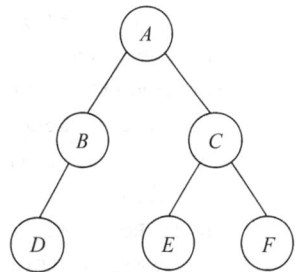

图 6-16　一棵二叉树

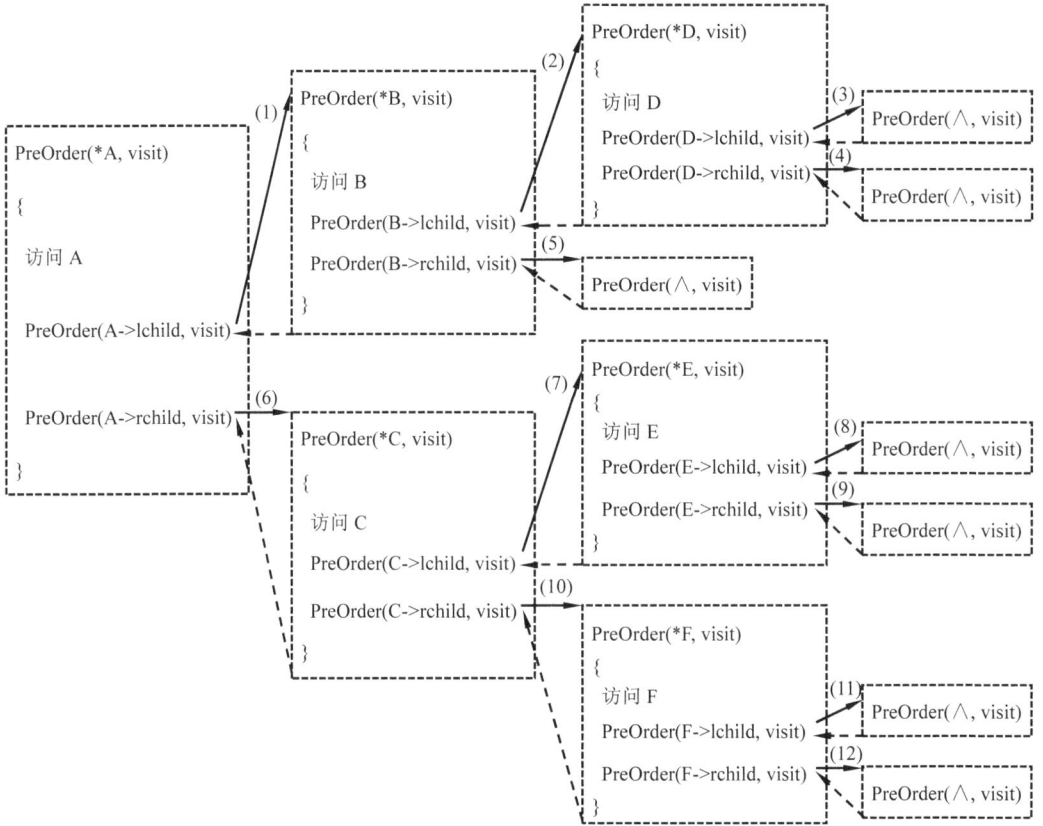

图 6-17 先序遍历算法的执行过程

```
#include<iostream>
#include "BinTree.h"
using namespace std;
void Show(char e)
{
    cout<<e<<" ";
}
int main()
{
    BTNode<char> * p;
    BinTree<char>bt('A');
    p=bt.GetRoot();                     //p 指向根结点 A
    bt.InsertLeftChild(p, 'B');         //插入左孩子 B
    bt.InsertRightChild(p, 'C');        //插入右孩子 C
    p=bt.LchildNode(p);                 //p 指向结点 B
    bt.InsertLeftChild(p, 'D');         //为结点 B 插入左孩子 D
    p=bt.Getroot();
    p=bt.RchildNode(p);                 //p 指向结点 C
    bt.InsertLeftChild(p, 'E');         //为结点 C 插入左孩子 E
    bt.InsertRightChild(p, 'F');        //为结点 C 插入右孩子 F
```

```
cout<<"先序遍历序列: ";
bt.PreOrderTraverse(Show);
cout<<endl;
cout<<"中序遍历序列: ";
bt.InOrderTraverse(Show);
cout<<endl;
cout<<"后序遍历序列: ";
bt.PostOrderTraverse(Show);
cout<<endl;
return 0;
}
```

本例中访问结点采用的是直接输出结点的值,在实际应用中可以对其进行各种操作,如结点计数、修改结点值等。

2. 先序、中序和后序遍历非递归算法

递归算法虽然简洁,但一般而言,其执行效率不高。因此,有时需要把递归算法转化为非递归算法。对于二叉树的遍历算法,可以仿照递归的执行过程得到非递归算法。

1) 先序遍历非递归算法

由先序遍历的定义可知,遍历二叉树时,是从根结点开始,沿左子树向下搜索,每搜索到一个结点,就访问它,直到到达没有左子树的结点为止。然后,返回已搜索过的最近一个有右子树的结点处,按同样的方法沿着它的右子树向下搜索,如此一直进行,直到所有结点均被访问过。

分析先序遍历的执行过程可以看出,在访问完某结点后,不能立即放弃它,而应保存结点的指针,以便以后能通过它找到该结点的右子树。由于较先访问的结点较后才重新利用,因此将访问过的结点指针保存到栈中。

【算法步骤】

(1) 新建一个空栈 s。

(2) 定义一个指针 p,初始指向根结点。

(3) 当栈 s 非空或 p 非空时,循环执行以下操作:

① 依次访问结点 p 及其左下结点并压入栈 s,直到到达最左下结点。

② 如果栈 s 不为空,则弹出栈顶元素,并将 p 指向该结点的右孩子。

【算法实现】

```
template <typename T>
void BinTree<T>::non_recursive_PreOrder(void ( * visit)(T))
{
    LinkStack<BTNode<T> * >s;
    BTNode<T> * p=root;
    while (!s.Empty() || p!=NULL)                    //访问 p 所指结点及其左下结点并入栈
    {
        while (p!=NULL)
        {
            ( * visit)(p->data);
            s.Push(p);
            p=p->lchild;
```

```
    }
    if (!s.Empty())                    //若栈不空,则弹出栈顶元素,转向处理其右子树
    {
        s.Pop(p);
        p=p->rchild;
    }
    }
}
```

对于图 6-12 所示的二叉树,上述算法的执行过程见表 6-1,最后输出的序列为 $ABDGCEF$。

表 6-1　先序遍历非递归算法的执行过程

执行的操作	访问的结点	栈(栈底→栈顶)	修改后 p 的值
A、B、D 依次进栈并访问之,p=p->lchild	ABD	ABD	p=NULL
D 出栈,p 指向它,p=p->rchild		AB	p 指向结点 G
G 进栈并访问之,p=p->lchild	G	ABG	p=NULL
G 出栈,p 指向它,p=p->rchild		AB	p=NULL
B 出栈,p 指向它,p=p->rchild		A	p=NULL
A 出栈,p 指向它,p=p->rchild			p 指向结点 C
C、E 依次进栈并访问之,p=p->lchild	CE	CE	p=NULL
E 出栈,p 指向它,p=p->rchild		C	p=NULL
C 出栈,p 指向它,p=p->rchild			p 指向结点 F
F 进栈并访问之,p=p->lchild	F	F	p=NULL
F 出栈,p 指向它,p=p->rchild			p=NULL
栈空且 p=NULL,退出循环,算法结束			

2)中序遍历非递归算法

中序遍历的顺序是左子树、根结点、右子树。因此,需要将根结点及其左下结点依次入栈,但不能访问,因为它们的左子树还没有遍历。当到达根结点的最左下结点时,它是中序序列的开始结点,也是栈顶结点,出栈并访问它,然后转向它的右子树,对右子树的处理过程与上述过程类似。

与先序遍历唯一不同的是,中序遍历中访问结点的操作发生在该结点的左子树遍历完毕并准备遍历右子树时,因此,中序遍历的非递归算法只需将先序遍历非递归算法中的访问操作移到出栈之后即可。

【算法步骤】

(1)新建一个空栈 s。

(2)定义一个指针 p,初始指向根结点。

(3)当栈 s 非空或 p 非空时,循环执行以下操作:

· 将结点 p 及其左下结点依次压入栈 s,直到到达最左下结点。

- 如果栈 *s* 不为空,则弹出栈顶元素并访问,将 *p* 指向该结点的右孩子。

【算法实现】

```
template <typename T>
void BinTree<T>::non_recursive_InOrder(void ( * visit)(T))
{
    LinkStack<BTNode<T> * >s;
    BTNode<T> * p=root;
    while (!s.Empty() || p!=NULL)                        //p 所指结点及其左下结点入栈
    {
        while (p!=NULL)
        {
            s.Push(p);
            p=p->lchild;
        }
        if (!s.Empty())                                  //若栈不空,则 p 所指结点出栈,访问后转向处理其右子树
        {
            s.Pop(p);
            ( * visit)(p->data);
            p=p->rchild;
        }
    }
}
```

对于图 6-12 所示的二叉树,上述算法的执行过程见表 6-2,最后输出的序列为 *DGBAECF*。

表 6-2   中序遍历非递归算法的执行过程

执行的操作	访问的结点	栈(栈底→栈顶)	修改后 *p* 的值
A、*B*、*D* 依次入栈,p＝p->lchild		*ABD*	p＝NULL
D 出栈并访问之,p＝p->rchild	*D*	*AB*	*p* 指向结点 *G*
G 入栈,p＝p->lchild		*ABG*	p＝NULL
G 出栈并访问之,p＝p->rchild	*G*	*AB*	p＝NULL
B 出栈并访问之,p＝p->rchild	*B*	*A*	p＝NULL
A 出栈并访问之,p＝p->rchild	*A*		*p* 指向结点 *C*
C、*E* 依次入栈,p＝p->lchild		*CE*	p＝NULL
E 出栈并访问之,p＝p->rchild	*E*	*C*	p＝NULL
C 出栈并访问之,p＝p->rchild	*C*		*p* 指向结点 *F*
F 入栈,p＝p->lchild		*F*	p＝NULL
F 出栈并访问之,p＝p->rchild	*F*		p＝NULL
栈空且 p＝NULL,退出循环,算法结束			

3）后序遍历非递归算法

后序遍历的顺序是左子树、右子树、根结点。所以,先将根结点及其左下结点依次入栈,即使栈顶结点的左子树已遍历或为空,仍然不能访问它,因为它的右子树还没有遍历,只有当结点的右子树遍历完之后,才能访问该结点。

实现该算法需要解决两个问题:一个问题是如何判断当前处理的结点是栈顶结点,可以设置一个布尔变量 flag,开始处理栈顶结点时,置 flag 为 true,转向处理右子树时,置 flag 为 false;另一个问题是如何判断某一结点的右子树已遍历过,这是算法的主要难点。在一棵二叉树中,任何一棵非空子树的后序遍历序列中最后访问的一定是该子树的根结点,也就是说,若某一结点的右孩子刚刚访问过,说明它的右子树已遍历完,可以访问该结点了。当然,若结点的右孩子为空,也可以访问它。为此,设置一个指针变量 r,让它指向刚刚访问过的结点。对于正在处理的栈顶结点 p,若 p->rchild=r;说明结点 p 的左、右子树都已遍历过,可以访问该结点了。

【算法步骤】

（1）新建一个空栈 s。

（2）定义两个指针 p 和 r,p 初始指向根结点。

（3）定义布尔型变量 flag。

（4）当栈 s 非空时,循环执行以下操作:

① 将结点 p 及其左下结点依次压入栈 s,直到到达最左下结点。

② r 初始化为空,flag 初始化为 true。

③ 当栈 s 不为空且 flag 为 true 时,重复以下操作:

- p 指向栈顶结点;

- 如果结点 p 的右孩子刚刚访问过,则访问该结点,并将 r 指向它,然后将栈顶元素出栈;否则 p 指向它的右孩子,并置 flag 为 false。

【算法实现】

```
template <typename T>
void BinTree<T>::non_recursive_PostOrder(void ( * visit)(T))
{
    LinkStack<BTNode<T> * >s;
    BTNode<T> * p=root, * r;
    bool flag;
    do
    {
        while (p!=NULL)                    //p 所指结点及其左下结点入栈
        {
            s.Push(p);
            p=p->lchild;
        }
        r=NULL;                            //r 指向刚访问的结点,初始为空
        flag=true;                         //flag 为 true 时,表示正在处理栈顶结点
        while (!s.Empty() && flag)
        {
```

```
        s.GetTop(p);
        if (p->rchild==r)
        {
            (*visit)(p->data);
            s.Pop(p);
            r=p;
        }
        else
        {
            p=p->rchild;
            flag=false;
        }
    }
} while (!s.Empty());
}
```

对于图 6-12 所示的二叉树,上述算法的执行过程见表 6-3,最后输出的序列为 *GDBEFCA*。

表 6-3　后序遍历非递归算法的执行过程

执行的操作	访问的结点	栈(栈底→栈顶)
A、B、D 依次入栈,p=p->lchild,p=NULL		ABD
取栈顶结点 p(D 结点),D 的右子树未遍历,p=p->rchild,p 指向 G 结点		ABD
G 入栈,p=p->lchild,p=NULL		$ABDG$
取栈顶结点 p(G 结点),其右孩子为空,访问它,出栈	G	ABD
取栈顶结点 p(D 结点),其右孩子为刚访问过的 G 结点,访问它,出栈	D	AB
取栈顶结点 p(B 结点),其右孩子为空,访问它,出栈	B	A
取栈顶结点 p(A 结点),A 的右子树未遍历,p=p->rchild,p 指向 C 结点		A
C、E 依次入栈,p=p->lchild,p=NULL		ACE
取栈顶结点 p(E 结点),其右孩子为空,访问它,出栈	E	AC
取栈顶结点 p(C 结点),C 的右子树未遍历,p=p->rchild,p 指向 F 结点		AC
F 入栈,p=p->lchild,p=NULL		ACF
取栈顶结点 p(F 结点),其右孩子为空,访问它,出栈	F	AC
取栈顶结点 p(C 结点),其右孩子为刚访问过的 F 结点,访问它,出栈	C	A
取栈顶结点 p(A 结点),其右孩子为刚访问过的 C 结点,访问它,出栈	A	
栈空,退出循环,算法结束		

3. 层次遍历算法

层次遍历是先访问层次小的所有结点,同一层次从左到右访问,然后再访问下一层次的结点。除根结点外,每个结点都处于其双亲结点的下一层次,而每个结点的指针都记录在其双亲结点中,因此,为了找到各结点,需将已经访问过的结点的孩子结点保存下来。根据层次遍历的定义,先访问的结点其左、右孩子也要先访问,这符合队列的操作特性,可以使用一个队列存储已访问过的结点的孩子结点。初始将根结点入队,每次要访问结点时从队头取出指向该结点的指针,访问完后,如果它有左、右孩子结点,则将它的左、右孩子结点入队,如此重复,直到队列为空,则遍历结束。

【算法步骤】

(1) 新建一个空队列 q。

(2) 定义一个指针 p,初始指向根结点。

(3) 如果根结点不为空,则入队。

(4) 当队列 q 非空时,循环执行以下操作:

① 从队列中出队一个结点 p。

② 访问结点 p。

③ 如果结点 p 存在左孩子,则将左孩子结点入队。

④ 如果结点 p 存在右孩子,则将右孩子结点入队。

【算法实现】

```
template <typename T>
void BinTree<T>::LevelOrderTraverse(void ( * visit)(T))
{
    LinkQueue<BTNode<T> * >q;                //队列
    BTNode<T> * p=root;                      //从根结点开始进行层次遍历
    if (p!=NULL)                             //若根非空,则入队
        q.InQueue(p);
    while (!q.Empty())                       //若队列非空,说明还有结点未访问
    {
        q.OutQueue(p);
        ( * visit)(p->data);                 //访问结点
        if (p->lchild!=NULL)                 //若左孩子非空,则入队
            q.InQueue(p->lchild);
        if (p->rchild!=NULL)                 //若右孩子非空,则入队
            q.InQueue(p->rchild);
    }
}
```

6.4　线索二叉树

6.4.1　线索二叉树的概念

遍历二叉树是以一定规则将二叉树中的结点排成一个线性序列,得到二叉树中结点的先序序列、中序序列或后序序列。这实质上是对一个非线性结构进行线性化操作,使每个结点(第一个和最后一个除外)在这些线性序列中有且仅有一个前驱和后继。但是,当以二叉链表作为存储结构时,只能找到结点的左、右孩子信息,而不能直接得到结点在任一序列中的前驱和后继信息,如何保存这种在遍历过程中得到的前驱和后继信息呢? 最直接、简单的

方法是在每个结点上增加两个指针域存放在遍历时得到的前驱和后继信息,但这样做大大降低了结构的存储密度。

在一棵具有 n 个结点的二叉树中有 $2n_0+n_1$ 个空指针域,根据二叉树的性质 3,$n_0=n_2+1$,可知空指针域个数为 $2n_0+n_1=n_0+n_1+n_2+1=n+1$,大约是总指针域数目的一半。为了不浪费存储空间,可以考虑利用这些空指针来存放结点在某种遍历序列中的前驱或后继。对任一结点,如果有左孩子,则其左指针域 lchild 指向其左孩子,否则令 lchild 域指向其前驱结点;如果有右孩子,则其右指针域 rchild 指向其右孩子,否则令 rchild 域指向其后继结点。这样既保持了二叉树的结构,又利用空指针域表示了部分前驱和后继关系。这些指向前驱和后继结点的指针叫作**线索**,加上线索的二叉树叫作**线索二叉树**,加上线索的二叉链表叫作线索链表,对二叉树以某种次序遍历使其成为线索二叉树的过程叫作**线索化**。

在线索链表中,如何区分某结点的指针域存放的是指向孩子的指针,还是指向前驱或后继的线索? 为此,在结点的存储结构上增加两个标志位,如图 6-18 所示。

lchild	ltag	data	rtag	rchild

$$ltag = \begin{cases} 0 & \text{lchild 指向结点的左孩子} \\ 1 & \text{lchild 指向结点的前驱} \end{cases} \qquad rtag = \begin{cases} 0 & \text{rchild 指向结点的右孩子} \\ 1 & \text{rchild 指向结点的后继} \end{cases}$$

图 6-18　线索链表的结点结构

线索链表的结点结构定义如下:

```
template <typename T>
struct Thr_BTNode
{
    T data;
    Thr_BTNode<T> * lchild;
    Thr_BTNode<T> * rchild;
    int ltag, rtag;
};
```

对二叉树按不同的遍历方式进行线索化,可以得到不同的线索二叉树,包括先序线索二叉树、中序线索二叉树和后序线索二叉树。图 6-19(a)所示为中序线索二叉树,与其对应的中序线索链表如图 6-19(b)所示,图中实线表示指向孩子结点的指针,虚线表示指向前驱或后继的线索。

为了方便起见,仿照线性表的存储结构,在二叉树的线索链表上也增加一个头结点。头结点的 data 域为空,lchild 域的指针指向二叉树的根结点,ltag 为 0;rchild 域的指针指向中序序列的最后一个结点,rtag 为 1。同时,令中序序列中第一个结点的 lchild 域指针和最后一个结点的 rchild 域指针均指向头结点,如图 6-20 所示。这样,既可以从第一个结点沿后继进行遍历,也可以从最后一个结点沿前驱进行遍历。

6.4.2　构造线索二叉树

构造线索二叉树的实质是将二叉链表中的空指针改为指向前驱或后继的线索,而前驱

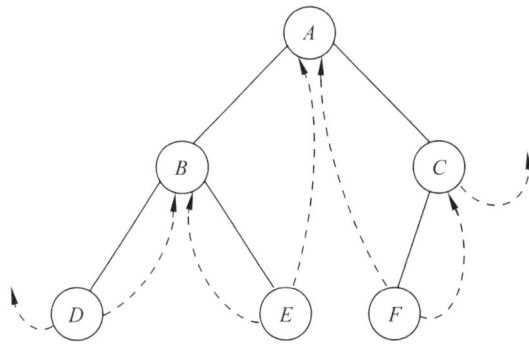

（a）中序线索二叉树

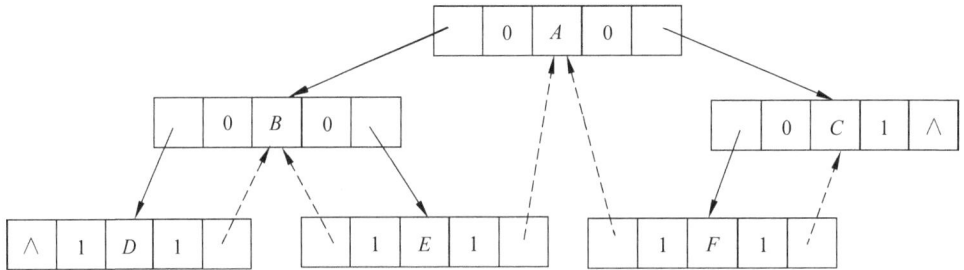

（b）中序线索链表

图 6-19　线索二叉树及其存储结构

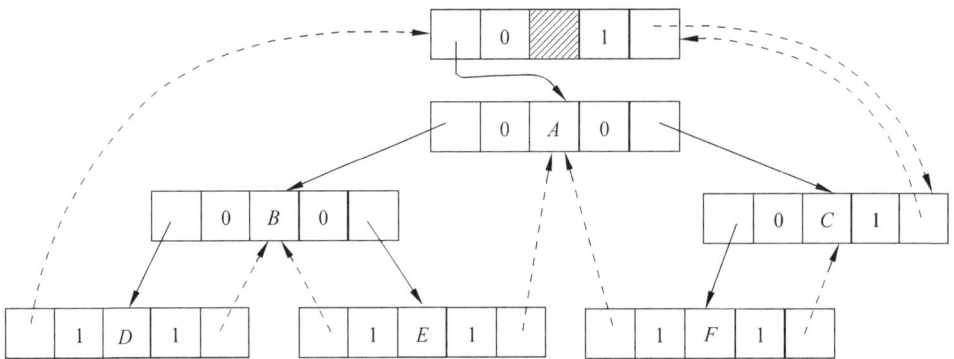

图 6-20　带头结点的中序线索链表

或后继的信息只有在遍历时才能得到。因此,线索化的过程即在遍历的过程中修改空指针的过程,可用递归算法实现。

下面以中序线索二叉树为例,讨论建立线索二叉树的算法。

在线索化过程中,访问结点就是检查结点的左、右指针是否为空,若为空,则令其指向当前遍历次序下的前驱或后继。在遍历过程中访问某结点时,由于它的前驱刚刚被访问过,所以若左指针为空,则可令其指向它的前驱,但由于它的后继尚未访问到,所以它的右指针不能建立线索,而要等到下一结点被访问后才能进行。为实现这一过程,附设一个指针 pre 始终指向刚刚访问过的结点,而指针 p 指向当前访问的结点。

算法 InThread 是对二叉树中任意一个结点 p 为根的子树进行中序线索化,算法 InThreadBT 通过调用 InThread 完成整个二叉树的中序线索化。

1) InThread 算法

【算法步骤】

(1) 对结点 p 的左子树进行中序线索化。

(2) 如果 p 的左孩子为空,则给 p 加上左线索,将其 ltag 置为 1,lchild 指向 pre;否则将 p 的 ltag 置为 0。

(3) 如果 pre 的右孩子为空,则给 pre 加上右线索,将其 rtag 置为 1,rchild 指向 p;否则将 pre 的 rtag 置为 0。

(4) 将 pre 指向刚刚访问过的结点 p。

(5) 对结点 p 的右子树进行中序线索化。

【算法实现】

```cpp
template <typename T>
void InThreadBinTree<T>::InThread(Thr_BTNode<T> * p, Thr_BTNode<T> * &pre)
{
    if (p!=NULL)
    {
        InThread(p->lchild, pre);              //线索化左子树
        if (p->lchild==NULL)                   //p 无左孩子,加线索
        {
            p->lchild=pre;                     //p 的前驱为 pre
            p->ltag=1;
        }
        else                                   //p 有左孩子,修改标志
            p->ltag=0;
        if (pre!=NULL && pre->rchild==NULL)    //pre 无右孩子,加线索
        {
            pre->rchild=p;                     //pre 的后继为 p
            pre->rtag=1;
        }
        else if (pre!=NULL)                    //pre 有右孩子,修改标志
            pre->rtag=0;
        pre=p;                                 //遍历下一结点时,p 为下一结点的前驱
        if (p->rtag==0)
            InThread(p->rchild, pre);          //线索化右子树
    }
}
```

由于是递归程序,pre 不能作为程序中的普通临时变量,因此将 pre 作为函数的参数,使其对该函数具有全局变量的作用。

2) InThreadBT 算法

【算法步骤】

(1) 建立头结点,其 lchild 域为链指针,rchild 域为线索。初始时 rchild 指向自身,若二

叉树为空,lchild 也指向自身。

（2）若二叉树不为空,将头结点的 lchild 指向根结点 root,pre 指向头结点。

（3）调用算法 InThread(root)对整个二叉树进行中序线索化。

（4）修改最后一个结点的 rchild 域为线索,并将 rchild 指针指向头结点。

（5）修改头结点的右线索,使其指向最后一个结点。

【算法实现】

```
template <typename T>
void InThreadBinTree<T>::InThreadBT(Thr_BTNode<T> * root)
{
    head=new Thr_BTNode<T>;                  //建立头结点
    head->ltag=0;
    head->rtag=1;
    head->rchild=head;                       //初始化时右指针指向自身
    if (root==NULL)                          //若二叉树为空,则左指针指向自身
        head->lchild=head;
    else
    {
        head->lchild=root;                   //头结点的左孩子指向根结点
        Thr_BTNode<T> * pre=head;            //pre 初值指向头结点
        InThread(root, pre);                 //中序线索化以 root 为根的二叉树
        pre->rtag=1;
        pre->rchild=head;                    //pre 为最后一个结点,右线索指向头结点
        head->rchild=pre;                    //头结点的右线索指向 pre
    }
}
```

6.4.3 线索二叉树的遍历

由于有了结点的前驱和后继的信息,线索二叉树的遍历操作无须设栈,避免了频繁的入栈、出栈操作,因此在时间和空间上都比遍历二叉树节省。如果遍历某种次序的线索二叉树,则从该次序下的开始结点出发,反复查找其在该次序下的后继,直到头结点。

下面以遍历中序线索二叉树为例进行讨论。在中序线索二叉树中,开始结点是根结点的最左下结点,该结点的左指针域为线索。找到开始结点后,如果其右指针为线索,指向的是后继结点,就转向后继结点并访问;如果其右指针为孩子,则其后继应是右子树中最左下侧的结点。

【算法步骤】

（1）定义指针 p,初始指向根结点。

（2）p 为非空或遍历未结束时,重复执行以下操作:

① 沿左孩子向下,到达最左下结点,用 p 指向它。

② 访问结点 p。

③ 沿右线索反复查找结点 p 的后继结点并访问,直至右线索为 0 或遍历结束。

④ 转向 p 的右子树。

【算法实现】

```
template <typename T>
void InThreadBinTree<T>::InOrder(void (*visit)(T))
{
    Thr_BTNode<T> * p=head->lchild;              //p 指向根结点
    while (p!=head)                              //二叉树非空或遍历未结束
    {
        while (p->ltag==0)                       //查找最左下结点
            p=p->lchild;
        (*visit)(p->data);                       //访问当前结点
        while (p->rtag==1 && p->rchild!=head)    //沿线索访问后继结点
        {
            p=p->rchild;
            (*visit)(p->data);
        }
        p=p->rchild;                             //转向右子树
    }
}
```

6.5 树 和 森 林

6.5.1 树的存储结构

树的存储表示有多种方法,分别适用于不同的应用需求。无论采取何种存储方法,都要求存储结构不仅能存储树中各结点的数据信息,还要表示结点之间的逻辑关系。下面介绍 3 种常用的存储结构。

1. 双亲表示法

树的双亲表示法是一种顺序存储结构,用一组连续的存储单元存储树的结点,每个结点除了数据域 data 外,还附设一个 parent 域用以指示其双亲结点的位置,其结点结构如图 6-21 所示。

data	parent

图 6-21 双亲表示法的结点结构

结点结构的定义如下:

```
template <typename T>
struct PTNode
{
    T data;                      //数据元素
    int parent;                  //双亲位置
};
```

例如,图 6-22 所示为一棵树及其双亲表示的存储结构。图中,根结点 A 无双亲,其 parent 域设置为 -1。

这种存储结构利用了每个结点(根结点除外)只有唯一双亲的性质。在这种存储结构下求某个结点的双亲十分方便,但求某个结点的孩子时需要遍历整个结构。

2. 孩子表示法

树的孩子表示法是一种基于链表的存储方法,即把每个结点的孩子排列起来,看成一个

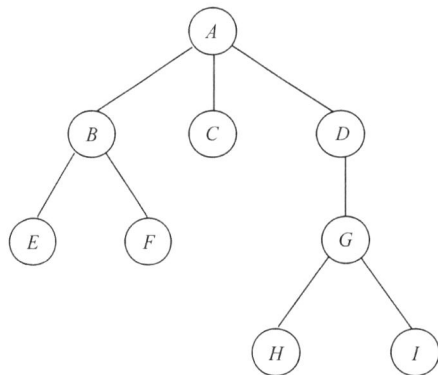

数组下标		
0	A	-1
1	B	0
2	C	0
3	D	0
4	E	1
5	F	1
6	G	3
7	H	6
8	I	6

（a）一棵树　　　　　　　　　　　（b）双亲表示法的存储示意图

图 6-22　树的双亲表示法示例

线性表,且以单链表存储,称为该结点的孩子链表,则 n 个结点的树就有 n 个孩子链表(叶子结点的孩子链表为空表)。而 n 个孩子链表的头指针又组成一个线性表,为了便于进行查找操作,可采用顺序存储,并同时存储结点的数据信息。孩子表示法的结点结构如图 6-23 所示,其定义如下。

```
template <typename T>
struct CTNode
{
    T data;                              //数据元素
    LinkList<int>childlist;              //孩子链表
};
```

例如,图 6-24 为图 6-22(a)所示树的孩子表示法。与双亲表示法相反,孩子表示法便于那些涉及孩子的操作的实现。可以把双亲表示法和孩子表示法结合起来,即孩子双亲表示法。图 6-25 为图 6-22(a)所示树的孩子双亲表示法。

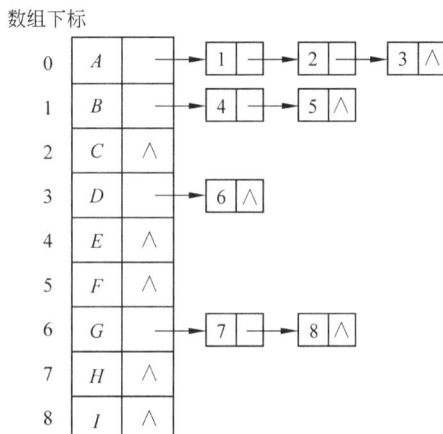

data	childlist

图 6-23　孩子表示法的结点结构　　　　　　图 6-24　树的孩子表示法示例

3. 孩子兄弟表示法

树的孩子兄弟表示法又称为二叉链表表示法，即以二叉链表作树的存储结构。链表中结点的两个指针域分别指向该结点的第一个孩子结点和下一个兄弟结点，其结点结构如图 6-26 所示。

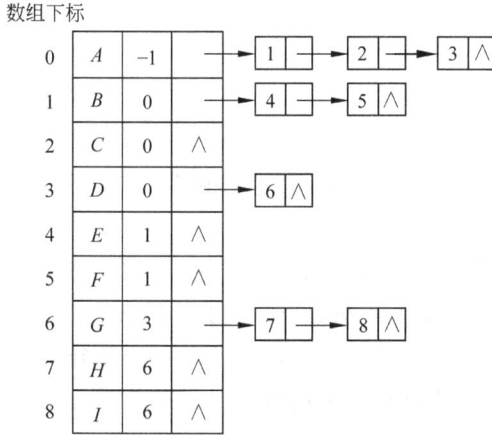

图 6-25　树的孩子双亲表示法示例

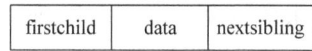

图 6-26　孩子兄弟表示法的结点结构

结点结构的定义如下：

```
template <typename T>
struct CSTNode
{
    T data;                             //数据元素
    CSTNode<T> * firstchild;            //指向第一个孩子的指针
    CSTNode<T> * nextsibling;           //指向下一个兄弟的指针
};
```

例如，图 6-27 为图 6-22(a)所示树的孩子兄弟表示法。这种存储结构便于实现树的各种操作。例如，若要访问结点 x 的第 i 个孩子，只需从该结点的 firstchild 域找到第一个孩子结点，然后沿着孩子结点的 nextsibling 域连续走 $i-1$ 步，便可找到结点 x 的第 i 个孩子。

6.5.2　树和森林与二叉树的转换

由于树和森林的逻辑结构较复杂，因此在计算机内的存储和操作的实现也比较复杂。与树和森林相比，二叉树的存储与操作实现要简捷一些。如果能将一棵树或一个森林转换为一棵二叉树，并且能够将转换后得到的二叉树确定地还原为原来的树和森林，则对树和森林的处理就可以转换为对相应二叉树的处理。

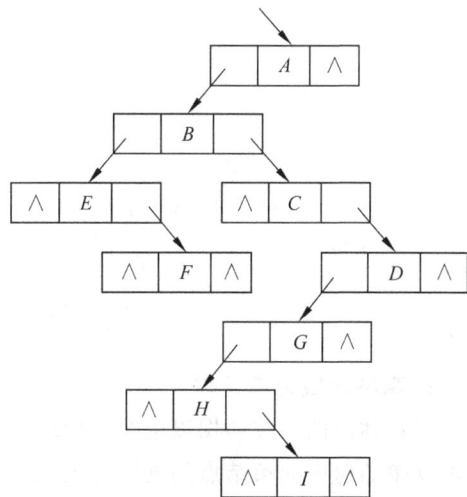

图 6-27　树的孩子兄弟表示法示例

树的孩子兄弟表示法是以二叉链表作为树的存储结构,而二叉树也可以用二叉链表存储,因此,以二叉链表为媒介可以导出树和二叉树之间的对应关系。也就是说,给定一棵树,可以找到唯一的一棵二叉树与之对应,从物理结构看,它们的二叉链表是相同的,只是指针的含义不同。森林是树的有限集合,它也可以用二叉链表表示,将森林中各棵树的根互相作为兄弟存储,就可以得到森林的二叉链表。

1. 树转换为二叉树

将一棵树转换为二叉树的方法如下:

(1)加线。树中所有相邻兄弟之间加一条线。

(2)去线。对树中的每个结点,只保留它与第一个孩子结点的连线,删除它与其他孩子结点之间的连线。

(3)层次调整。以树的根结点为中心,将整棵树顺时针旋转一定角度,使之结构层次分明。注意,第一个孩子是二叉树结点的左孩子,兄弟转换过来的孩子是结点的右孩子。

图 6-28 所示为一棵树转换为二叉树的过程。可以看出,在二叉树中,左分支上的各结点在原来的树中是父子关系,而右分支上的各结点在原来的树中是兄弟关系。由于树的根结点没有兄弟,所以,转换后二叉树根结点的右子树必为空。

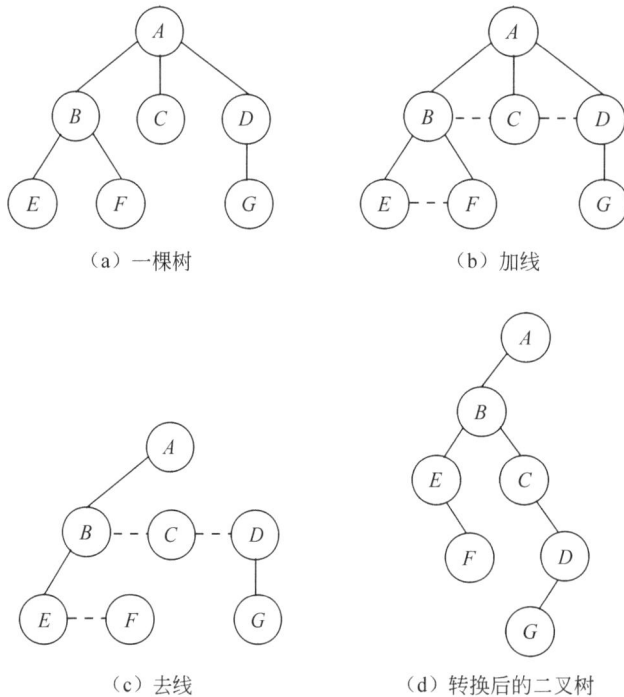

(a)一棵树 (b)加线

(c)去线 (d)转换后的二叉树

图 6-28 树转换为二叉树的过程

2. 森林转换为二叉树

当森林由两棵或两棵以上的树构成时,所有这些树的根结点构成兄弟关系,在转换过程中可以按照树中兄弟结点的处理方式操作。

将一个森林转换为二叉树的方法如下:

（1）将森林中的每一棵树转换为二叉树。

（2）在所有根结点之间加上连线。

（3）按照二叉树结点之间的关系进行层次调整。

图 6-29 所示为一个森林转换为二叉树的过程。可以看出,转换后二叉树根结点的右子树不为空,右子树上的结点是由第 2 和第 3 棵树的全部结点转换而来的。

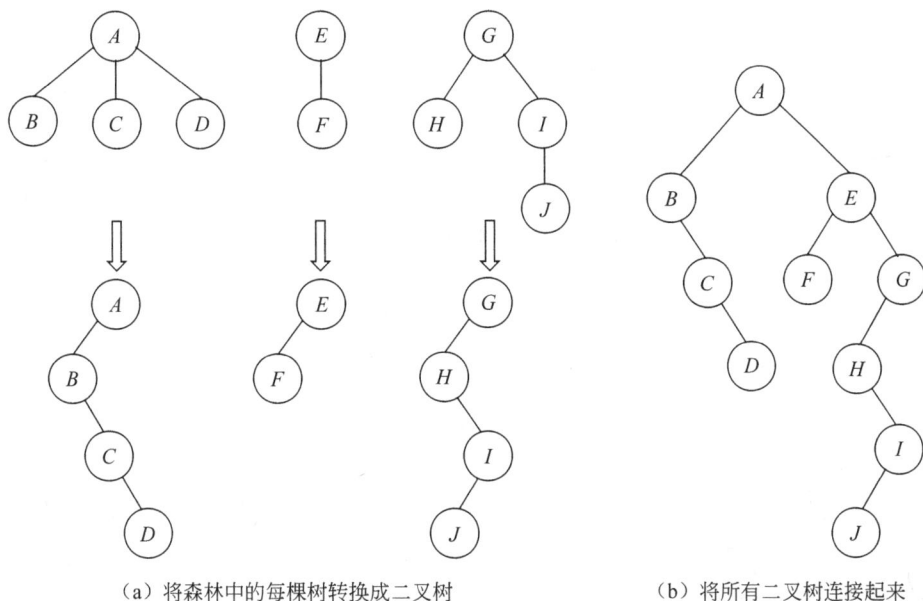

（a）将森林中的每棵树转换成二叉树　　　　　（b）将所有二叉树连接起来

图 6-29　森林转换为二叉树的过程

3. 二叉树转换为树或森林

树和森林都可以转换为二叉树,二者不同的是,树转换成的二叉树,其根结点无右子树,而森林转换后的二叉树,其根结点有右子树。由树和森林转换为二叉树的方法可知,转换过程是可逆的。

将一棵二叉树还原为树的方法如下:

（1）加线。若某结点是其双亲的左孩子,则把该结点的右孩子、右孩子的右孩子等都与该结点的双亲结点用连线连起来。

（2）去线。删除原二叉树中所有的双亲结点与右孩子结点之间的连线。

（3）层次整理。整理由前两步得到的树,使之层次分明。

图 6-30 给出了一棵二叉树还原为树的过程。

将一棵二叉树还原为森林的方法如下:

（1）从二叉树的根结点开始,若右孩子存在,则把与右孩子结点的连线删除,再查看分离后的二叉树,若右孩子存在,则连线删除,……,直到所有右孩子连线都删除为止,则得到分离的二叉树。

（2）将分离后的二叉树还原为树。

图 6-31 给出了一棵二叉树还原为森林的过程。

（a）一棵二叉树　　　（b）加线　　　（c）去线　　　（d）还原后的树

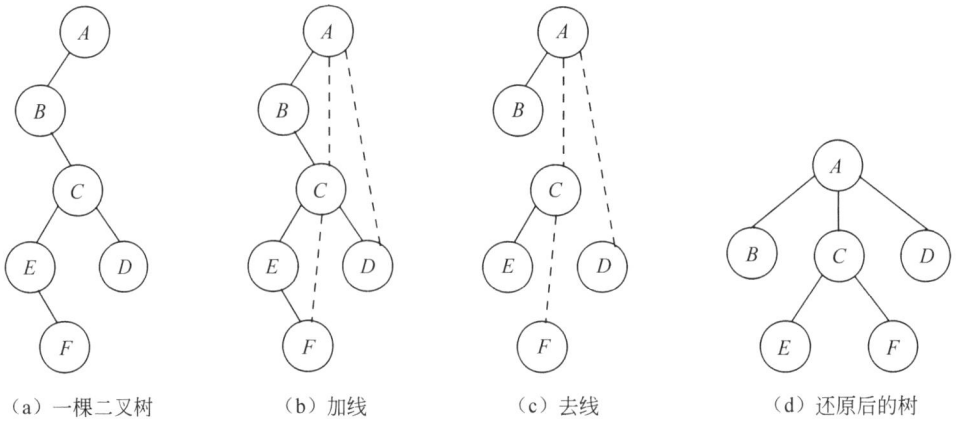

图 6-30　二叉树还原为树的过程

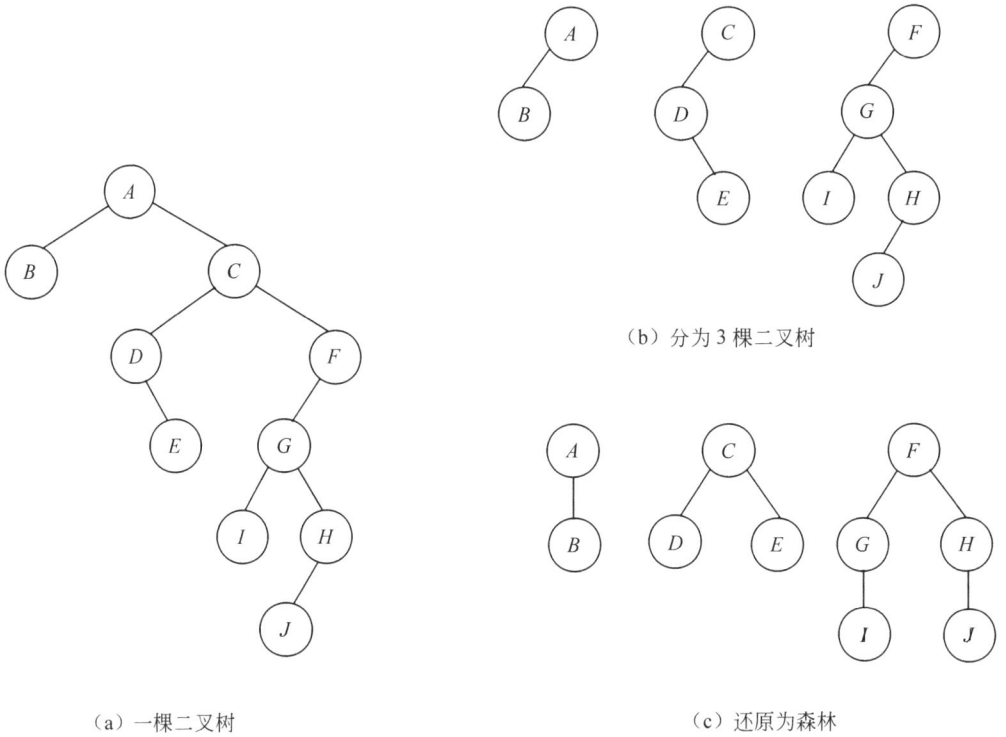

（b）分为 3 棵二叉树

（a）一棵二叉树　　　　　　　　　　（c）还原为森林

图 6-31　二叉树还原为森林的过程

6.5.3　树和森林的遍历

1. 树的遍历

由树结构的定义可引出两种次序遍历树的方法：一种是先根遍历树，即先访问树的根结点，然后依次先根遍历根的每棵子树；另一种是后根遍历，即先依次后根遍历每棵子树，然后访问根结点。

例如，对图 6-28(a)所示的树进行先根遍历，可得树的先根序列：

$$A\ B\ E\ F\ C\ D\ G$$

若对此树进行后根遍历,则可得树的后根序列:

$$E\ F\ B\ C\ G\ D\ A$$

树的遍历序列与对应二叉树的遍历序列之间具有如下关系:树的先根遍历序列等于对应二叉树的先序遍历序列,树的后根遍历序列等于对应二叉树的中序遍历序列。因此,当以二叉链表作为树的存储结构时,树的先根遍历和后根遍历完全可以借用二叉树的先序遍历和中序遍历的算法实现。

2. 森林的遍历

按照森林和树相互递归的定义,可以推导出森林的两种遍历方法:先序遍历和后序遍历。

1)先序遍历森林

若森林非空,则可按下述规则遍历:

(1)访问森林中第一棵树的根结点;

(2)先序遍历第一棵树的根结点的子树森林;

(3)先序遍历除第一棵树之外剩余的树构成的森林。

2)后序遍历森林

若森林非空,则可按下述规则遍历:

(1)后序遍历森林中第一棵树的根结点的子树森林;

(2)访问第一棵树的根结点;

(3)后序遍历除第一棵树之外剩余的树构成的森林。

例如,对图 6-29 中所示的森林进行先序遍历和后序遍历,可得到森林的先序序列为

$$A\ B\ C\ D\ E\ F\ G\ H\ I\ J$$

后序序列为

$$B\ C\ D\ A\ F\ E\ H\ J\ I\ G$$

森林的遍历序列与对应二叉树的遍历序列之间具有如下关系:森林的先序遍历序列等于对应二叉树的先序遍历序列,森林的后序遍历序列等于对应二叉树的中序遍历序列。

6.6 哈夫曼树及其应用

6.6.1 哈夫曼树的基本概念

哈夫曼树也称为最优二叉树,是一类带权路径长度最短的树,在实际中有着广泛的应用。哈夫曼树的定义涉及路径、路径长度、权等概念,下面给出这些概念的定义,然后再介绍哈夫曼树的定义。

(1)**路径**:从树的一个结点到另一个结点的分支构成这两个结点之间的路径。

(2)**路径长度**:路径上的分支数目称为路径长度。

(3)**树的路径长度**:从树根到每个结点的路径长度之和。

(4)**权**:赋予某个事物的一个量,对事物的某个或某些属性的数值化描述。数据结构中包括结点(元素)和边(关系)两大类,所以对应有结点权和边权。结点权和边权代表什么,

由具体情况决定。

(5) **结点的带权路径长度**：从树根到结点之间的路径长度与结点上权的乘积。

(6) **树的带权路径长度**：树中所有叶子结点的带权路径长度之和。设树中有 n 个叶子结点，它们的权值分别为 $w_1,w_2,\cdots,w_n$，从根到各叶子结点的路径长度分别为 $l_1,l_2,\cdots,l_n$，则该树的带权路径长度（Weighted Path Length，WPL）通常记作：

$$\mathrm{WPL} = \sum_{i=1}^{n} w_i l_i$$

(7) **哈夫曼树**：根据给定的 n 个值 $w_1,w_2,\cdots,w_n$，可以构造出多棵具有 n 个叶子且叶子结点权值分别为这 n 个给定值的二叉树，其中 WPL 最小的二叉树叫作最优二叉树，也称哈夫曼树。因为构造这种树的算法最早是由哈夫曼于 1952 年提出的，因此用他的名字命名。

例如，图 6-32 中的 3 棵二叉树都含有 4 个权值为 7、5、2、4 的叶子结点 a、b、c、d，它们的带权路径长度 WPL 分别为

(a) $\mathrm{WPL} = 7 \times 2 + 5 \times 2 + 2 \times 2 + 4 \times 2 = 36$

(b) $\mathrm{WPL} = 7 \times 3 + 5 \times 3 + 2 \times 1 + 4 \times 2 = 46$

(c) $\mathrm{WPL} = 7 \times 1 + 5 \times 2 + 2 \times 3 + 4 \times 3 = 35$

在学习了后面关于哈夫曼树的构造算法之后，可以看到图 6-32(c)恰好是哈夫曼树，即其带权路径长度在所有具有 4 个权值为 7、5、2、4 的叶子结点的二叉树中是最小的。

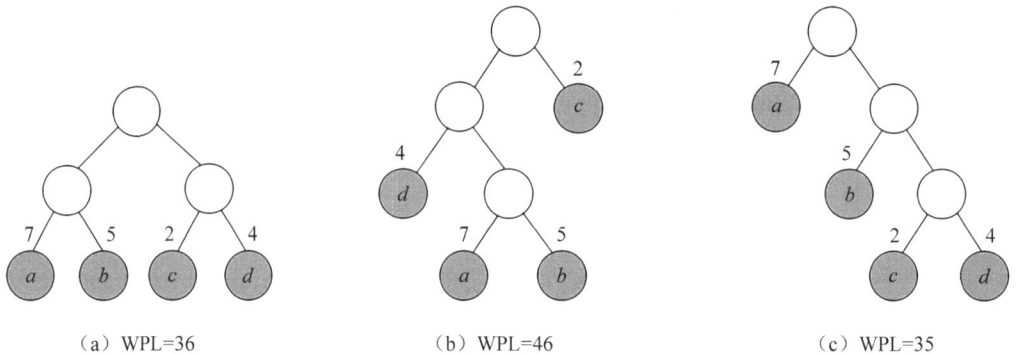

（a）WPL=36　　　　　　　（b）WPL=46　　　　　　　（c）WPL=35

图 6-32　具有不同带权路径长度的二叉树

6.6.2　哈夫曼树的构造算法

从图 6-32(c)可以直观地发现，在哈夫曼树中，权值越大的结点离根结点越近。根据这一特点，哈夫曼提出了一个构造哈夫曼树的方法，称为哈夫曼算法。算法的具体步骤如下：

(1) 根据给定的 n 个权值 $\{w_1,w_2,\cdots,w_n\}$，构造由 n 棵二叉树构成的森林 $F = \{T_1, T_2,\cdots,T_n\}$，其中每棵二叉树 T_i 都只含一个权值为 $w_i (i=1,2,\cdots,n)$ 的根结点。

(2) 在森林 F 中选取其根结点的权值为最小的两棵二叉树（若这样的二叉树不止两棵，则任选其中两棵），分别作为左、右子树构造一棵新的二叉树，并置这棵新的二叉树根结点的权值为其左、右子树根结点的权值之和。

(3) 从森林 F 中删去这两棵二叉树，同时将刚生成的新二叉树加入森林 F 中。

（4）重复步骤（2）和（3），直至森林 F 中只含一棵二叉树为止。这棵二叉树便是哈夫曼树。例如，图 6-33 为图 6-32(c)所示哈夫曼树的构造过程。

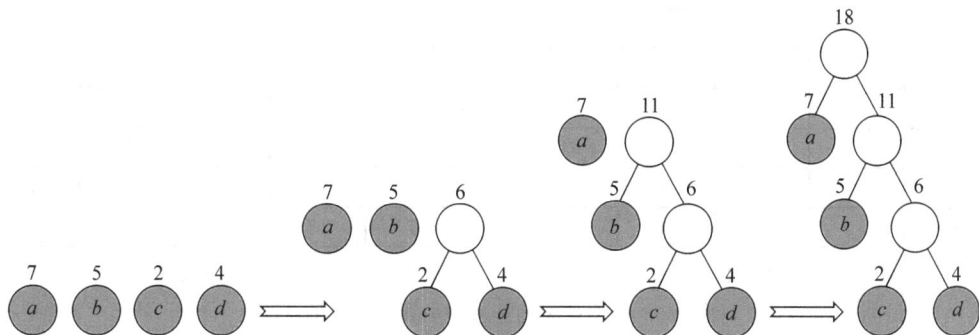

图 6-33　哈夫曼树的构造过程

由上述构造过程可以看出，具有 n 个叶子结点的哈夫曼树中有 $n-1$ 个分支结点，它们是在 $n-1$ 次的合并过程中生成的，因此，哈夫曼树共有 $2n-1$ 个结点。可以设置一个数组 $ht[2n-1]$ 保存哈夫曼树中各结点的信息，为了便于选取根结点权值最小的二叉树以及合并操作，数组元素除了存储结点的权值外，还应存储结点的双亲以及左、右孩子的信息。哈夫曼树的结点结构如图 6-34 所示，其中 weight 存储结点的权值，parent 存储其双亲结点在数组中的下标，

weight	parent	lchild	rchild

图 6-34　哈夫曼树的结点结构

lchild 存储其左孩子结点在数组中的下标，rchild 存储其右孩子结点在数组中的下标。

哈夫曼树的结点结构定义如下：

```
template <typename T>
struct HTNode
{
    T weight;
    int parent, lchild, rchild;
}
```

首先初始化 n 棵只有根结点的二叉树集合，并将 n 个权值的叶子结点存放到 $ht[0]\sim$ $ht[n-1]$ 中，然后不断将两棵子树合并为一棵子树，并将新子树的根结点顺序存放到 $ht[n]\sim$ $ht[2n-2]$ 中。图 6-33 所示哈夫曼树构造过程中存储空间的初始状态和最终状态如图 6-35 所示。

【算法步骤】

（1）数组 ht 初始化，所有数组元素的双亲、左右孩子都置为 -1。

（2）数组 ht 的前 n 个元素的权值置为给定权值。

（3）循环 $n-1$ 次进行合并：

① 选取两个权值最小的根结点，其下标分别为 i1、i2。

② 将以 i1 和 i2 为根结点的两棵二叉树合并为一棵新的二叉树，将其根结点信息写入数组 ht，并修改 i1 和 i2 的双亲结点的信息。

【算法实现】

```
template <typename T>
```

结点 i	weight	parent	lchild	rchild
0	7	−1	−1	−1
1	5	−1	−1	−1
2	2	−1	−1	−1
3	4	−1	−1	−1
4		−1	−1	−1
5		−1	−1	−1
6		−1	−1	−1

（a）初始状态

结点 i	weight	parent	lchild	rchild
0	7	6	−1	−1
1	5	5	−1	−1
2	2	4	−1	−1
3	4	4	−1	−1
4	6	5	2	3
5	11	6	1	4
6	18	−1	0	5

（b）最终状态

图 6-35　哈夫曼树构造过程中存储空间的状态

```
HuffmanTree <T>::HuffmanTree(HTNode ht[], T w[], int n)
{
    int i, k, i1, i2;
    for (i=0; i<2*n-1; i++)                    //所有结点的双亲、左右孩子域均置为-1
    {
        ht[i].parent=-1;
        ht[i].lchild=ht[i].rchild=-1;
    }
    for (i=0; i<n; i++)                        //设置 n 个叶子结点的权值
        ht[i].weight=w[i];
    for (k=n; k<2*n-1; k++)                    //n-1 次合并
    {
        //从 ht 中选择两个双亲域为 0 且权值最小的结点,并返回它们的下标 i1 和 i2
        Select(ht, i1, i2);
        //新二叉树的根结点权值为左、右孩子权值之和
        ht[k].weight=ht[i1].weight+ht[i2].weight;

        ht[k].lchild=i1;
        ht[k].rchild=i2;
        ht[i1].parent=k;
        ht[i2].parent=k;
    }
}
```

哈夫曼树在通信、编码和数据压缩等技术领域有着广泛的应用。下面讨论一个构造通信码的典型应用——哈夫曼编码。

6.6.3　哈夫曼编码

在数据通信过程中,经常需要将传送的文字转换为 0 和 1 组成的二进制位串,这个过程称为**编码**。

假设所有编码都等长,则表示 n 个不同的字符需要 $\lceil \log_2 n \rceil$ 位,这称为**等长编码**。例如,标准 ASCII 码把每个字符分别用一个 7 位二进制数表示。在实际应用中,也可以根据实际

情况对字符进行特定的编码。例如,在报文传送中,假设已知传输的报文中只包含{A,B, C,D}这 4 个字符,则可以采用编码方案{00,01,10,11}。对于报文"ADDCCDCDCDDB", 它的编码为"001111101011101110111101",各个字符出现的频度分别为{1,1,4,6},可知报文的总编码长度为$(1+1+4+6)\times 2=24$。接收到报文后,按 2 位一组进行解码即可。

如果每个字符的使用频率相同,等长编码是空间效率最高的方法。如果字符出现的频率不等,可以让频率高的字符采用尽可能短的编码,频率低的字符采用稍长的编码,构造一种**不等长编码**,则会获得更好的空间效率,这也是文件压缩技术的核心思想。

例如,对于前面报文中的{A,B,C,D}4 个字符,采用编码方案{110,111,10,0},则报文的总编码长度为$(1\times 3+1\times 3+4\times 2+6\times 1)=20$,比等长编码时的总编码长度更短。

对于不等长编码,如果设计得不合理,会给解码带来困难。例如,{A,B,C,D}这 4 个字符,采用编码方案{110,11,00,0},对于字符串"AABCD",编码为"11011011000",则可以有多种解码方法,它可以解码为"BDABDC",也可以解码为"ABDAC"。因此,设计不等长编码时,还必须考虑解码的唯一性。如果一组编码中任一编码都不是其他任何编码的前缀(最左子串),则称这组编码为前缀码。前缀码保证了解码时不会出现多种可能。

哈夫曼树可用来设计最优的前缀编码,也就是报文编码总长度最短的二进制前缀编码,通常称这种编码为**哈夫曼编码**。

假设有 n 个字符$\{c_1,c_2,\cdots,c_n\}$,它们在报文中出现的频率分别为$\{w_1,w_2,\cdots,w_n\}$,构造哈夫曼编码的步骤如下:

(1) 以$\{w_1,w_2,\cdots,w_n\}$为权值,构造一棵哈夫曼树。

(2) 对树中的每个左分支赋予 0,右分支赋予 1,则从根结点到每个叶子结点的路径上, 各分支的赋值分别构成一个二进制串,该二进制串即为对应字符的哈夫曼编码。

对于前面报文中的{A,B,C,D}4 个字符,图 6-36 给出了哈夫曼树及哈夫曼编码。

从哈夫曼编码的构造过程可以看出,每个字符结点都是叶子结点,它们不可能在根结点到其他字符结点的路径上,所以,一个字符的哈夫曼编码不可能是另一个字符的哈夫曼编码的前缀。另外,每个字符的编码长度l_i刚好是从根结点到叶子结点的路径长度,所以具有 n 个字符的报文的总编码长度为$\sum_{i=1}^{n}w_il_i$。在对应的哈夫曼树中,$\sum_{i=1}^{n}w_il_i$就是哈夫曼树的带权路径长度。因此,哈夫曼编码就是最优的前缀编码。

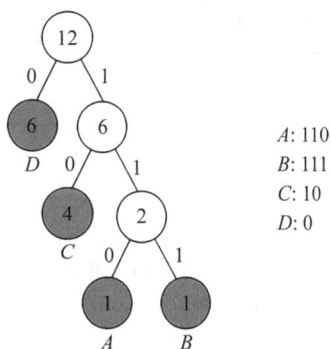

图 6-36 哈夫曼编码示意图

A: 110
B: 111
C: 10
D: 0

一个任意长度的哈夫曼编码序列都可以被唯一地翻译为一个字符序列。解码方法是依次取出编码序列中的各个二进制码,从哈夫曼树的根结点开始寻找一条到某一叶子结点的路径。如果取出的编码为 0,则沿左分支向下走;如果取出的编码为 1,则沿右分支向下走。当到达一个叶子结点时,就翻译出一个相应的字符,然后再回到哈夫曼树的根结点,依次取出剩余的编码,按照同样的方法翻译出其他字符。

【例 6.4】 假设用于通信的电文仅由 a、b、c、d、e、f 几个字符组成,字符在电文中出现的频度分别为 34、5、12、18、8、20,试为这些字符设计哈夫曼编码。

(1) 构造哈夫曼树。

① 根据 6 个字符的出现频度,构造 6 棵只有根结点的二叉树,如图 6-37 所示。

② 选出权值最小的两个根结点 b 和 e,将它们作为左、右子树,构造一棵新的二叉树,新二叉树的根结点权值为 b 和 e 的权值之和。删除 b 和 e,同时将新构造的二叉树加入森林中,结果如图 6-38 所示。

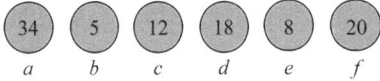

图 6-37　只有根结点的二叉树

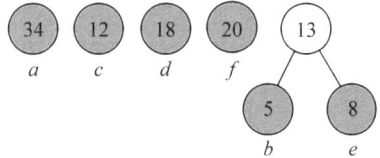

图 6-38　结点 b、e 构成二叉树

③ 重复第②步,直到森林中只剩下一棵二叉树,结果如图 6-39 所示。

(2) 给树中的每个分支赋值,左分支赋 0,右分支赋 1,如图 6-40 所示,从而得到各字符的哈夫曼编码如下。

a: 10　　　　b: 1110　　　　c: 110　　　　d: 00　　　　e: 1111　　　　f: 01

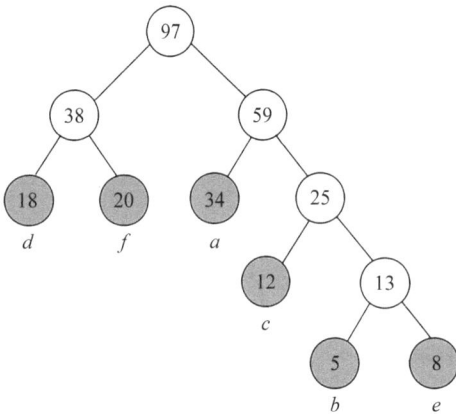

图 6-39　哈夫曼树

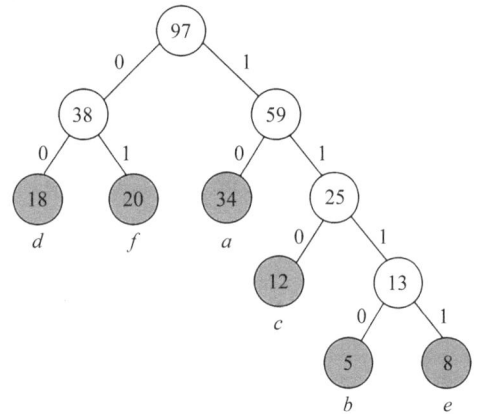

图 6-40　分支赋值

本 章 小 结

树和二叉树是一类具有层次关系的非线性结构,广泛应用于计算机领域。本章的主要内容如下。

(1) 二叉树是一种最常用的树形结构,其具有一些特殊性质,而满二叉树和完全二叉树是两种特殊形态的二叉树。

(2) 二叉树有两种存储表示:顺序存储和链式存储。顺序存储是把二叉树的所有结点按照层次顺序存储到连续的存储单元中,这种存储方式适用完全二叉树。一般的二叉树适合采用链式存储。根据结点结构的不同,二叉树的链式存储分为二叉链表和三叉链表。二叉链表中包括两个指针域,分别指向其左、右孩子,而三叉链表中增加了一个指向其双亲结点的指针域。

(3) 树的存储结构有三种:双亲表示法、孩子表示法、孩子兄弟表示法。孩子兄弟表示法是常用的表示方法,任意一棵树都能通过孩子兄弟表示法转换为二叉树进行存储。森林与二叉树之间也存在相应的转换方法,通过这些转换,可以利用二叉树的操作解决树和森林的有关问题。

(4) 二叉树的遍历算法是其他操作的基础,通过遍历可得到二叉树中结点访问的线性序列,实现非线性结构的线性化。根据访问结点的次序不同,有 4 种遍历方式:先序遍历、中序遍历、后序遍历和层次遍历。

(5) 在线索二叉树中,利用二叉链表中的 $n+1$ 个空指针域存放指向某种遍历次序下的前驱结点和后继结点的指针,这些附加的指针称为线索。引入线索二叉树的目的是加快查找前驱或后继的速度。

(6) 哈夫曼树是一类带权路径长度最短的树,在实际中有着广泛的应用。哈夫曼编码就是哈夫曼树在编码中的典型应用。首先以字符出现的频度为权值构造一棵哈夫曼树,然后对树中的所有左分支赋 0,右分支赋 1,则从根结点到叶子结点的路径上各分支的赋值构成的二进制串就是该叶子结点的哈夫曼编码。

习　题　6

1. 选择题

(1) 树最适合用来表示(　　　)。

  A. 有序元素　　　　　　　　　　　　B. 无序元素

  C. 元素之间具有分支层次关系的数据　　D. 元素之间无联系的数据

(2) 对一棵具有 n 个结点的树,树中所有结点的度之和为(　　　)。

  A. n　　　　　　　B. $n-2$　　　　　　C. $n-1$　　　　　　D. $n+1$

(3) 有关二叉树,下列说法正确的是(　　　)。

  A. 二叉树的度为 2　　　　　　　　　　B. 一个二叉树的度可以小于 2

  C. 二叉树中至少有一个结点的度为 2　　D. 二叉树中任何一个结点的度都为 2

(4) 按照二叉树的定义,具有 3 个结点的二叉树有(　　　)种形态。

  A. 3　　　　　　　　B. 4　　　　　　　　C. 5　　　　　　　　D. 6

(5) 假设一棵二叉树中,度为 2 的结点数为 15,度为 1 的结点数为 30,则叶子结点数为(　　　)。

  A. 15　　　　　　　B. 16　　　　　　　C. 17　　　　　　　D. 47

(6) 一棵高度为 4 的完全二叉树至少有(　　　)个结点。

  A. 15　　　　　　　B. 7　　　　　　　C. 8　　　　　　　D. 16

(7) 以下说法错误的是(　　　)。

  A. 完全二叉树中结点之间的父子关系可由它们编号之间的关系表达

  B. 对于完全二叉树,顺序存储是一种很经济的存储方式,但一般的二叉树采用顺序存储时可能会造成很大的空间浪费

C. 在三叉链表上,求结点的双亲运算很容易实现

D. 在二叉链表上,求双亲运算的时间性能很好

(8) 假设高度为 h 的二叉树上只有度为 0 和 2 的结点,则此二叉树中包含的结点数至少为(　　)。

　　A. $2h$　　　　　　B. $2h-1$　　　　　C. $2h+1$　　　　　D. $h+1$

(9) 如果在某二叉树的先序序列、中序序列和后序序列中,结点 a 都在结点 b 的前面(即形如…a…b…),则(　　)。

　　A. a 和 b 是兄弟　　　　　　　　　B. a 是 b 的双亲

　　C. a 是 b 的左孩子　　　　　　　　D. a 是 b 的右孩子

(10) 给定二叉树如图 6-41 所示。设 N 代表二叉树的根,L 代表根结点的左子树,R 代表根结点的右子树。若遍历后的结点序列为 3,1,7,5,6,2,4,则其遍历方式是(　　)。

　　A. LRN　　　　　　B. NRL　　　　　　C. RLN　　　　　　D. RNL

(11) 一棵二叉树的先序遍历序列和其后序遍历序列正好相反,则该二叉树一定是(　　)。

　　A. 空树或者只有一个结点　　　　　　B. 完全二叉树

　　C. 二叉排序树　　　　　　　　　　　D. 高度等于其结点数

(12) 引入线索二叉树的目的是(　　)。

　　A. 加快查找结点的前驱或后继的速度

　　B. 为了能在二叉树中方便地进行插入与删除操作

　　C. 为了能方便地找到双亲

　　D. 使二叉树的遍历结果唯一

(13) n 个结点的线索二叉树上含有的线索数为(　　)。

　　A. $2n$　　　　　　B. $n-1$　　　　　C. $n+1$　　　　　D. n

(14) 判断线索二叉树中的 p 结点有右孩子结点的条件是(　　)。

　　A. p!=NULL　　　　　　　　　　B. p->rchild!=NULL

　　C. p->rtag==0　　　　　　　　　D. p->rtag==1

(15) 如果图 6-42 所示的二叉树是由森林转换来的,那么原森林有(　　)个叶子结点。

　　A. 4　　　　　　　B. 6　　　　　　　C. 5　　　　　　　D. 7

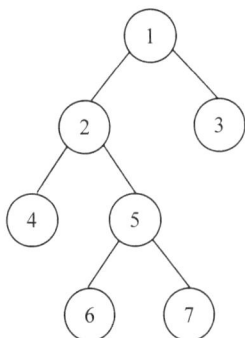

图 6-41　选择题第(10)题图　　　　图 6-42　选择题第(15)题图

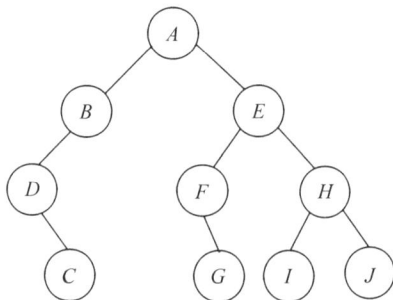

(16) 设森林 F 对应的二叉树为 B，它有 m 个结点，B 的根为 p，p 的右子树结点个数为 n，森林 F 中第一棵树的结点个数是（　　）。

  A. $m-n$ B. $m-n-1$

  C. $n+1$ D. 条件不足，无法确定

(17) 树的后序遍历序列等同于该树对应的二叉树的（　　）。

  A. 先序遍历序列   B. 中序遍历序列

  C. 后序遍历序列   D. 层次遍历序列

(18) 设有 13 个值，用它们组成一棵哈夫曼树，则哈夫曼树共有（　　）个结点。

  A. 13   B. 12   C. 26   D. 25

(19) 对 $n(n \geqslant 2)$ 个权值均不相同的字符构成的哈夫曼树，下列叙述中错误的是（　　）。

  A. 该树一定是一棵完全二叉树

  B. 树中一定没有度为 1 的结点

  C. 树中两个权值最小的结点一定是兄弟结点

  D. 树中任一非叶子结点的权值一定不小于下一层任一结点的权值

(20) 根据使用频率为 5 个字符设计的哈夫曼编码，不可能的是（　　）。

  A. 111,110,10,01,00   B. 000,001,010,011,1

  C. 100,11,10,1,0   D. 001,000,01,11,10

2. 综合应用题

(1) 已知一棵度为 m 的树中有 n_1 个度为 1 的结点，n_2 个度为 2 的结点，……，n_m 个度为 m 的结点，问该树中有多少个叶子结点？

(2) 一棵完全二叉树上有 1001 个结点，其中叶子结点有多少个？

(3) 已知一棵完全二叉树的第 6 层（根为第 1 层）有 8 个叶子结点，则该完全二叉树最多有多少个结点？

(4) 已知一棵二叉树如图 6-43 所示，写出按先序、中序和后序遍历二叉树得到的结点序列。

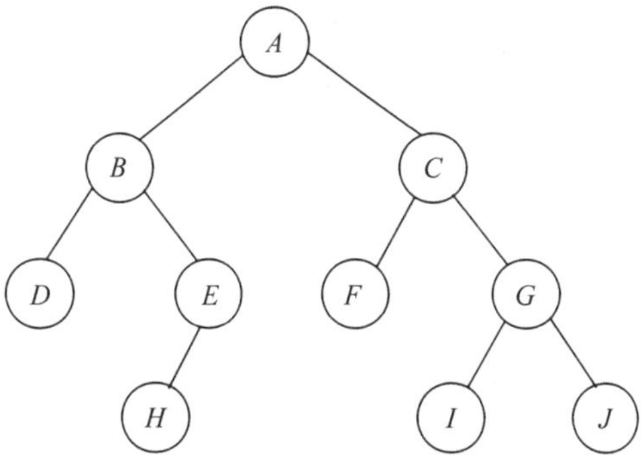

(5) 已知一棵二叉树的中序序列为 $BDCEAFHG$，后序序列为 $DECBHGFA$。

图 6-43　综合应用题第(4)题图

  ① 画出这棵二叉树。

  ② 画出这棵二叉树的中序线索二叉树。

  ③ 将这棵二叉树转换成对应的树（或森林）。

(6) 将图 6-44 所示的森林转换为二叉树。

(7) 对于权值 $w=\{14,15,7,4,20,3\}$，构造哈夫曼树，并计算其带权路径长度。

(8) 假设用于通信的电文由字符集 $\{a,b,c,d,e,f,g,h\}$ 中的字符构成，它们在电文中出现的频率分别为 $\{0.30,0.07,0.10,0.03,0.20,0.06,0.22,0.02\}$。

  ① 试为这些字符设计哈夫曼编码。

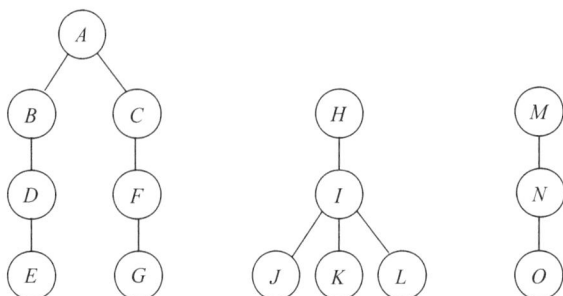

图 6-44   综合应用题第(6)题图

② 试设计另一种由二进制表示的等长编码方案。

③ 对于上述示例,比较两种方案的优缺点。

3. 算法设计题

(1) 编写算法,交换二叉树中所有结点的左、右子树。

(2) 以孩子兄弟表示法作存储结构,求树中结点 x 的第 i 个孩子。

(3) 假设二叉树采用二叉链表作为存储结构,设计一个算法,输出根结点到每个叶子结点的路径。

(4) 设计二叉树的双序遍历算法。双序遍历是指对于二叉树的每一个结点,先访问这个结点,再按双序遍历它的左子树,然后再次访问这个结点,最后按双序遍历它的右子树。

(5) 试编写一个将百分制成绩转换成五分制的算法,要求其时间性能尽可能高(即平均比较次数尽可能少)。学生成绩的分布情况见表 6-4。

表 6-4   学生成绩的分布情况

分数/分	0~59	60~69	70~79	80~89	90~100
比例/%	0.05	0.15	0.40	0.30	0.10

第7章 图

图状结构是一种比树形结构更复杂的非线性结构。在树形结构中,数据元素之间有明显的层次关系,每一层中的数据元素可能和下一层中的多个元素相关,但只能和上一层中的一个元素相关。而在图状结构中,数据元素之间的关系可以是任意的,图中任意两个数据元素之间都可能相关。图在化学、地理和电子工程等领域都有各种各样的应用。本章将讨论图的基本概念、存储结构和基本操作,并介绍几种图的应用。

7.1 图的基本概念

7.1.1 图的定义

在图中常常将数据元素称为顶点(vertex)。

图由顶点的有穷非空集合和顶点之间边的集合组成,记为 $G=(V,E)$,其中 G 表示一个图,V 是顶点的集合,E 是顶点之间边的集合。例如,图 7-1(a)所示的无向图中,顶点集合 $V=\{v_0,v_1,v_2,v_3,v_4\}$,边的集合 $E=\{(v_0,v_1),(v_0,v_3),(v_1,v_2),(v_1,v_4),(v_2,v_3),(v_2,v_4)\}$。

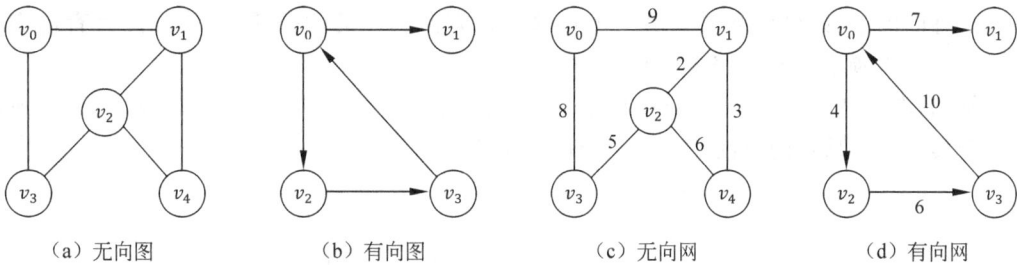

| (a) 无向图 | (b) 有向图 | (c) 无向网 | (d) 有向网 |

图 7-1 图的示例

在图中,若顶点 v_i 和 v_j 之间的边没有方向,则称这条边为无向边,用无序偶对 (v_i,v_j) 表示;若从顶点 v_i 到 v_j 的边有方向,则称这条边为有向边(也称为弧,以区别于无向边),用有序偶对 $<v_i,v_j>$ 表示,v_i 称为弧尾,v_j 称为弧头。如果图的任意两个顶点之间的边都是无向边,则称该图为**无向图**,否则称为**有向图**。例如,图 7-1(a)所示是一个无向图,图 7-1(b)所示是一个有向图。

在实际应用中,每条边可以标上具有某种含义的数值,该数值称为该边上的权。例如,对于城市交通线路图,边上的权表示该条线路的长度或等级。对于工程进度图,边上的权表示活动所需的时间。边上带权的图通常称为网。例如,图 7-1(c)所示是一个无向网,图 7-1(d)所示是一个有向网。

7.1.2　基本术语

（1）**邻接点**：在无向图中，对于任意两个顶点 v_i 和 v_j，若存在边 (v_i,v_j)，则称顶点 v_i 和 v_j 互为**邻接点**，同时称边 (v_i,v_j) 依附于顶点 v_i 和 v_j，或者说，边 (v_i,v_j) 与顶点 v_i 和 v_j 相关联。

在有向图中，对于任意两个顶点 v_i 和 v_j，若存在弧 $<v_i,v_j>$，则称顶点 v_i 邻接到 v_j，顶点 v_j 邻接自 v_i，同时称弧 $<v_i,v_j>$ 依附于顶点 v_i 和 v_j。在不致混淆的情况下，通常称 v_j 是 v_i 的邻接点。

（2）**顶点的度、入度和出度**：在无向图中，顶点 v 的**度**是指与 v 相关联的边的数目，记为 TD(v)。例如，图 7-1(a) 中顶点 v_1 的度为 3。

对于有向图，顶点的度分为入度和出度。**入度**是指以顶点 v 为头的弧的数目，记为 ID(v)；**出度**是指以顶点 v 为尾的弧的数目，记为 OD(v)。顶点 v 的度 TD$(v)=$ ID$(v)+$ OD(v)。例如，图 7-1(b) 中顶点 v_0 的入度为 1，出度为 2，度为 3。

如果顶点 v_i 的度记为 TD(v_i)，那么一个有 n 个顶点、e 条边的图，满足如下关系：

$$\sum_{i=1}^{n} TD\,(v_i)=2e$$

也就是说，一个图中所有顶点的度之和等于边数的两倍，因为图中的每条边分别作为两个邻接点的度各计一次。

（3）**无向完全图和有向完全图**：在无向图中，如果任意两个顶点之间都存在边，则称该图为**无向完全图**。含有 n 个顶点的无向完全图有 $n\times(n-1)/2$ 条边。

在有向图中，如果任意两个顶点之间都存在方向相反的两条弧，则称该图为**有向完全图**。含有 n 个顶点的有向完全图有 $n\times(n-1)$ 条弧。

例如，图 7-2(a) 所示是一个具有 4 个顶点的无向完全图，共有 6 条边。图 7-2(b) 所示是一个具有 4 个顶点的有向完全图，共有 12 条弧。

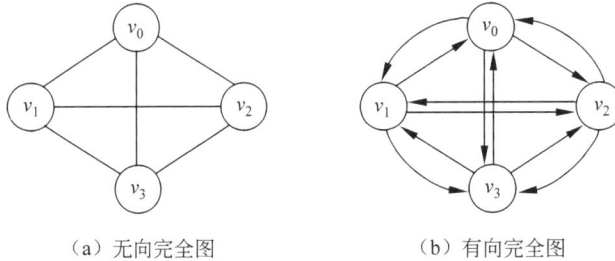

（a）无向完全图　　　　　　　（b）有向完全图

图 7-2　完全图示例

（4）**稠密图和稀疏图**：当一个图接近完全图时，称为**稠密图**。相反，当一个图含有很少条边或弧（如 $e<n\,\log_2 n$）时，则称为**稀疏图**。

（5）**子图**：假设有两个图 $G=(V,E)$ 和 $G'=(V',E')$，如果 $V'\subseteq V$ 且 $E'\subseteq E$，则称 G' 为 G 的**子图**。例如，图 7-3(b) 所示为图 7-3(a) 中无向图 G_1 的子图。

（6）**路径和路径长度**：在无向图 $G=(V,E)$ 中，顶点 v_i 和 v_j 之间的**路径**是一个顶点序列 $(v_i,v_{p0},v_{p1},v_{p2},\cdots,v_{pn},v_j)$，其中 $(v_i,v_{p0}),(v_{p0},v_{p1}),(v_{p1},v_{p2}),\cdots,(v_{pn},v_j)\in E$；如

果 G 是有向图,则路径也是有向的,顶点序列 $<v_i,v_{p0}>$,$<v_{p0},v_{p1}>$,$<v_{p1},v_{p2}>$,…,$<v_{pn},v_j>\in E$。**路径长度**是一条路径上经过的边或弧的数目。

（a）无向图 G_1 （b）G_1 的子图

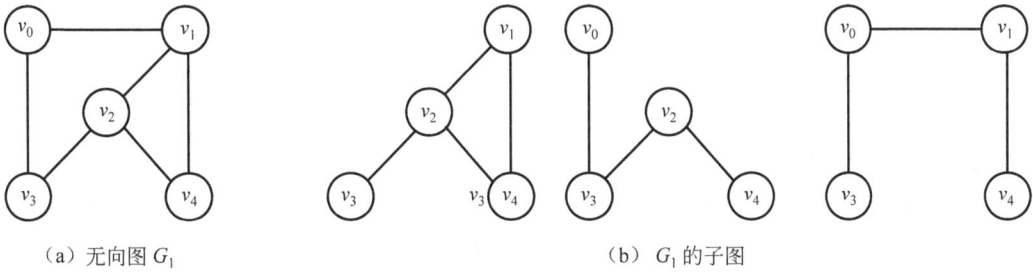

图 7-3 子图的示例

（7）**回路**：第一个顶点和最后一个顶点相同的路径称为**回路**或**环**。

（8）**简单路径和简单回路**：序列中顶点不重复出现的路径称为**简单路径**。除第一个顶点和最后一个顶点外,其余顶点不重复出现的回路称为**简单回路**或**简单环**。

例如,图 7-2(b)中,(v_3,v_1,v_0,v_2,v_1) 是一条从 v_3 到 v_1 的路径,长度为 4;(v_0,v_3,v_2,v_1) 是一条从 v_0 到 v_1 的简单路径,长度为 3;(v_1,v_3,v_2,v_1) 是一条简单回路。

（9）**连通、连通图和连通分量**：在无向图 G 中,如果顶点 v_i 到顶点 v_j 有路径,则称 v_i 和 v_j 是**连通**的。如果对于图中任意两个顶点 $v_i,v_j\in V$,v_i 和 v_j 都是连通的,则称 G 是**连通图**。例如,图 7-3(a)所示的无向图 G_1 是连通图。无向图 G 中的极大连通子图称为 G 的连通分量。显然,连通图的连通分量只有一个(即自身),而非连通图有多个连通分量。图 7-4(a)所示的非连通图 G_2 有两个连通分量,如图 7-4(b)所示。

（10）**强连通图和强连通分量**：在有向图 G 中,如果对于每一对顶点 $v_i,v_j\in V$,$v_i\neq v_j$,从 v_i 到 v_j 都存在路径,则称 G 是**强连通图**。有向图 G 中的极大强连通子图称为 G 的强连通分量。显然,强连通图只有一个强连通分量(即自身),而非强连通图有多个强连通分量。例如,图 7-1(b)所示的有向图不是强连通图,它有两个强连通分量,如图 7-5 所示。

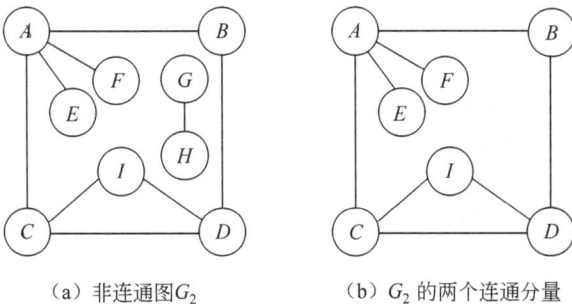

（a）非连通图 G_2 （b）G_2 的两个连通分量

图 7-4 非连通图及其连通分量   图 7-5 强连通分量

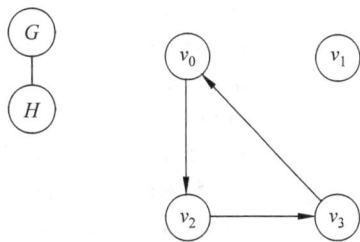

（11）连通图的生成树：连通图的**生成树**是包含图中全部顶点的一个极小(即边数最少)连通子图。在生成树中添加任意一条属于原图中的边必定会产生回路,因为新添加的边使其依附的两个顶点之间有了第二条路径;在生成树中减少任意一条边,必然成为非连通图,因此,一棵具有 n 个顶点的生成树有且仅有 $n-1$ 条边。图 7-6 给出了连通图的生成树

示例,显然,生成树可能不唯一。

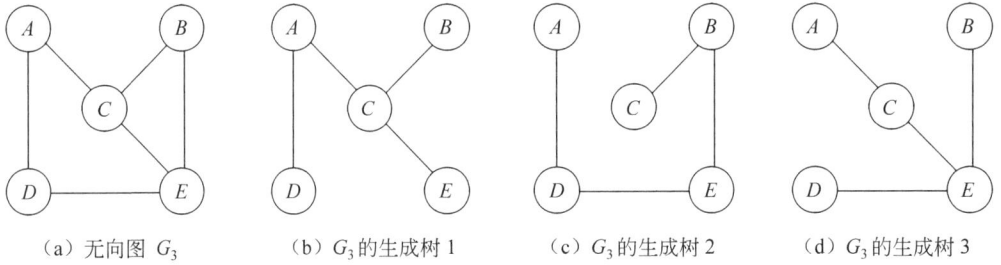

（a）无向图 G_3 （b）G_3 的生成树 1   （c）G_3 的生成树 2   （d）G_3 的生成树 3

图 7-6　生成树示例

7.1.3　图的抽象类型定义

图的应用比较广泛,在不同的实际应用中,基本操作不尽相同。下面给出一个图的抽象数据类型定义:

```
ADT Graph
{
    数据对象: 具有相同特性的数据元素的集合,称为顶点集 V。
    数据关系:
        R={<v,w>} | v,w∈V, <v,w>表示从 v 到 w 的弧
    基本操作:
        CreateGraph(V, VR)
        初始条件: V 是图的顶点集,VR 是图中弧的集合。
        操作结果: 按照 V 和 VR 的定义构造空图。

        DestroyGraph()
        初始条件: 图已存在。
        操作结果: 销毁图。

        GetVex(G, v)
        初始条件: 图已存在,v 是 G 中的某个顶点。
        操作结果: 返回 v 的值。

        SetVex(G, v, value)
        初始条件: 图已存在,v 是 G 中的某个顶点。
        操作结果: 将顶点 v 的元素值设置为 value。

        FirstAdjVex(G, v)
        初始条件: 图已存在,v 是 G 中的某个顶点。
        操作结果: 返回 v 的第一个邻接点。

        NextAdjVex(G, v₁, v₂)
        初始条件: 图已存在,v₁ 是 G 中的某个顶点,v₂ 是 v₁ 的邻接点。
        操作结果: 返回 v₁ 相对于 v₂ 的下一个邻接点。

        InsertVex(G, v)
        初始条件: 图已存在,v 和图中的顶点有相同的特性。
        操作结果: 在图中添加新顶点 v。

        DeleteVex(G, v)
        初始条件: 图已存在,v 是 G 中的某个顶点。
```

操作结果：删除顶点 v 及其相关的弧。

`InsertArc(G, v₁, v₂)`

初始条件：图已存在，v_1 和 v_2 是图中的两个顶点。

操作结果：在图中添加弧$<v_1,v_2>$，若是无向图，还需添加对称弧$<v_2,v_1>$。

`DeleteArc(G, v₁, v₂)`

初始条件：图已存在，v_1 和 v_2 是图中的两个顶点。

操作结果：在图中删除弧$<v_1,v_2>$，若是无向图，还需删除对称弧$<v_2,v_1>$。

`DFSTraverse()`

初始条件：图已存在。

操作结果：对图进行深度优先遍历。

`BFSTraverse()`

初始条件：图已存在。

操作结果：对图进行广度优先遍历。

}

7.2 图的存储结构

由于图的结构比较复杂，任意两个顶点之间都可能存在联系，因此无法以数据元素在内存中的物理位置表示元素之间的关系，也就是说，图没有顺序存储结构，但可以借助二维数组表示元素之间的关系。从图的定义可知，一个图的信息包括两部分：图中顶点的信息以及描述顶点之间的关系（边的信息）。无论采用什么方法存储图，都要完整、准确地表示这两方面的信息。在实际应用中，图的存储结构应该根据具体问题的需求设计。下面介绍 4 种常用的存储结构：邻接矩阵、邻接表、十字链表和邻接多重表。

7.2.1 邻接矩阵

1. 邻接矩阵的存储结构

图的邻接矩阵（Adjacency Matrix）存储方式用两个数组表示图：一个一维数组存储图中的顶点信息；一个二维数组存储图中的边或弧的信息（即各顶点之间的邻接关系）。存储顶点之间邻接关系的二维数组称为邻接矩阵。

设 $G=(V,E)$ 是具有 n 个顶点的图，则 G 的邻接矩阵是一个 n 阶方阵，其定义如下：

$$A[i][j] = \begin{cases} 1 & (v_i,v_j) \in E \text{ 或 } <v_i,v_j> \in E \\ 0 & \text{其他} \end{cases}$$

若 G 是网，则邻接矩阵定义为

$$A[i][j] = \begin{cases} w_{ij} & (v_i,v_j) \in E \text{ 或 } <v_i,v_j> \in E \\ 0 & i=j \\ \infty & \text{其他} \end{cases}$$

其中 w_{ij} 表示边 (v_i,v_j) 或弧 $<v_i,v_j>$ 上的权值，∞ 表示一个计算机允许的、大于所有边上权值的数。

图 7-7 所示为图的邻接矩阵存储示意图。图 7-8 所示为网的邻接矩阵存储示意图。

邻接矩阵具有如下特点：

（1）图的邻接矩阵表示是唯一的。

邻接矩阵

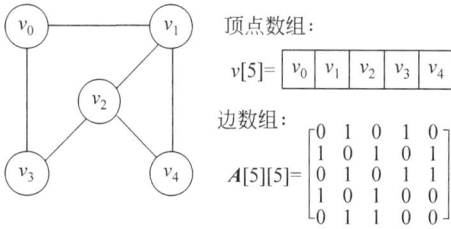

（a）无向图及其邻接矩阵存储示意图　　　　　（b）有向图及其邻接矩阵存储示意图

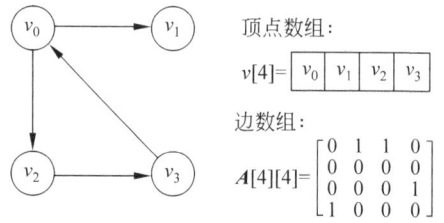

图 7-7　图的邻接矩阵存储示意图

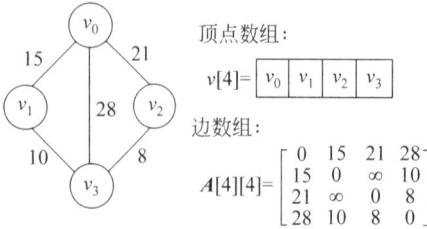

（a）无向网及其邻接矩阵存储示意图　　　　　（b）有向网及其邻接矩阵存储示意图

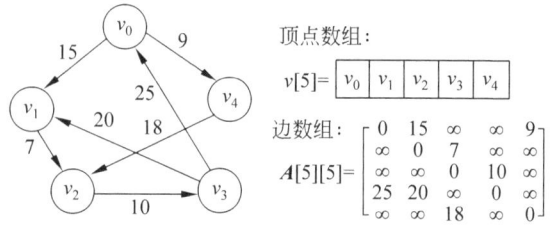

图 7-8　网的邻接矩阵存储示意图

（2）对于含有 n 个顶点的图,当采用邻接矩阵存储时,无论是有向图,还是无向图,也无论边的数目是多少,其存储空间都为 $O(n^2)$,因此,邻接矩阵适合存储边的数目较多的稠密图。

（3）无向图的邻接矩阵一定是对称矩阵,因此,对于规模较大的邻接矩阵,可以采用压缩存储的方法,仅存储上三角(或下三角)的元素,这样只需要 $n(n-1)/2$ 个单元即可。

（4）对于无向图,顶点 v_i 的度等于邻接矩阵中第 i 行(或第 i 列)非零元素的个数。对于有向图,顶点 v_i 的出度等于邻接矩阵中第 i 行非零元素的个数,顶点 v_i 的入度等于邻接矩阵中第 i 列非零元素的个数。

（5）根据 $A[i][j]$ 的值即可判断顶点 v_i 和顶点 v_j 之间是否有边,若其值为 1,则有边;否则,顶点 v_i 和顶点 v_j 之间不存在边。

2. 邻接矩阵的实现

将图的抽象数据类型定义在邻接矩阵存储结构下用 C++ 语言的类模板实现。下面给出无向图的邻接矩阵的类模板定义,其中成员变量实现图的邻接矩阵存储,成员函数实现图的基本操作。

```
template <typename T>
class AMUndirGraph
{
private:
    int vertexNum, edgeNum;                    //顶点数和边数
    int * * matrix;                            //邻接矩阵
    T * vexs;                                  //顶点数组
    bool * visited;                            //存储访问标志的数组
public:
```

```
    AMUndirGraph(T vs[], int n);                    //构造函数
    ~AMUndirGraph();                                //析构函数
    void DFSTraverse(void (*visit)(T));             //深度优先遍历
    void BFSTraverse(void (*visit)(T));             //广度优先遍历
    bool GetElem(int i, T &e);                      //返回顶点元素的值
    bool SetElem(int i, T e);                       //设置顶点元素的值
    int GetVexNum();                                //返回顶点个数
    int GetEdgeNum();                               //返回边数
    int FirstAdjVex(int i);                         //返回顶点 v_i 的第一个邻接点
    int NextAdjVex(int i, int j);           //返回顶点 v_i 相对于 v_j 的下一个邻接点
    void InsertEdge(int i, int j);                  //插入顶点为 v_i 和 v_j 的边
    void DeleteEdge(int i, int j);                  //删除顶点为 v_i 和 v_j 的边
    void Display();                                 //显示图的邻接矩阵
};
```

下面讨论基本操作的算法及实现。

1) 构造函数

该函数用于建立一个包含 n 个顶点的无向图,顶点信息由数组 vs 给出。

【算法实现】

```
template <typename T>
AMUndirGraph<T>::AMUndirGraph(T vs[], int n)
{
    vertexNum=n;
    edgeNum=0;
    vexs=new T[vertexNum];                          //生成顶点数据数组
    for (int i=0; i<vertexNum; i++)
        vexs[i]=vs[i];
    visited=new bool[vertexNum];                    //生成标志数组
    for (i=0; i<vertexNum; i++)
        visited[i]=false;                           //将所有顶点的标置初始化为 false
    matrix=(int **)new int *[vertexNum];            //生成邻接矩阵
    for (i=0; i<vertexNum; i++)
        matrix[i]=new int[vertexNum];
    for (i=0; i<vertexNum; i++)
        for (int j=0; j<vertexNum; j++)             //为邻接矩阵所有元素赋初值 0
            matrix[i][j]=0;
}
```

2) 析构函数

存储顶点信息的一维数组 vexs、存储访问标志的一维数组 visited 以及存储邻接矩阵的二维数组 matrix 都是在程序运行过程中动态申请的,在图的实例退出作用域前,需要释放它们占用的存储空间。

【算法实现】

```
template <typename T>
```

```
AMUndirGraph<T>::~AMUndirGraph()
{
    delete []vexs;                              //释放顶点数组
    delete []visited;                           //释放标志数组
    for (int i=0; i<vertexNum; i++)             //释放邻接矩阵的行
        delete []matrix[i];
    delete []matrix;
}
```

3）读取元素的值

读取元素的值是根据指定的顶点序号,获取顶点元素的值。

【算法实现】

```
template <typename T>
bool AMUndirGraph<T>::GetElem(int i, T &e)
{
    if (i<0 || i>=vertexNum)
        return false;
    e=vexs[i];                                  //将元素值赋给 e
    return true;
}
```

4）设置元素的值

设置元素的值是为指定的顶点元素赋值。

【算法实现】

```
template <typename T>
bool AMUndirGraph<T>::SetElem(int i, T e)
{
    if (i<0 || i>=vertexNum)
        return false;
    vexs[i]=e;                                  //为元素赋值
    return true;
}
```

5）求图中的顶点个数

在图的类模板定义中用成员变量 vertexNum 存储顶点的个数,因此,该函数只需返回变量 vertexNum 的值。

【算法实现】

```
template <typename T>
int AMUndirGraph<T>::GetVexNum()
{
    return vertexNum;
}
```

6）求图中的边数

在图的类模板定义中用成员变量 edgeNum 存储边数,因此,该函数只需返回变量

edgeNum 的值。

【算法实现】

```
template <typename T>
int AMUndirGraph<T>::GetEdgeNum()
{
    return edgeNum;
}
```

7）返回顶点的第一个邻接点

若顶点 v_j 为顶点 v_i 的邻接点，则邻接矩阵中第 i 行第 j 列的元素值为 1。从第 i 行的第一个元素起进行遍历，若 $matrix[i][j]=1$，则顶点 v_j 为顶点 v_i 的第一个邻接点。函数返回第一个邻接点的编号 j，若顶点 v_i 没有邻接点，则返回 -1。

【算法实现】

```
template <typename T>
int AMUndirGraph<T>::FirstAdjVex(int i)
{
    if (i<0 || i>=vertexNum)
        throw "参数不合法!";
    for (int j=0; j<vertexNum; j++)              //查找邻接点
        if (matrix[i][j]==1)
            return j;
    return -1;
}
```

8）返回顶点相对于某顶点的下一个邻接点

查找顶点 v_i 相对于顶点 v_j 的下一个邻接点，需要从第 i 行的第 $j+1$ 个元素开始进行遍历，若 $matrix[i][k]=1$，则顶点 v_k 为顶点 v_i 相对于顶点 v_j 的下一个邻接点。

【算法实现】

```
template <typename T>
int AMUndirGraph<T>::NextAdjVex(int i, int j)
{
    if (i<0 || i>=vertexNum || j<0 || j>=vertexNum)
        throw "参数不合法!";
    if (i==j)
        throw "i 不能等于 j!";
    for (int k=j+1; k<vertexNum; k++)
        if (matrix[i][k]==1)
            return k;
    return -1;
}
```

9）插入边

向无向图中插入边 (v_i, v_j)，需要将邻接矩阵中第 i 行第 j 列和第 j 行第 i 列的元素值均置为 1,并将边数 edgeNum 增 1。

【算法实现】

```
template <typename T>
void AMUndirGraph<T>::InsertEdge(int i, int j)
{
    if (i<0 || i>=vertexNum || j<0 || j>=vertexNum)
        throw "参数不合法!";
    if (i==j)
        throw "i 不能等于 j!";
    if (matrix[i][j]==0 && matrix[j][i]==0)
    {
        edgeNum++;                           //边数增 1
        matrix[i][j]=1;                      //修改对应的邻接矩阵元素值
        matrix[j][i]=1;
    }
}
```

10）删除边

若删除无向图中的边(v_i,v_j),需要将邻接矩阵中第 i 行第 j 列和第 j 行第 i 列的元素值均置为 0,并将边数 edgeNum 减 1。

【算法实现】

```
template <typename T>
void AMUndirGraph<T>::DeleteEdge(int i, int j)
{
    if (i<0 || i>=vertexNum || j<0 || j>=vertexNum)
        throw "参数不合法!";
    if (i==j)
        throw "i 不能等于 j!";
    if (matrix[i][j]==1 && matrix[j][i]==1)
    {
        edgeNum--;                           //边数减 1
        matrix[i][j]=0;                      //修改对应的邻接矩阵元素值
        matrix[j][i]=0;
    }
}
```

11）显示图的邻接矩阵

图的邻接矩阵存储在二维数组 matrix 中,显示时从第一行开始进行遍历并输出每个元素的值,然后换行再依次遍历输出第二行各个元素的值,以此类推,直到最后一行的元素输出完毕。

【算法实现】

```
template <typename T>
void AMUndirGraph<T>::Display()
```

```
{
    for (int i=0; i<vertexNum; i++)
    {
        cout<<vexs[i];                              //输出顶点元素
        for (int j=0; j<vertexNum; j++)             //输出邻接矩阵的第 i 行
            cout<<"\t"<<matrix[i][j];
        cout<<endl;
    }
}
```

3. 邻接矩阵的使用

在定义了图的邻接矩阵类模板 AMUndirGraph 并实现了基本操作后,程序中就可以使用它定义图的对象,通过调用实现基本操作的函数完成相应功能。

```
#include <iostream>
#include "amundirgraph.h"
using namespace std;
int main()
{
    try                                          //用 try 封装可能出现异常的代码
    {
        int n, e , i, j;                         //n 为顶点数,e 为边数,i、j 为顶点编号
        char v;                                  //顶点元素
        cout<<"请输入顶点个数和边数: ";
        cin>>n>>e;
        char * vs=new char[n];
        cout<<"请输入顶点元素: ";
        cin>>vs;
        AMUndirGraph<char>g(vs, n);              //建立一个含有 n 个顶点 0 条边的无向图
        for (int k=0; k<e; k++)                  //向图中添加边
        {
            cout<<"请输入边依附的顶点编号: ";
            cin>>i>>j;
            g.InsertEdge(i, j);
        }
        cout<<"无向图:" <<endl;
        g.Display();
        system("PAUSE");
        cout<<"========删除边========\n 请输入顶点编号: ";
        cin>>i>>j;
        g.DeleteEdge(i, j);
        cout<<"删除后的无向图: "<<endl;
        g.Display();
        system("PAUSE");
        cout<<"======显示邻接点======\n 请输入顶点编号: ";
        cin>>i;
        g.GetElem(i, v);                         //取出顶点元素值
        j=g.FirstAdjVex(i);
```

```
    if (j==-1)
        cout <<"顶点"<<v<<"无邻接点!";
    else
    {
        cout <<"顶点"<<v<<"的邻接点为:";
        do                                    //输出顶点的邻接点
        {
            g.GetElem(j, v);
            cout<<v<<" ";
            j=g.NextAdjVex(i, j);
        } while (j!=-1);
    }
    cout<<endl;
}
catch (char * error)                          //捕捉并处理异常
{
    cout<<error<<endl;                         //显示异常信息
}
return 0;
}
```

7.2.2 邻接表

1. 邻接表的存储结构

邻接表(Adjacency List)是图的另一种常用存储结构。在邻接表中,对每个顶点都建立一个单链表,顶点 v_i 的单链表由图中与顶点 v_i 相关联的边构成(对于有向图,v_i 是起点),由于已知一个顶点为 v_i,为表示边,再存储另一个顶点——邻接点——即可。各边在链表中的顺序是任意的,视边的输入次序而定,画图时通常按邻接点的编号大小排序。

邻接表是图的一种链式存储结构。在邻接矩阵中,当边数较少时,将耗费大量的存储空间存储 0 元素。邻接表本质上就是将邻接矩阵中的行用链表存储,而且只存储非零元素。若图中有 n 个顶点,则有 n 个单链表。而这 n 个单链表的头指针又组成一个线性表,为了便于进行存取操作,可以采用顺序存储,并同时存储顶点的数据信息。因此,邻接表中有两种结点结构:一种是顶点结点,其个数为图中顶点的个数;另一种是边结点,即单链表中的结点。对于无向图,边结点的个数等于边数的两倍;对于有向图,其个数等于边数。顶点结点的结构如图 7-9(a)所示,其中 data 为数据域,存储顶点的元素值,arcLink 为指针域,指向由顶点相关联的的边组成的链表。边结点的结构如图 7-9(b)所示,其中数据域 data 用于存储邻接点在顶点表中的下标,链域 next 指向下一个邻接点。对于网,边结点还需要增设

data	arcLink

data	next

（a）顶点结点   （b）边结点

图 7-9 邻接表的结点结构

weight 域存储边上的信息(如权值)。

顶点结点的定义如下：

```
template <typename T>
struct VexNode
{
    T data;
    LinkList<int> * arcLink;
};
```

图 7-10 给出了无向图的邻接表存储示意图。图 7-11 给出了有向网的邻接表存储示意图。

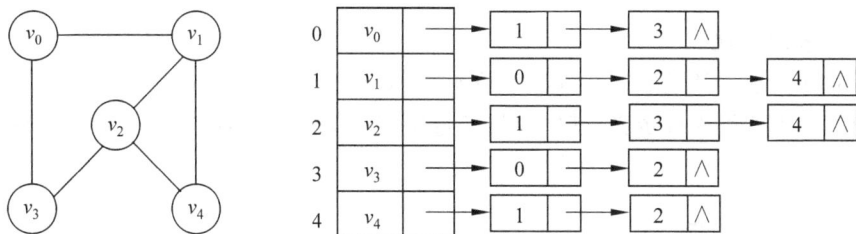

图 7-10　无向图的邻接表存储示意图

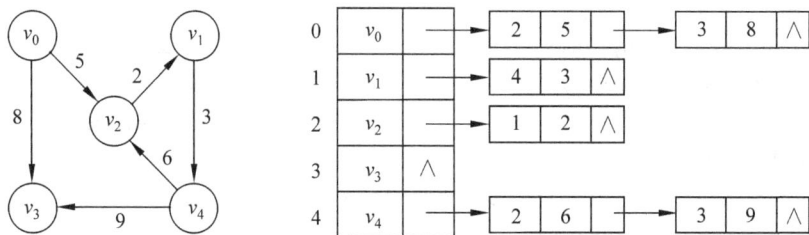

图 7-11　有向网的邻接表存储示意图

由于在有向图的邻接表中只存放了以一个顶点为起点的边,所以不易找到指向该顶点的边,为此可以建立一个有向图的逆邻接表,即对每个顶点 v_i 建立一个链接所有进入 v_i 的边的表。例如,图 7-12 所示为有向图的逆邻接表存储示意图。

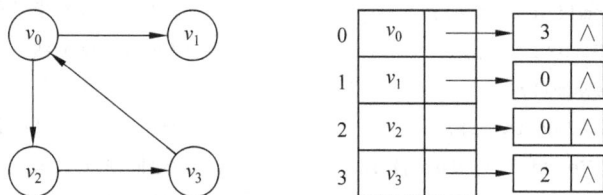

图 7-12　有向图的逆邻接表存储示意图

邻接表具有如下特点：

(1) 邻接表的表示不唯一,这是因为在每个顶点对应的单链表中,各边结点的链接次序是任意的,取决于建立邻接表的算法以及边的输入次序。

(2) 对于一个有 n 个顶点和 e 条边的图 G,若 G 是无向图,则其邻接表有 n 个头结点和 $2e$ 个边结点;若 G 是有向图,则其邻接表有 n 个头结点和 e 个边结点。因此,邻接表表示的空间复杂度为 $O(n+e)$,适合表示稀疏图。对于稠密图,考虑到邻接表中要附加链域,因此常采用邻接矩阵表示法。

(3) 对于无向图,邻接表中第 i 个链表中的结点个数是顶点 v_i 的度。在有向图的邻接表中,第 i 个链表中的结点个数是顶点 v_i 的出度,但求顶点 v_i 的入度比较困难,需要遍历各个顶点的链表。若有向图采用逆邻接表表示,则与邻接表相反,求顶点的入度容易,而求顶点的出度较难。

(4) 判断从顶点 v_i 到顶点 v_j 是否存在边,需要扫描第 i 个链表,最坏情况下时间复杂度为 $O(n)$。

2. 邻接表的实现

将图的抽象数据类型定义在邻接表存储结构下用 C++ 语言的类模板实现。下面给出有向图的邻接表的类模板定义,其中成员变量实现图的邻接表存储,成员函数实现图的基本操作。

```cpp
template <typename T>
class ALDirGraph
{
private:
    int vertexNum, edgeNum;                  //顶点数和边数
    VexNode<T> * vexTable;                    //顶点数组
    bool * visited;                          //存储访问标志的数组
    //辅助函数模板
    int IndexHelp(LinkList<int> * la, int i);  //定位顶点 v_i 在边链表中的位置
public:
    ALDirGraph(T vs[], int n);               //构造函数
    ~ALDirGraph();                           //析构函数
    void DFSTraverse(void ( * visit)(T));    //深度优先遍历
    void BFSTraverse(void ( * visit)(T));    //广度优先遍历
    bool GetElem(int i, T &e);               //返回顶点元素的值
    bool SetElem(int i, T e);                //设置顶点元素的值
    int GetVexNum();                         //返回顶点个数
    int GetEdgeNum();                        //返回边数
    int FirstAdjVex(int i);                  //返回顶点 v_i 的第一个邻接点
    int NextAdjVex(int i, int j) ;           //返回顶点 v_i 相对于 v_j 的下一个邻接点
    void InsertEdge(int i, int j);           //插入顶点为 v_i 和 v_j 的边
    void DeleteEdge(int i, int j);           //删除顶点为 v_i 和 v_j 的边
    void Display();                          //显示图的邻接表
};
```

下面讨论基本操作的算法及实现。

1）构造函数

该函数用于建立一个包含 n 个顶点的有向图，顶点信息由数组 vs 给出。

【算法实现】

```cpp
template <typename T>
ALDirGraph<T>::ALDirGraph(T vs[], int n)
{
    if (n<0)
        throw "顶点个数不能为负!";
    vertexNum=n;
    edgeNum=0;
    visited=new bool[n];                    //生成标志数组
    for (int i=0; i<n; i++)                 //将所有顶点的标志初始化为 false
        visited[i]=false;
    vexTable=new VexNode<T>[n];
    for (i=0; i<n; i++)                     //初始化顶点数据
        vexTable[i].data=vs[i];
}
```

2）析构函数

在图的实例退出作用域前，释放它们占用的存储空间。

【算法实现】

```cpp
template <typename T>
ALDirGraph<T>::～ALDirGraph()
{
    delete []visited;                       //释放标志数组
    for (int i=0; i<vertexNum; i++)         //释放边链表
        if (vexTable[i].adjLink!=NULL)
            delete vexTable[i].adjLink;
    delete []vexTable;                      //释放邻接表
}
```

3）读取元素的值

读取元素的值是根据指定的顶点序号，获取顶点元素的值。

【算法实现】

```cpp
template <typename T>
bool ALDirGraph<T>::GetElem(int i, T &e)
{
    if (i<0 || i>=vertexNum)
        return false;
    else
    {
        e=vexTable[i].data;                 //将元素值赋给 e
```

```
        return true;
    }
}
```

4）设置元素的值

设置元素的值是为指定的顶点元素赋值。

【算法实现】

```
template <typename T>
bool ALDirGraph<T>::SetElem(int i, T e)
{
    if (i<0 || i>=vertexNum)
        return false;
    else
    {
        vexTable[i].data=e;
        return true;
    }
}
```

5）求图中的顶点个数

在图的类模板定义中用成员变量 vertexNum 存储顶点的个数，因此，该函数只需返回变量 vertexNum 的值。

【算法实现】

```
template <typename T>
int AMUndirGraph<T>::GetVexNum()
{
    return vertexNum;
}
```

6）求图中的边数

在图的类模板定义中用成员变量 edgeNum 存储边数，因此，该函数只需返回变量 edgeNum 的值。

【算法实现】

```
template <typename T>
int ALDirGraph<T>::GetEdgeNum()
{
    return edgeNum;
}
```

7）返回顶点的第一个邻接点

若顶点 v_i 的边链表为空，则该顶点没有邻接点；否则链表的第一个结点中存储的就是顶点 v_i 的第一个邻接点的编号。

【算法实现】

```
template <typename T>
int ALDirGraph<T>::FirstAdjVex(int i)
{
    if (i<0 || i>=vertexNum)
        throw "参数不合法!";
    if (vexTable[i].adjLink==NULL)                //链表为空,无邻接点
        return -1;
    else
    {
        int adjVex;
        vexTable[i].adjLink->GetElem(1, adjVex);
        return adjVex;
    }
}
```

8）返回顶点相对于某顶点的下一个邻接点

查找顶点 v_i 相对于顶点 v_j 的下一个邻接点,需要从顶点 v_i 的边链表中查找元素值为 j 的结点的位置,如果位置的值小于链表的长度,则其后继结点的元素值为顶点 v_i 相对于顶点 v_j 的下一个邻接点的编号,否则不存在下一个邻接点。

【算法实现】

```
template <typename T>
int ALDirGraph<T>::NextAdjVex(int i, int j)
{
    if (i<0 || i>=vertexNum || j<0 || j>=vertexNum)
        throw "参数不合法!";
    if (i==j)
        throw "i 不能等于 j!";
    if (vexTable[i].adjLink==NULL)
        return -1;
    int pos=IndexHelp(vexTable[i].adjLink, j);    //取出 j 在链表中的位置
    if (pos<vexTable[i].adjLink->Length())        //存在下一个邻接点
    {
        int adjVex;
        vexTable[i].adjLink->GetElem(pos+1, adjVex);   //取出后继结点的元素值
        return adjVex;
    }
    else                                          //不存在下一个邻接点
        return -1;
}
//IndexHelp()为辅助函数,用于返回顶点 v 在链表中的位置
template <typename T>
int ALDirGraph<T>::IndexHelp(LinkList<int> * la, int v)
```

```
{
    int pos, adjVex;
    for (pos=1; pos<=la->Length(); pos++)        //从链表中的第一个结点开始查找
    {
        la->GetElem(pos, adjVex);                //读取顶点编号信息
        if (adjVex==v)                           //定位成功
            break;
    }
    return pos;                                   //pos=la.Length()+1时表示定位失败
}
```

9）插入边

向有向图中插入边$<v_i,v_j>$，需要判断顶点 v_i 的边链表是否为空，若为空，则先建立一个单链表，然后再向链表中插入元素值为 j 的结点，并将边数 edgeNum 增 1。

【算法实现】

```
template <typename T>
void ALDirGraph<T>::InsertEdge(int i, int j)
{
    if (i<0 || i>=vertexNum || j<0 || j>=vertexNum)
        throw "参数不合法!";
    if (i==j)
        throw "i 不能等于 j!";
    if (vexTable[i].adjLink==NULL)               //若链表为空,则新建一个单链表
        vexTable[i].adjLink=new LinkList<int>;
    int pos=IndexHelp(vexTable[i].adjLink, j);   //取出 j 在链表中的位置
    if (pos>vexTable[i].adjLink->Length())        //不存在边<$v_i,v_j$>
    {
        vexTable[i].adjLink->Insert(pos, j);     //在链表中插入值为 j 的结点
        edgeNum++;
    }
}
```

10）删除边

删除有向图中的边$<v_i,v_j>$，需要从顶点 v_i 的边链表中删除对应的结点，并将边数 edgeNum 减 1。

【算法实现】

```
template <typename T>
void ALDirGraph<T>::DeleteEdge(int i, int j)
{
    if (i<0 || i>=vertexNum || j<0 || j>=vertexNum)
        throw "参数不合法!";
    if (i==j)
        throw "i 不能等于 j!";
```

```
    int pos=IndexHelp(vexTable[i].adjLink, j);    //取出 j 在链表中的位置
    if (pos<=vexTable[i].adjLink->Length())        //存在边<v_i, v_j>
    {
        vexTable[i].adjLink->Delete(pos, j);       //从链表中删除对应的结点
        edgeNum--;                                  //边数减 1
        if (vexTable[i].adjLink->Empty())
            vexTable[i].adjLink=NULL;
    }
}
```

11）显示图的邻接表

图的顶点信息存储在 vexTable 数组中,边信息存储在顶点的链表中。显示邻接表时,首先从 vexTable 中读取顶点元素值并输出,然后从其边链表中依次读取邻接点的编号并输出。

【算法实现】

```
template <typename T>
void ALDirGraph<T>::Display()
{
    int adjVex;
    for (int i=0; i<vertexNum; i++)
    {
        cout<<i<<" "<<vexTable[i].data<<" ";   //显示顶点信息
        LinkList<int> * la=vexTable[i].adjLink;
        if (la!=NULL)
            for (int pos=1; pos<=la->Length(); pos++)
            {
                la->GetElem(pos, adjVex);
                cout<<"→"<<adjVex;
            }
        cout< < end1;
    }
}
```

3. 邻接表的使用

在定义了图的邻接表类模板 ALDirGraph 并实现了基本操作后,程序中就可以使用它定义图的对象,通过调用实现基本操作的函数完成相应功能。

```
#include <iostream>
#include "aldirgraph.h"
using namespace std;
int main()
{
    try
    {
        int n, e , i, j;                //n 为顶点数,e 为边数,i、j 分别为顶点编号
```

```
        char v;                                       //顶点元素
        cout<<"请输入顶点个数和边数: ";
        cin>>n>>e;
        char * vs=new char[n];
        cout<<"请输入顶点元素: ";
        cin>>vs;
        ALDirGraph<char>g(vs, n);                      //建立一个包含 n 个顶点的有向图
        for (int k=0; k<e; k++)                        //向图中添加边
        {
            cout<<"请输入边依附的顶点编号: ";
            cin>>i>>j;
            g.InsertEdge(i, j);
        }
        cout<<"有向图:"<<endl;
        g.Display();
        system("PAUSE");
        cout<<"========删除边========\n 请输入顶点编号: ";
        cin>>i>>j;
        g.DeleteEdge(i, j);
        cout<<"删除后的有向图: "<<endl;
        g.Display();
        system("PAUSE");
        cout<<"======显示邻接点======\n 请输入顶点编号: ";
        cin>>i;
        g.GetElem(i, v);                               //取出元素值
        j=g.FirstAdjVex(i);
        if (j==-1)
            cout<<"顶点"<<v<<"无邻接点!";
        else
        {
            cout<<"顶点"<<v<<"的邻接点为:";
            do                                         //输出邻接点信息
            {
                g.GetElem(j, v);
                cout<<v<<" ";
                j=g.NextAdjVex(i, j);
            } while (j!=-1);
        }
        cout<<endl;
    }
    catch(char * error)
    {
        cout<<error<<endl;
    }
    return 0;
```

}

7.2.3　十字链表

十字链表(Orthogonal List)是有向图的另一种链式存储结构,它是邻接表和逆邻接表的结合。在十字链表中,对应于有向图中的每一条弧有一个结点,对应于每个顶点也有一个结点,这些结点的结构如图 7-13 所示。

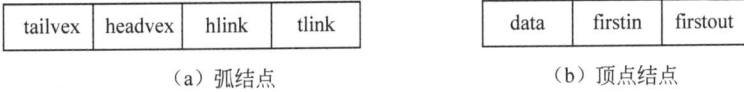

tailvex	headvex	hlink	tlink

（a）弧结点

data	firstin	firstout

（b）顶点结点

图 7-13　弧结点和顶点结点的结构

在弧结点中有 4 个域:其中 headvex 域和 tailvex 域分别指示弧头和弧尾顶点在顶点表中的下标;链域 hlink 指向弧头相同的下一条弧;链域 tlink 指向弧尾相同的下一条弧。弧头相同的弧在同一链表上,弧尾相同的弧也在同一链表上,它们的头结点即顶点结点。顶点结点由 3 个域组成:其中 data 域存储和顶点相关的信息,如顶点的名称;firstin 和 firstout 为两个链域,分别指向以该顶点为弧头和弧尾的第一个结点。例如,图 7-14 所示为一个有向图的十字链表。

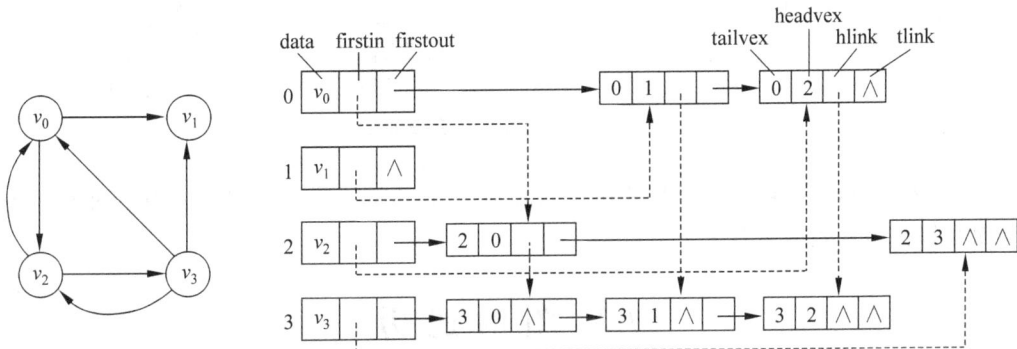

图 7-14　有向网的十字链表

在十字链表中,既容易找到以顶点 v_i 为尾的弧,也容易找到以 v_i 为头的弧,因此容易求得顶点的入度和出度。

7.2.4　邻接多重表

邻接表是无向图的一种很有效的存储结构,在邻接表中很容易求得顶点和边的各种信息。但对于图中的每一条边(v_i,v_j),在邻接表中有两个结点,分别位于第 i 个和第 j 个边链中,这将给图的某些操作带来不便。例如,在某些图的应用中需要标记已搜索过的边或删除边,此时需要找到表示同一条边的两个结点。在进行这类操作的无向图问题中采用邻接多重表(Adjacency MultiList)作存储结构更适宜。

邻接多重表是无向图的另一种链式存储结构,与十字链表类似。在邻接多重表中,每一条边用一个结点表示,结点结构如图 7-15(a)所示。其中 mark 为标志域,用于标记该条边是否被搜索过；i 和 j 为该边依附的两个顶点在顶点表中的下标；ilink 指向下一条依附于顶点 i 的边；jlink 指向下一条依附于顶点 j 的边。每一个顶点也用一个结点表示，结点结构如图 7-15(b)所示。其中 data 域存储该顶点的信息，firstedge 域指示第一条依附于该顶点的边。

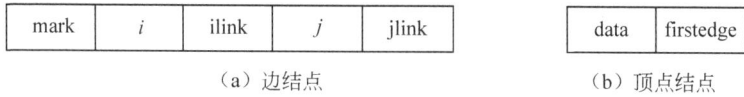

| mark | i | ilink | j | jlink |

（a）边结点

| data | firstedge |

（b）顶点结点

图 7-15　边结点和顶点结点的结构

图 7-16 为一个无向图的邻接多重表。在邻接多重表中，所有依附于同一顶点的边串联在同一链表中，由于每条边依附于两个顶点，因此每个边结点同时链接在两个链表中。

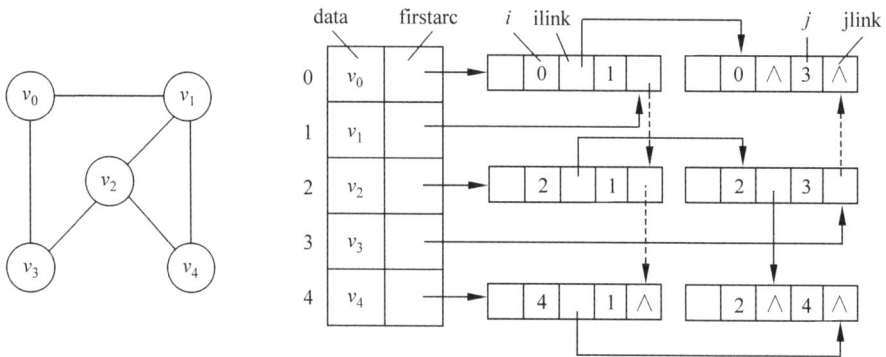

图 7-16　无向图的邻接多重表

对于无向图，其邻接多重表与邻接表的区别，仅在于同一条边在邻接表中用两个结点表示，而在邻接多重表中只有一个结点。

7.3　图 的 遍 历

图的遍历是从图中某一顶点（称为初始点）出发，按照某种搜索方法沿着图的边访问图中的所有顶点，使每个顶点仅被访问一次。图结构本身的复杂性，导致图的遍历操作也比较复杂，需解决以下两个问题：

（1）从某个顶点出发可能不能到达所有的其他顶点，例如非连通图，从一个顶点出发，只能访问它所在连通分量上的所有顶点，那么，如何才能遍历图的所有顶点？

（2）由于图中可能存在回路，某些顶点可能会被重复访问，那么，如何避免遍历不会因为回路而陷入死循环？

为了解决以上问题，可设置一个访问标志数组 visited[n]（n 为图中顶点的个数），初始时所有顶点的标志都置为 false，在遍历过程中，如某个顶点被访问到，则将其标志置为 true，遍历时遇到标志为 true 的顶点，就不再访问它，这样便避免了遇到回路时陷入死循环的问题。

如果图不是连通的，则还有未被访问到的顶点，这些顶点的标志值为 false，这时可从某个未被访问的顶点开始继续搜索。

根据搜索路径的方向,通常有两条遍历图的路径:深度优先遍历和广度优先遍历,这两种遍历方法对无向图和有向图都适用。

7.3.1 深度优先遍历

1. 深度优先遍历的过程

深度优先遍历(Depth First Search,DFS)也称为深度优先搜索,类似于树的先序遍历。对于一个连通图,深度优先遍历的过程如下。

(1) 从图中某个初始顶点 v 出发,访问此顶点。

(2) 从 v 的未被访问过的邻接点中选取一个顶点 w,访问该顶点。以顶点 w 为初始顶点,重复此步骤,直到刚访问过的顶点没有未被访问的邻接点为止。

(3) 返回到前一个访问过的且仍有未被访问邻接点的顶点,找出该顶点的下一个未被访问的邻接点,访问该顶点。

(4) 重复步骤(2)和(3),直到图中所有顶点均被访问,搜索结束。

以图 7-17(a)中的无向图为例,深度优先遍历的过程如图 7-17(b)所示,图中的实线箭头表示遍历时的路径,虚线箭头表示回溯的路径。

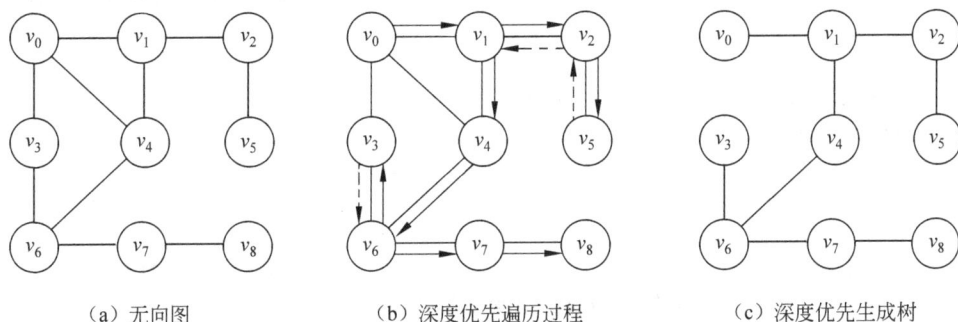

（a）无向图　　　　　　　（b）深度优先遍历过程　　　　　　（c）深度优先生成树

图 7-17　深度优先遍历示例

具体过程如下:

(1) 从顶点 v_0 出发,访问 v_0。

(2) 选择 v_0 的未被访问的邻接点 v_1,访问 v_1。以 v_1 为新的初始点,重复此步,访问 v_2、v_5。访问 v_5 之后,由于 v_5 的邻接点都已被访问,此步结束。

(3) 从 v_5 返回到 v_2,由于 v_2 的邻接点都已被访问,继续返回到 v_1,此时由于 v_1 的另一个邻接点 v_4 未被访问,则搜索从 v_1 到 v_4,再继续进行下去。由此,得到的顶点访问序列为

$$v_0 \rightarrow v_1 \rightarrow v_2 \rightarrow v_5 \rightarrow v_4 \rightarrow v_6 \rightarrow v_3 \rightarrow v_7 \rightarrow v_8$$

图 7-17(b)中所示的所有顶点加上标有实箭头的边,构成一棵以 v_0 为根的树,称为深度优先生成树,如图 7-17(c)所示。

图 7-17(a)中的无向图是一个连通图,一次遍历就能够访问到图中的所有顶点;若无向图是非连通图,则只能访问到初始点所在连通分量中的所有顶点,其他连通分量中的顶点是访问不到的,为此需要再次从其他连通分量中选择初始点,继续进行遍历,直到图中的所有顶点都被访问到为止。

对于有向图,若从初始点到图中的其他顶点都有路径,则能够访问到图中的所有顶点;

否则不能访问到全部顶点,为此,同样需要另选初始点,继续进行遍历,直到图中的所有顶点都被访问到为止。

2. 深度优先遍历的算法实现

图的深度优先遍历是一个递归过程。首先从图中的某个顶点 v 出发,访问 v,并将其访问标志置为 true。然后依次检查 v 的所有邻接点 w,如果 w 的访问标志为 false,再从 w 出发进行递归遍历,直到图中的所有顶点都被访问过。

【算法实现】

```
//以下算法实现中,是采用邻接矩阵作图的存储结构
template <typename T>
void AMUndirGraph<T>::DFSTraverse(void (*visit)(T))
{
    for (int i=0; i<vertexNum; i++)
        visited[i]=false;
    for (i=0; i<vertexNum; i++)
    {
        if (!visited[i])
            DFS(i, visit);              //对未访问过的顶点调用 DFS,若是连通图,则只执行一次
    }
}
//辅助函数,从顶点 i 出发进行深度优先遍历
template <typename T>
void AMUndirGraph<T>::DFS(int i, void (*visit)(T e))
{
    (*visit)(vexs[i]);                  //访问顶点
    visited[i]=true;                    //将访问标志设置为 true
        //对 i 的尚未访问过的邻接顶点 j 递归调用 DFS
    for (int j=FirstAdjVex(i); j>=0; j=NextAdjVex(i, j))
    {
        if (!visited[j])
            DFS(j, visit);
    }
}
```

3. 深度优先遍历的算法分析

遍历图时,对图中的每个顶点最多调用一次 DFS() 函数,因为一旦某个顶点被标志成已访问,就不再从它出发进行搜索。对某个顶点调用 DFS() 函数时,其时间主要花在从该顶点出发查找它的邻接点上。当用邻接矩阵表示图时,需要遍历该顶点行的所有元素,因此查找所有顶点的邻接点的时间复杂度为 $O(n^2)$,其中 n 为图中的顶点数。而当以邻接表作为图的存储结构时,查找邻接点的时间复杂度为 $O(e)$,其中 e 为图中的边数,则深度优先遍历算法的时间复杂度为 $O(n+e)$。

7.3.2 广度优先遍历

1. 广度优先遍历的过程

广度优先遍历(Breadth First Search,BFS)也称为广度优先搜索,类似于树的层次遍

历。对于一个连通图,广度优先遍历的过程如下。

（1）从图中的某个初始顶点 v 出发,访问此顶点。

（2）依次访问 v 的各个未曾访问过的邻接点。

（3）分别从这些邻接点出发依次访问它们的邻接点,并使得先被访问的顶点的邻接点先于后被访问的顶点的邻接点被访问,直至图中所有与顶点 v 有路径相通的顶点都被访问到。

对于图 7-17(a)中的无向图,广度优先遍历的过程如图 7-18(a)所示,具体过程如下:

（1）从顶点 v_0 出发,访问 v_0。

（2）依次访问 v_0 的未被访问的邻接点 v_1、v_3 和 v_4。

（3）访问 v_1 的未被访问的邻接点 v_2,v_3 的未被访问的邻接点 v_6,v_4 没有未被访问的邻接点。

（4）访问 v_2 的未被访问的邻接点 v_5,v_6 的未被访问的邻接点 v_7。

（5）v_5 没有未被访问的邻接点,访问 v_7 的未被访问的邻接点 v_8。

由此,从顶点 v_0 出发的广度优先遍历序列为

$$v_0 \rightarrow v_1 \rightarrow v_3 \rightarrow v_4 \rightarrow v_2 \rightarrow v_6 \rightarrow v_5 \rightarrow v_7 \rightarrow v_8$$

图 7-18(a)所示的所有顶点加上标有箭头的边,构成一棵以 v_0 为根的树,称为广度优先生成树,如图 7-18(b)所示。

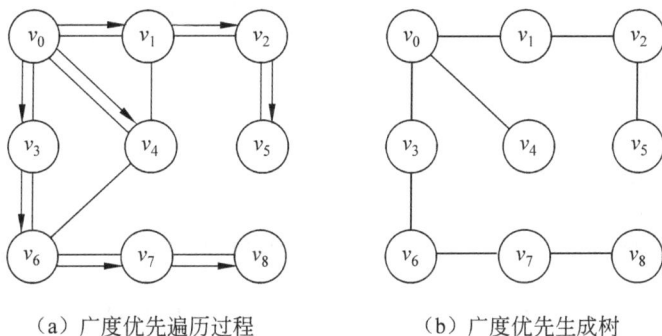

（a）广度优先遍历过程　　　　（b）广度优先生成树

图 7-18　广度优先遍历示例

对于非连通图,需要对它的连通分量分别进行广度优先遍历,即从一个顶点出发进行一次广度优先遍历后,若图中仍然有顶点未被访问,则另选图中一个未被访问的顶点作初始点,继续进行遍历,直到图中所有顶点均被访问到为止。

对于有向图,如果不是从初始点到所有顶点都有路径,则在一次遍历后同样需要再选择初始点,然后继续遍历,直到图中的所有顶点都被访问到为止。

2. 广度优先遍历的算法实现

图的广度优先遍历是以顶点 v 为初始点,由近至远,依次访问和 v 有路径相通且路径长度为 $1,2,\cdots$ 的顶点。为了使先被访问的顶点的邻接点先于后被访问的顶点的邻接点被访问,设置队列存储已访问的顶点。图 7-19 给出了图 7-18 所示广度优先遍历过程中队列变化的情况。

v_0	v_1 v_3 v_4	v_3 v_4 v_2	v_4 v_2 v_6
（a）v_0 入队	（b）v_0 出队，v_1、v_3、v_4入队	（c）v_1 出队，v_2入队	（d）v_3 出队，v_6入队
v_2 v_6	v_6 v_5	v_5 v_7	v_7
（e）v_4 出队	（f）v_2 出队，v_5入队	（g）v_6 出队，v_7入队	（h）v_5 出队

v_8	
（i）v_7 出队，v_8入队	（j）v_8 出队，队空

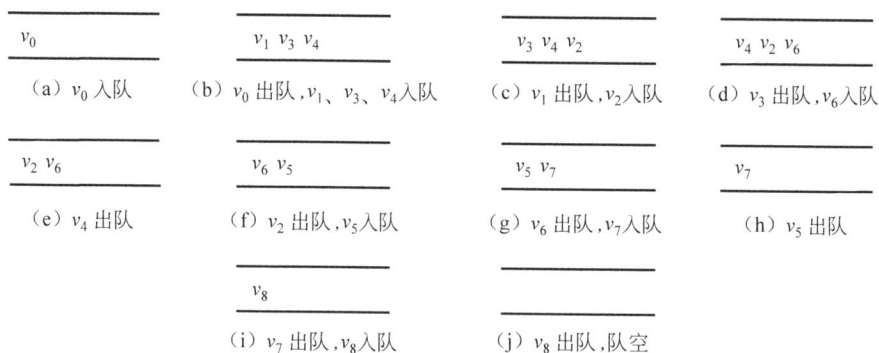

图 7-19　广度优先遍历过程中队列的变化情况

【算法实现】

```
//以下算法实现中,是采用邻接矩阵作图的存储结构
template <typename T>
void AMUndirGraph<T>::BFSTraverse(void (*visit)(T))
{
    for (int i=0; i<vertexNum; i++)
        visited[i]=false;
    for (i=0; i<vertexNum; i++)
    {
        if (!visited[i])
            BFS(i, visit);
    }
}
//辅助函数,从顶点 i 出发进行广度优先遍历
template <typename T>
void AMUndirGraph<T>::BFS(int i, void (*visit)(T))
{
    (*visit)(vexs[i]);                      //访问顶点
    visited[i]=true;
    LinkQueue<int>q;                        //定义队列
    q.InQueue(i);                           //i 入队
    while (!q.Empty())
    {
        int v, j;                           //临时顶点
        q.OutQueue(v);                      //出队
            //对顶点 v 尚未访问过的邻接顶点进行访问
        for (j=FirstAdjVex(v); j>=0; j=NextAdjVex(v, j))
        {
            if (!visited[j])
            {
                visited[j]=true;            //修改访问标志为 true
                (*visit)(vexs[j]);          //访问顶点
                q.InQueue(j);               //j 入队
            }
```

            }
        }
    }

3. 广度优先遍历的算法分析

对于广度优先遍历,图中每个顶点都进一次队列,遍历过程的本质是通过边查找邻接点的过程,因此,广度优先遍历的时间复杂度和深度优先遍历相同,即当用邻接矩阵存储时,时间复杂度为 $O(n^2)$,用邻接表存储时,时间复杂度为 $O(n+e)$。两种遍历方法的不同之处仅在于对顶点访问的顺序不同。

7.4 图 的 应 用

现实生活中的很多问题都可以转化为图来解决。例如,如何以最小成本构建一个通信网络,如何计算地图中两地之间的最短路径,如何为复杂活动中各子任务的完成寻找一个较优的顺序等。本节将结合这些常用的实际问题,讨论图的几种算法,包括最小生成树、最短路径、拓扑排序和关键路径算法。

7.4.1 最小生成树

连通无向网的生成树上各边的权值之和称为该生成树的代价。在图的所有生成树中,代价最小的生成树称为**最小代价生成树**,简称为**最小生成树**。最小生成树可用于解决许多实际问题,例如:

(1) 在几个城市之间铺设光缆,如何设计才能使得铺设光缆的总费用最低?

(2) 连接电路板上的一系列接头,如何使所需焊接的线路最短?

(3) 铺设通向各单位供水供电的地下管道,如何使得造价最少?

构造最小生成树有多种算法,其中多数算法都利用了最小生成树的如下性质:假设 $N=(V,E)$ 是一个连通无向网,U 是顶点集 V 的一个非空子集。若 (u,v) 是一条具有最小权值的边,其中 $u \in U, v \in V-U$,则必存在一棵包含边 (u,v) 的最小生成树。

可以用反证法证明。假设网 N 的任何一棵生成树都不包含 (u,v),设 T 是网 N 的一棵最小生成树,当将边 (u,v) 加入 T 中时,由生成树的定义,T 中必存在一条包含 (u,v) 的长度大于 2 的简单回路,这条回路中必定存在另一条边 (u',v'),其中 $u' \in U, v' \in V-U$,在 T 中删除边 (u',v'),便可消除此回路,同时不影响连通性,这样便可得到另一棵生成树 T',由于 (u,v) 的权值不大于 (u',v') 的权值,因此 T' 的权值之和不大于 T 的权值之和,T' 是一棵包含边 (u,v) 的最小生成树,这与假设矛盾。

下面介绍两种利用最小生成树性质构造最小生成树的算法:普里姆(Prim)算法和克鲁斯卡尔(Kruskal)算法。

1. 普里姆算法

1) Prim 算法的构造过程

假设 $N=(V,E)$ 是一个具有 n 个顶点的连通无向网,$T=(U,TE)$ 是 N 的最小生成树,其中 U 是 T 的顶点集,TE 是边集,则由 N 构造最小生成树 T 的步骤如下。

(1) 选取图中任意一个顶点 v_0 作为生成树的根,此时 $U=\{v_0\}, TE=\{\}$。

（2）在所有连通 U 中顶点和 $V-U$ 中顶点的边中选取权值最小的边 (u,v)，其中 $u\in U,v\in V-U$，将边 (u,v) 加入集合 TE，将顶点 v 加入 U。

（3）重复步骤（2），直到生成树 T 上包含网 N 中的全部顶点为止。

图 7-20 给出了 Prim 算法构造最小生成树的过程。

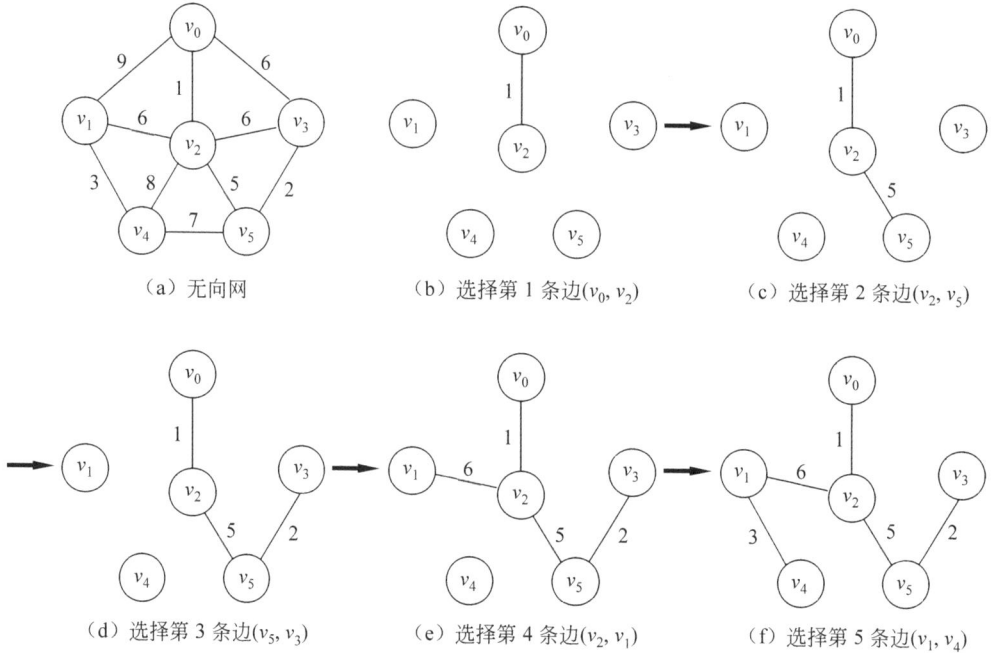

（a）无向网　　　　　　　（b）选择第 1 条边 (v_0,v_2)　　　　（c）选择第 2 条边 (v_2,v_5)

（d）选择第 3 条边 (v_5,v_3)　　（e）选择第 4 条边 (v_2,v_1)　　（f）选择第 5 条边 (v_1,v_4)

图 7-20　Prim 算法构造最小生成树的过程

2）Prim 算法的实现

由 Prim 算法的构造过程可以看出，它是一种增量算法，一步一步地选择权值最小的边，并将相应的顶点添加到集合 U 中。每一步都是从 U 和 $V-U$ 两个顶点集合中选取最小边，而且每一步都是在前面的基础上进行的。

由于 Prim 算法中需要频繁地读取边的权值，因此无向网采用邻接矩阵存储更合适。

Prim 算法的关键是如何找到连接 U 和 $V-U$ 的最小边来扩充生成树 T。假设当前 T 中有 k 个顶点，则所有满足 $i\in U$ 且 $j\in V-U$ 的边最多有 $k\times(n-k)$ 条，如果将这些边全部保存起来是非常耗费空间的，实际上对于 $V-U$ 中的每个顶点，只需保留从该顶点到 U 中某顶点的最小边。

设置两个数组 adjvex$[n]$ 和 lowcost$[n]$，用于记录 $V-U$ 中顶点到 U 中顶点的最小边。对于 $V-U$ 中的某个顶点 i，adjvex$[i]$ 存储最小边在 U 中的顶点，lowcost$[i]$ 存储最小边上的权值。

初始时，$U=\{v\}$，令 lowcost$[v]=0$ 表示顶点 v 已加入集合 U 中，对于 $V-U$ 中的所有顶点 i，边 (v,i) 就是顶点 i 到 U 的最短边，置 adjvex$[i]=v$，lowcost$[i]=$matrix$[v][i]$。然后，在最小边集中选取权值最小的边 lowcost$[k]$，并将 k 添加到 U 中。顶点 k 进入集合 U 后，最小边集将发生变化，对于 $j\in V-U$，如果边 (k,j) 的权值小于 lowcost$[j]$，则选择 (k,j) 作为新的最小边，即 lowcost$[j]=$matrix$[k][j]$，adjvex$[j]=k$，否则顶点 j 的最小

边不变。

表 7-1 给出了图 7-20 所示无向网的最小生成树构造过程中，数组 adjvex、lowcost 以及集合 U 的变化情况。

表 7-1　Prim 算法构造最小生成树中各参数的变化情况

最小边	v_0	v_1	v_2	v_3	v_4	v_5	U	$V-U$
adjvex	0	0	0	0	0	0	$\{v_0\}$	$\{v_1,v_2,v_3,v_4,v_5\}$
lowcost	0	9	**1**	6	∞	∞		
adjvex		2	0	0	2	2	$\{v_0,v_2\}$	$\{v_1,v_3,v_4,v_5\}$
lowcost		6	0	6	8	**5**		
adjvex		2		5	5	2	$\{v_0,v_2,v_5\}$	$\{v_1,v_3,v_4\}$
lowcost		6		**2**	7	0		
adjvex		2		5	5		$\{v_0,v_2,v_5,v_3\}$	$\{v_1,v_4\}$
lowcost		**6**		0	7			
adjvex		2			1		$\{v_0,v_2,v_5,v_3,v_1\}$	$\{v_4\}$
lowcost		0			**3**			
adjvex					1		$\{v_0,v_2,v_5,v_3,v_1,v_4\}$	$\{\}$
lowcost					0			

【算法实现】

```cpp
template <typename T, typename WT>
void AMUndirNet<T, WT>::Prim(int v)
{
    int i, j, k;
    T u0;
    int * adjvex=new int[vertexNum];
    WT * lowcost=new WT[vertexNum];
    for (i=0; i<vertexNum; i++)                    //初始化 adjvex 和 lowcost
        if (i!=v)
        {
            adjvex[i]=v;
            lowcost[i]=matrix[v][i];
        }
    lowcost[v]=0;                                  //将顶点 v 加入集合 U
    for (i=1; i<vertexNum; i++)                    //选择其余 n-1 个顶点
    {
        k=Min(lowcost,vertexNum);                  //寻找最小边的邻接点 k
        u0=adjvex[k];                              //u0 为最小边在 U 中的顶点
        cout<<"("<<vexs[u0]<<","<<vexs[k]<<")"<<endl;   //输出最小边
        lowcost[k]=0;                              //将顶点 k 加入集合 U
        for(j=0; j<vertexNum; j++)                 //调整数组
            if(matrix[k][j]<lowcost[j])
            {
                lowcost[j]=matrix[k][j];
                adjvex[j]=k;
```

```
                    }
            }
        delete[] adjvex;                                    //释放动态内存
        delete[] lowcost;
    }
//Min()函数用于查找最小边
template <typename T, typename WT>
int AMUndirNet<T, WT>::Min(WT lowcost[], int n)
{
    int index=0;
    WT min=INF;                                             //INF 为符号常量
    for (int i=0; i<n; i++)
        if (lowcost[i]!=0 && lowcost[i]<min)
        {
            min=lowcost[i];
            index=i;
        }
    return index;
}
```

【算法分析】

假设网中有 n 个顶点,则第一个进行初始化的循环语句的频度为 n,第二个循环语句的频度为 $n-1$,其中内嵌了两个循环:其一是在长度为 n 的数组中求最小值,频度为 n;其二是更新数组 adjvex 和 lowcost,频度为 n,由此 Prim 算法的时间复杂度为 $O(n^2)$,与网中的边数无关。可见,Prim 算法适用于求解稠密图的最小生成树。

2. 克鲁斯卡尔(Kruskal)算法

1) Kruskal 算法的构造过程

假设 $N=(V,E)$ 是一个具有 n 个顶点的连通无向网,$T=(U,TE)$ 是 N 的最小生成树,构造最小生成树的步骤如下。

(1) 初始状态为 $U=V$、$TE=\{\}$,即 T 是一个包含全部顶点而没有边的非连通图,图中每个顶点自成一个连通分量。

(2) 在 E 中选取权值最小的边,若该边依附的两个顶点分属于 T 的两个不同的连通分量,则将此边加入到 T 中,否则舍去此边而选择下一条权值最小的边。

(3) 重复步骤(2),直到 T 中所有的顶点都在同一连通分量上为止。

图 7-21 给出了 Kruskal 算法构造最小生成树的过程。

2) Kruskal 算法的实现

和 Prim 算法一样,Kruskal 算法也需要频繁地读取边的权值,因此无向网采用邻接矩阵存储更合适。

Kruskal 算法的关键是如何判断边的两个顶点是否属于同一个连通分量,为此设置一个辅助数组 vexset[n],用于标识各个顶点所属的连通分量。初始时,每个顶点自成一个连通分量,因此有 vexset[i]=i,即所有顶点的连通分量编号等于该顶点的编号。当选中边

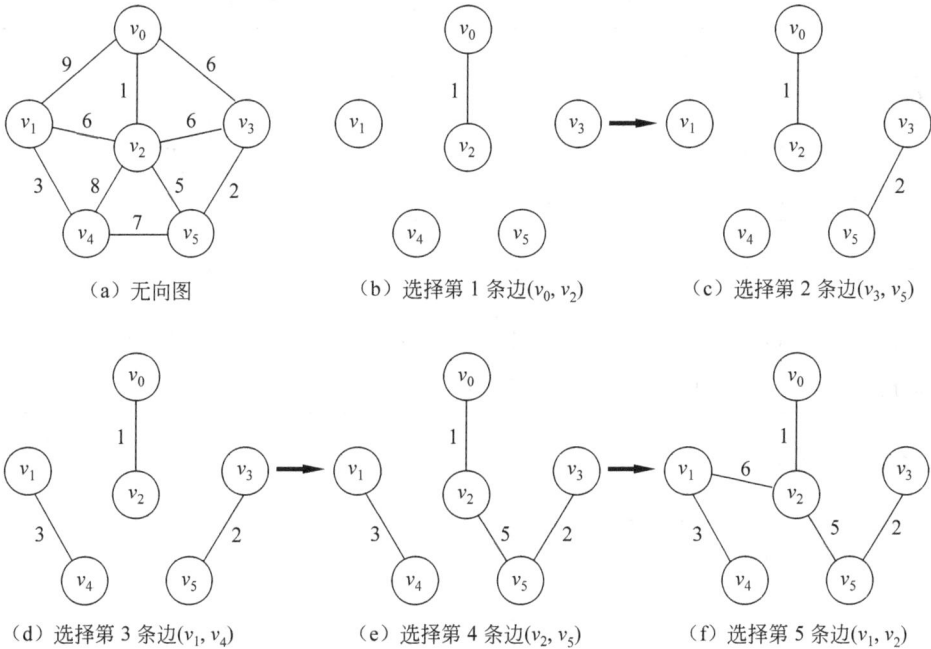

图 7-21 Kruskal 算法构造最小生成树的过程

(v_i, v_j)时,如果 vexset$[i]=$vexset$[j]$,则该边不能加入生成树;否则可以加入,加入后将这两个顶点所在的连通分量中所有顶点的连通分量编号改为相同(改为 vexset$[i]$或 vexset$[j]$均可)。

另外,用一个结构体数组 edges 存储网中所有边的信息,包括边的两个顶点和权值。结构体的定义如下:

```
template <typename T, typename WT>
struct Edge
{
    int startvex;                           //边的起点
    int endvex;                             //边的终点
    WT weight;                              //边的权值
};
```

为了提高查找权值最小边的速度,对边集 edges 按边上的权值进行排序。对于图 7-21 中的无向网,排序后 edges 数组的值见表 7-2。

表 7-2   edges 数组的值

起点	0	3	1	2	0	1	2	4	2	0
终点	2	5	4	5	3	2	3	5	4	1
权值	1	2	3	5	6	6	6	7	8	9

最小生成树的构造过程中各顶点所属连通分量的变化情况见表 7-3。

表 7-3 最小生成树的构造过程中各顶点所属连通分量的变化情况

构 造 过 程	v_0	v_1	v_2	v_3	v_4	v_5
初始时	0	1	2	3	4	5
第 1 条边 (v_0,v_2)，两个顶点分属于两个连通分量，选择	0	1	**0**	3	4	5
第 2 条边 (v_3,v_5)，两个顶点分属于两个连通分量，选择	0	1	0	3	4	**3**
第 3 条边 (v_1,v_4)，两个顶点分属于两个连通分量，选择	0	1	0	3	**1**	3
第 4 条边 (v_2,v_5)，两个顶点分属于两个连通分量，选择	0	1	0	**0**	1	**0**
第 5 条边 (v_0,v_3)，两个顶点属于同一个连通分量，放弃	不做修改					
第 6 条边 (v_1,v_2)，两个顶点分属于两个连通分量，选择	0	**0**	0	0	0	0

【算法实现】

```
template <typename T, typename WT>
void AMUndirNet<T, WT>::Kruskal()
{
    int i, j, k=0;
    int v1, v2, sn1, sn2;
    int * vexset=new int[vertexNum];
    Edge<WT> * edges=new Edge<WT>[edgeNum];
    for (i=0; i<vertexNum; i++)                    //向 edges 数组添加边的信息
        for (j=i; j<vertexNum; j++)
            if (matrix[i][j]!=0 && matrix[i][j]!=INF)
            {
                edges[k].startvex=i;
                edges[k].endvex=j;
                edges[k].weight=matrix[i][j];
                k++;
            }
    Sort(edges);                                   //按权值从小到大对边集进行排序
    for (i=0; i<vertexNum; i++)                    //初始化辅助数组 vexset
        vexset[i]=i;
    k=0;
    i=0;
    while (k<vertexNum-1)                          //向生成树中添加 n-1 条边
    {
        v1=edges[i].startvex;                      //边的起点
        v2=edges[i].endvex;                        //边的终点
        sn1=vexset[v1];                            //起点所在连通分量
        sn2=vexset[v2];                            //终点所在连通分量
        if (sn1!=sn2)                              //两个顶点分属两个不同的连通分量
        {
            cout<<"("<<vexs[v1]<<","<<vexs[v2]<<")"<<endl;
            k++;
```

```
            for (j=0; j<vertexNum; j++)           //合并两个连通分量,即统一编号
                if(vexset[j]==sn2)                 //连通分量编号为 sn2 的都改为 sn1
                    vexset[j]=sn1;
            }
            i++;
        }
        delete[] vexset;                           //释放动态内存
        delete[] edges;
}
//Sort()函数实现边集的排序
template <typename T, typename WT>
void AMUndirNet<T, WT>::Sort(Edge<WT> * es)
{
    for (int i=edgeNum -1; i>0; i--)
        for (int j=0; j<i; j++)
            if (es[j].weight>es[j+1].weight)
            {
                Edge<WT> tmpedge;
                tmpedge=es[j];
                es[j]=es[j+1];
                es[j+1]=tmpedge;
            }
}
```

【算法分析】

假设网中有 n 个顶点、e 条边,在上述算法中,对边集采用冒泡排序的时间复杂度为 $O(e^2)$。while 循环是在 e 条边中选择$(n-1)$条边,其中嵌套的 for 循环执行 n 次,所以 while 循环的时间复杂度为 $O(n^2)$。由此,Kruskal 算法的时间复杂度为 $O(n^2+e^2)$。

可以从两方面对上述算法进行改进:一是将边集排序改为堆排序;二是采用并查集进行连通分量的合并,改进后的 Kruskal 算法的时间复杂度为 $O(e \log_2 e)$,仅与网中的边数有关。因此,Kruskal 算法适用于求解稀疏图的最小生成树。

7.4.2　最短路径

在图中,若两个顶点之间存在一条路径,则称该路径经过的边的数目为路径长度,其值为该路径上的顶点数减 1。两个顶点之间可能存在多条路径,每条路径的长度可能不同,长度最短(即经过的边数最少)的路径称为**最短路径**。例如,图 7-22(a)所示的有向图中,顶点 v_0 到顶点 v_5 的最短路径为(v_0,v_5)。在网中,最短路径是指两个顶点之间经过的边上权值之和最少的路径。例如,图 7-22(b)所示的有向网中,顶点 v_0 到顶点 v_5 的最短路径为(v_0, v_4,v_3,v_5),最短路径长度为 60。在有向网中,习惯上称路径上的第一个顶点为**源点**,最后一个顶点为**终点**。

最短路径问题是图的一个比较典型的应用问题。例如,已知给定某公路网的 n 个城市以及这些城市之间相通公路的距离,如何找到城市 A 到城市 B 之间距离最短的通路呢?如果将城市用顶点表示,城市间的公路用边表示,公路的长度作为边的权值,这个问题就归结

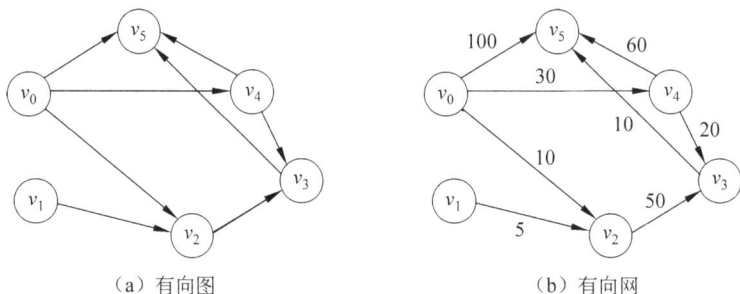

(a) 有向图　　　　　　　　　　　　(b) 有向网

图 7-22　图和网中的最短路径

为在网中求顶点 A 到顶点 B 的最短路径。

1. 单源点最短路径

单源点最短路径问题是指给定一个有向网 $N=(V,E)$ 和源点 $v_0 \in V$，求从 v_0 到 N 中其余顶点的最短路径。迪杰斯特拉(Dijkstra)提出了一个按路径长度递增的次序产生最短路径的算法。

1) Dijkstra 算法的求解过程

(1) 将网中的顶点分成两组，第一组 S 为已求出最短路径的顶点集合，初始时 S 只包含源点，即 $S=\{v_0\}$；第二组 T 为尚未确定最短路径的顶点集合，初始时 $T=V-\{v_0\}$。源点 v_0 到 T 中任一顶点 v_i 的最短路径长度为弧上的权值(存在弧$<v_0,v_i>$)或∞(不存在弧$<v_0,v_i>$)。

(2) 从 T 中选取一个顶点 v，使得源点 v_0 到 v 的最短路径长度最小，然后将顶点 v 加入 S 中。

(3) 以顶点 v 为中间点，修改源点 v_0 到 T 中所有顶点的最短路径长度。

(4) 重复(2)和(3)，直到所有顶点都加入集合 S 中。

例如，对于图 7-22(b)所示的有向网，采用 Dijkstra 算法求从顶点 v_0 到其他顶点的最短路径，求解过程如下。

(1) 初始时，$S=\{v_0\}$，$T=\{v_1,v_2,v_3,v_4,v_5\}$，若用 $d(i)$ 表示 v_0 到顶点 v_i 的最短路径长度，则

$$d(1)=\infty, \quad d(2)=10, \quad d(3)=\infty, \quad d(4)=30, \quad d(5)=100$$

(2) v_0 到 v_2 的最短路径长度最小，将 v_2 加入 S，此时 $S=\{v_0,v_2\}$，$T=\{v_1,v_3,v_4,v_5\}$，更新 v_0 到 T 中所有顶点的最短路径长度：

$$d(1)=\infty, \quad d(3)=60, \quad d(4)=30, \quad d(5)=100$$

(3) v_0 到 v_4 的最短路径长度最小，将 v_4 加入 S，此时 $S=\{v_0,v_2,v_4\}$，$T=\{v_1,v_3,v_5\}$，更新 v_0 到 T 中所有顶点的最短路径长度：

$$d(1)=\infty, \quad d(3)=50, \quad d(5)=90$$

(4) v_0 到 v_3 的最短路径长度最小，将 v_3 加入 S，此时 $S=\{v_0,v_2,v_4,v_3\}$，$T=\{v_1,v_5\}$，更新 v_0 到 T 中所有顶点的最短路径长度：

$$d(1)=\infty, \quad d(5)=60$$

(5) v_0 到 v_5 的最短路径长度最小，将 v_5 加入 S，此时 $S=\{v_0,v_2,v_4,v_3,v_5\}$，$T=\{v_1\}$，

更新 v_0 到 T 中所有顶点的最短路径长度：

$$d(1)=\infty$$

由此，v_0 到网中其他顶点的最短路径见表 7-4。

表 7-4 v_0 到网中其他顶点的最短路径

终　点	v_1	v_2	v_4	v_3	v_5
最短路径	无	(v_0,v_2)	(v_0,v_4)	(v_0,v_4,v_3)	(v_0,v_4,v_3,v_5)
路径长度	∞	10	30	50	60

2）Dijkstra 算法的实现

Dijkstra 算法需要频繁地读取两个顶点之间弧上的权值，因此有向网采用邻接矩阵存储更合适。

为实现算法，引入以下辅助的数据结构：

（1）一维数组 dist[n]：存储从源点 v_0 到其他顶点的最短路径长度，如 dist[i] 存储从 v_0 到 v_i 的最短路径长度。初始时，如果从 v_0 到 v_i 有弧，则 dist[i] 为弧上的权值，否则为 ∞。

长度最短的一条路径 (v_0,v_k) 满足以下条件：

$$\text{dist}[k]=\text{Min}\{\text{dist}[i]\,|\,v_i\in T\}$$

求得顶点 v_k 的最短路径后，将其加入顶点集 S 中，并按下式更新 dist 数组：

$$\text{dist}[i]=\text{Min}\{\text{dist}[i],\text{disk}[k]+w_{ki}\},\quad \text{其中}w_{ki}\text{为弧}<v_k,v_i>\text{上的权值}$$

（2）一维数组 s[n]：标识顶点的最短路径是否确定，$s[i]=\text{true}$ 表示顶点 v_i 的最短路径已确定，$s[i]=\text{false}$ 表示顶点 v_i 的最短路径尚未确定。

（3）一维数组 path[n]：存储从源点 v_0 到其他顶点的最短路径上终点的直接前驱顶点序号，如 path[i] 存储从 v_0 到 v_i 的最短路径上 v_i 的直接前驱顶点序号。初始时，如果从 v_0 到 v_i 有弧，则 path[i] 为 0，否则为 -1。

对于图 7-22(b) 所示的有向网，数组 dist、s 及 path 的初始化结果见表 7-5。

表 7-5 Dijkstra 算法的初始化结果

顶点序号	0	1	2	3	4	5
dist	0	∞	10	∞	30	100
s	true	false	false	false	false	false
path	-1	-1	0	-1	0	0

Dijkstra 算法求解最短路径过程中，数组 dist、s 及 path 的变化情况见表 7-6。

表 7-6 Dijkstra 算法求解最短路径过程中各参数的变化情况

终　点	从 v_0 到各终点的最短路径及长度				
	$i=1$	$i=2$	$i=3$	$i=4$	$i=5$
v_1	∞	∞	∞	∞	∞
v_2	$\underline{\mathbf{10}}(v_0,v_2)$				

终 点	从 v_0 到各终点的最短路径及长度				
	$i=1$	$i=2$	$i=3$	$i=4$	$i=5$
v_3	∞	$60(v_0,v_2,v_3)$	$\underline{\mathbf{50}}(v_0,v_4,v_3)$		
v_4	$30(v_0,v_4)$	$\underline{\mathbf{30}}(v_0,v_4)$			
v_5	$100(v_0,v_5)$	$100(v_0,v_5)$	$90(v_0,v_4,v_5)$	$\underline{\mathbf{60}}(v_0,v_4,v_3,v_5)$	
v_k	v_2	v_4	v_3	v_5	无
path			path[3]=4 path[5]=4	path[5]=3	
s	s[2]=true	s[4]=true	s[3]=true	s[5]=true	

如何从表 7-6 中读取从源点到终点的最短路径？例如，从源点 v_0 到 v_5 的最短路径：

$$\text{path}[5]=3 \rightarrow \text{path}[3]=4 \rightarrow \text{path}[4]=0$$

反过来排列，得到源点 v_0 到终点 v_5 的最短路径 (v_0,v_4,v_3,v_5)。

【算法实现】

```
template <typename T, typename WT>
void AMDirNet<T, WT>::Dijkstra(int v)
{
    int i, j, k, min;
    WT * dist=new WT[vertexNum];
    bool * s=new bool[vertexNum];
    int * path=new int[vertexNum];
    for (i=0; i<vertexNum; i++)
    {
        s[i]=false;                          //集合 s 初始为空集
        dist[i]=matrix[v][i];                //初始化最短路径长度
        if (dist[i]!=0 && dist[i]<INF)       //顶点 v 到 i 有弧,置 i 的前驱为 v,否则为-1
            path[i]=v;
        else
            path[i]=-1;
    }
    s[v]=true;                               //将 v 加入 S
    for (i=1; i<vertexNum; i++)
    {
    min=INF;
        for (j=0; j<vertexNum; j++)          //选择一条当前的最短路径,终点为 k
            if (!s[j] && dist[j]<min)
            {
                k=j;
                min=dist[j];
            }
```

```
        s[k]=true;                                        //将 k 加入 s
        for (j=0; j<vertexNum; j++)                //更新 v 到 T 中所有顶点的最短路径长度
            if (!s[j] && dist[j]>dist[k]+matrix[k][j])
            {
                dist[j]=dist[k]+matrix[k][j];
                path[j]=k;
            }
    }
    DisplayPath(dist, path, s, v);                  //输出最短路径
    delete[] dist;
    delete[] s;
    delete[] path;
}
// DisplayPath()函数用于输出从源点 v 到其他顶点的最短路径
template <typename T, typename WT>
void AMDirNet<T, WT>::DisplayPath(WT dist[], int path[], bool s[], int v)
{
    int i, j, k, d;
    int * apath=new int[vertexNum];
    cout<<"终点\t 长度\t 最短路径"<<endl;
    for (i=0; i<vertexNum; i++)
        if(i!=v)
        {
            k=path[i];
            if (k==-1)
                cout<<i<<"\t 无路径"<<endl;
            else
            {
                d=0;
                apath[0]=i;                           //添加路径上的终点
                while(k!=v)
                {
                    d++;
                    apath[d]=k;
                    k=path[k];
                }
                d++;
                apath[d]=v;                           //添加路径上的起点
                cout<<i<<"\t"<<dist[i];               //输出路径长度
                cout<<"\t("<<apath[d];                //输出源点
                for (j=d-1; j>=0; j--)                //输出路径上的其他顶点
                    cout<<","<<apath[j];
                cout<<")"<<endl;
            }
        }
```

}

【算法分析】

假设网中有 n 个顶点，则第一个进行初始化的循环执行 n 次，第二个循环执行 $n-1$ 次，其中内嵌了两个循环，其一是在数组 dist 中求最小值，执行 n 次，其二是更新数组 dist 和 path，执行 n 次。不考虑路径的输出，Dijkstra 算法的时间复杂度为 $O(n^2)$。

2. 每对顶点之间的最短路径

求解每一对顶点之间的最短路径有两种方法：一种方法是分别以图中的每个顶点为源点共调用 n 次 Dijkstra 算法；另一种方法是采用弗洛伊德(Floyd)算法。两种算法的时间复杂度均为 $O(n^3)$，但 Floyd 算法更简单明了。

Floyd 算法仍然采用邻接矩阵作为有向网的存储结构。算法的实现需要引入以下辅助的数据结构。

(1) 二维数组 dist$[n][n]$：存储两个顶点之间的最短路径长度，如 dist$[i][j]$ 存储顶点 v_i 到顶点 v_j 的最短路径长度。

(2) path$[n][n]$：存储最短路径上终点的直接前驱顶点序号，如 path$[i][j]$ 存储顶点 v_i 到 v_j 的最短路径上顶点 v_j 的前一顶点的序号。

Floyd 算法的基本思想如下：

设路径上可能包含的中间点集合为 U，初始时 $U=\{\}$，如果从 v_i 到 v_j 有弧，则 dist$[i]$ 为弧上的权值，否则为 ∞。

将 v_0 加入 U 中，即 $U=\{v_0\}$，从 v_i 到 v_j 的中间顶点在 U 中的最短路径有如下两种情况：

(1) 以 v_0 为中间点，这时路径为 (v_i, v_0, v_j)，路径长度为 dist$[i][0]$ + dist$[0][j]$。

(2) 不以 v_0 为中间点，这时路径为 (v_i, v_j)，路径长度为 dist$[i][j]$。

比较两条路径的长度，取其中较小者作为从 v_i 到 v_j 的中间序号不大于 0 的最短路径，即

$$\text{dist}[i][j] = \text{Min}\{\text{dist}[i][j], \text{dist}[i][0] + \text{dist}[0][j]\}$$

一般地，假设 $U=\{v_0, v_1, \cdots, v_{k-1}\}$，向 U 中加入 v_k，现要求中间顶点都落在 U 中(即中间顶点序号不大于 k)从 v_i 到 v_j 的最短路径，这样的路径也分为如下两种情况：

(1) 以 v_k 为中间点，并且其他中间顶点的序号小于 k，这时路径为 $(v_i, \cdots, v_k, \cdots, v_j)$，路径长度为 dist$[i][k]$ + dist$[k][j]$。

(2) 不以 v_k 为中间点，并且其他中间顶点的序号小于 k，这时路径为 $(v_i, \cdots, v_j)$，路径长度为 dist$[i][j]$。

比较两条路径的长度，取其中较小者作为从 v_i 到 v_j 的中间顶点序号不大于 k 的最短路径，即

$$\text{dist}[i][j] = \text{Min}\{\text{dist}[i][j], \text{dist}[i][k] + \text{dist}[k][j]\}$$

经过 n 次比较，可得 v_i 到 v_j 的中间顶点序号不大于 $n-1$ 的最短路径，即所求的最短路径。

根据上述求解过程，网中的所有顶点对 v_i 和 v_j 间的最短路径长度对应一个 n 阶方阵 dist，在求解过程中 dist 的值不断变化，对应一个 n 阶方阵序列，其定义如下：

$$\text{dist}^{(-1)}, \quad \text{dist}^{(0)}, \quad \text{dist}^{(1)}, \cdots, \text{dist}^{(k)}, \cdots, \text{dist}^{(n-1)}$$

其中，

$$\text{dist}^{(-1)} = \begin{cases} 0 & i=j \\ \infty & i \neq j \text{ 且} <v_i, v_j> \notin E \\ \text{弧上的权值} & <v_i, v_j> \in E \end{cases}$$

$\text{dist}^{(1)}[i][j]$ 是从 v_i 到 v_j 的中间顶点序号不大于 1 的最短路径，$\text{dist}^{(k)}[i][j]$ 是从 v_i 到 v_j 的中间顶点序号不大于 k 的最短路径，$\text{dist}^{(n-1)}[i][j]$ 就是从 v_i 到 v_j 的最短路径。

【算法实现】

```
template <typename T, typename WT>
void AMDirNet<T, WT>::Floyd()
{
    int i, j, k;
    WT * * dist=new WT *[vertexNum];
    int * * path=new int *[vertexNum];
    for (i=0; i<vertexNum; i++)
    {
        dist[i]=new WT[vertexNum];                          //生成 dist 的行
        path[i]=new int[vertexNum];                         //生成 path 的行
    }
    for (i=0; i<vertexNum; i++)                             //初始化
        for (j=0; j<vertexNum; j++)
        {
            dist[i][j]=matrix[i][j];
            if (i!=j && dist[i][j]<infinity)
                path[i][j]=i;
            else
                path[i][j]=-1;
        }
    for (k=0; k<vertexNum; k++)
        for (i=0; i<vertexNum; i++)
            for (j=0; j<vertexNum; j++)
                if (dist[i][j]>dist[i][k]+dist[k][j])    //从 i 经 k 到 j 的路径更短
                {
                    dist[i][j]=dist[i][k]+dist[k][j];    //更新 i 到 j 的最短路径长度
                    path[i][j]=path[k][j];               //修改 j 的前驱
                }
    for (i=0; i<vertexNum; i++)
    {
        delete[] dist[i];
        delete[] path[i];
    }
    delete[] dist;
    delete[] path;
}
```

对于图 7-23 所示的有向网，采用 Floyd 算法求解最短路径的过程中，数组 dist 和 path 的变化情况见表 7-7。

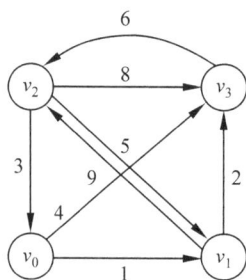

图 7-23 有向网

邻接矩阵:

$$\begin{array}{c} \\ 0 \\ 1 \\ 2 \\ 3 \end{array} \begin{array}{cccc} 0 & 1 & 2 & 3 \\ \begin{bmatrix} 0 & 1 & \infty & 4 \\ \infty & 0 & 9 & 2 \\ 3 & 5 & 0 & 8 \\ \infty & \infty & 6 & 0 \end{bmatrix} \end{array}$$

表 7-7 Floyd 算法求解最短路径过程中路径及长度的变化情况

长 度	顶 点																			
	$dist^{(-1)}$				$dist^{(0)}$				$dist^{(1)}$				$dist^{(2)}$				$dist^{(3)}$			
	0	1	2	3	0	1	2	3	0	1	2	3	0	1	2	3	0	1	2	3
0	0	1	∞	4	0	1	∞	4	0	1	10	3	0	1	10	3	0	1	9	3
1	∞	0	9	2	∞	0	9	2	∞	0	9	2	12	0	9	2	11	0	8	2
2	3	5	0	8	3	4	0	7	3	4	0	6	3	4	0	6	3	4	0	6
3	∞	∞	6	0	∞	∞	6	0	∞	∞	6	0	9	10	6	0	9	10	6	0

长 度	顶 点																			
	$path^{(-1)}$				$path^{(0)}$				$path^{(1)}$				$path^{(2)}$				$path^{(3)}$			
	0	1	2	3	0	1	2	3	0	1	2	3	0	1	2	3	0	1	2	3
0	−1	0	−1	0	−1	0	−1	0	−1	0	1	1	−1	0	1	1	−1	0	3	1
1	−1	−1	1	1	−1	−1	1	1	−1	−1	1	1	2	−1	1	1	3	−1	3	1
2	2	2	−1	2	2	0	−1	0	2	0	−1	1	2	0	−1	1	2	0	−1	1
3	−1	−1	3	−1	−1	−1	3	−1	−1	−1	3	−1	2	2	3	−1	2	0	3	−1

　　得到最终的 dist 和 path 以后,由数组 dist 可以直接得到两个顶点之间的最短路径,例如 dist[1][2]=8,说明顶点 v_1 到顶点 v_2 的最短路径长度为 8。

　　由 path 数组可以推导出所有顶点之间的最短路径,其中第 i($0 \leqslant i \leqslant n-1$)行用于推导顶点 i 到其他各顶点的最短路径,例如,顶点 v_3 到顶点 v_1 的最短路径推导过程如下:path[3][1]=0,说明终点 v_1 的前一个顶点是 v_0,path[3][0]=2,说明顶点 v_0 的前一个顶点是 v_2,path[3][2]=3,说明顶点 v_2 的前一个顶点是 v_3,找到源点。依次得到的顶点序号为 1、0、2、3,则顶点 v_3 到 v_1 的最短路径为 (v_3, v_2, v_0, v_1)。

7.4.3 拓扑排序

1. AOV 网

　　一个无环的有向图称为**有向无环图**(Directed Acyclic Graph,DAG)。DAG 图是描述一项工程进行过程的有效工具。通常把教学计划、施工过程、生产流程、程序流程等都当成一个工程。除很小的工程之外，一般的工程都可以分为若干个称为活动(Activity)的子工程，而这些子工程之间通常存在一定的约束条件，如某些子工程必须在另一些子工程完成之后才能开始。

例如，计算机专业的学生必须完成一系列课程的学习，才能毕业(表 7-8 给出了部分课程)，其中有些课程是基础课，独立于其他课程，如"高等数学"，而有的课程必须等其先修课程全部学习完才能开始学习，如"数据结构"必须等学完"程序设计基础"和"离散数学"之后才能开始学习。先修课程规定了课程之间的优先关系，这个关系可以用有向图更清楚地表示，如图 7-24 所示，其中顶点表示课程学习，有向弧表示课程学习的优先关系。

表 7-8　计算机专业的部分课程及其先修关系

课程编号	课程名称	先修课程
C1	高等数学	无
C2	程序设计基础	无
C3	离散数学	C1、C2
C4	数据结构	C2、C3
C5	高级语言程序设计	C2
C6	编译原理	C4、C5
C7	操作系统	C4、C10
C8	普通物理	C1
C9	线性代数	C1
C10	计算机组成原理	C8

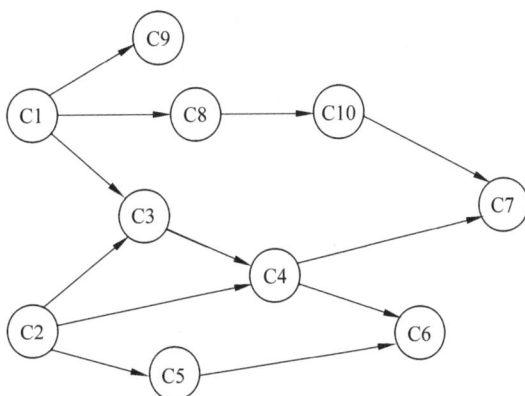

图 7-24　表示课程之间优先关系的有向图

这种用顶点表示活动，用弧表示活动之间的优先关系的有向图称为顶点表示活动的网(Activity On Vertex Network，**AOV 网**)。在 AOV 网中，若从顶点 v_i 到 v_j 之间存在一条路径，则称顶点 v_i 是 v_j 的前驱，顶点 v_j 是 v_i 的后继。若顶点 v_i 与 v_j 之间存在一条弧，则称顶点 v_i 是 v_j 的直接前驱，顶点 v_j 是 v_i 的直接后继。

在 AOV 网不应该出现回路，否则意味着某项活动的开始要以自己的完成为先决条件，显然这是不可能的。因此，对于给定的 AOV 网，应首先判断网中是否存在回路，检测方法是对有向图的顶点进行拓扑排序，若网中的所有顶点都在它的拓扑序列中，则 AOV 网中不存在回路。

2. 拓扑排序

对一个有向图 $G=(V,E)$ 进行**拓扑排序**，就是将图中的所有顶点排成一个线性序列，使得图中任意一对顶点 v_i 和 v_j，若 $<v_i,v_j>\in E$，则 v_i 在线性序列中出现在 v_j 之前，这样的线性序列称为拓扑有序的序列，简称**拓扑序列**。

例如，图 7-24 所示的有向图有以下两个拓扑序列(该图的拓扑序列不止两个)：

$$C1,C8,C9,C2,C3,C5,C4,C10,C6,C7$$
$$C1,C2,C8,C5,C3,C10,C4,C7,C9,C6$$

学生必须按照拓扑序列的顺序安排学习计划，才能保证学习任何一门课程时其先修课程都已经学过。

1）拓扑排序的过程

根据拓扑序列的定义,对有向图进行拓扑排序的基本思路如下:

（1）在有向图中选择一个没有前驱的顶点并输出（如果有多个顶点没有前驱,可任选一个）。

（2）从图中删除该顶点以及所有以它为尾的弧。

（3）重复(1)和(2),直到图中不存在无前驱的顶点。

（4）若此时输出的顶点数小于有向图中的顶点数,则说明有向图中存在回路,否则输出的顶点序列为一个拓扑序列。

例如,对图 7-25(a)所示的 AOV 网进行拓扑排序,排序过程如图 7-25(b)~(g)所示,得到的拓扑序列为 $v_1,v_2,v_3,v_7,v_5,v_4,v_6$。

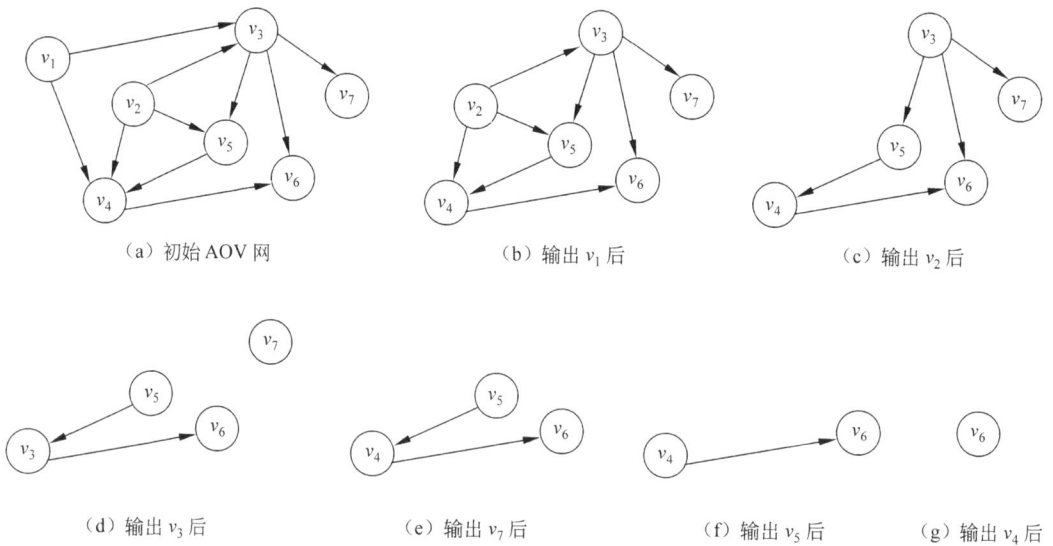

（a）初始 AOV 网　　　　（b）输出 v_1 后　　　　（c）输出 v_2 后

（d）输出 v_3 后　　　（e）输出 v_7 后　　　（f）输出 v_5 后　　　（g）输出 v_4 后

图 7-25　AOV 网拓扑排序过程

在实际应用中,对工程所对应的 AOV 网进行拓扑排序,若发现其中存在回路,则说明此项工程无法顺利完成。因此,人们经常利用拓扑排序检查某项工程是否能顺利完成或者按照什么样的顺序实施可以完成某项目。

2）拓扑排序的实现

在拓扑排序的过程中,需要查找所有以某顶点为尾的弧,即查找该顶点的所有出边,因此可采用邻接表作有向图的存储结构。

算法的实现需引入以下辅助的数据结构:

（1）一维数组 indegree[n]:用于存储各顶点的入度,没有前驱的顶点就是入度为 0 的顶点。删除顶点及以它为尾的弧的操作,可用弧头顶点的入度减 1 的方法实现,而不必改变图的存储结构进行。

（2）栈 s:用于暂存所有入度为 0 的顶点,以避免重复扫描数组 indegree 检测入度为 0 的顶点,提高算法的效率。

【算法实现】

```
template <typename T>
bool ALDirGraph<T>::TopSort(int topo[])          //topo 用于存储拓扑序列的顶点编号
{
    int i, u, v, count=0;
    int * indegree=new int[vertexNum];
    SqStack<int>s(vertexNum);
    for (i=0; i<vertexNum; i++)
        indegree[i]=0;
    for (i=0; i<vertexNum; i++)                   //求所有顶点的入度
    {
        u=FirstAdjVex(i);
        while (u>=0)
        {
            indegree[u]++;
            u=NextAdjVex(i, u);
        }
    }
    for (i=0; i<vertexNum; i++)                   //入度为 0 的顶点进栈
        if (indegree[i]==0)
            s.Push(i);
    while (!s.Empty())
    {
        s.Pop(v);                                 //栈顶顶点出栈
        topo[count]=v;                            //将顶点编号保存到拓扑序列数组中
        count++;                                  //记录顶点的个数
        u=FirstAdjVex(v);
        while (u!=-1)
        {
            --indegree[u];                        //邻接顶点的入度减 1
            if (indegree[u]==0)
                s.Push(u);
            u=NextAdjVex(v, u);
        }
    }
    delete[] indegree;
    if (count<vertexNum)
        return false;
    return true;
}
```

【算法分析】

假设有向图有 n 个顶点 e 条弧,求各顶点入度的时间复杂度为 $O(e)$;零入度顶点入栈的时间复杂度为 $O(n)$;在拓扑排序过程中,若有向图无回路,则每个顶点入栈一次,出栈一次,入度减 1 的操作在循环中共执行 e 次,因此总的时间复杂度为 $O(n+e)$。

7.4.4 关键路径

与 AOV 网对应的是 **AOE**(Activity On Edge)网,即以边表示活动的网。AOE 网是一个带权的有向无环图,其中顶点表示事件,弧表示活动,弧上的权值表示活动持续的时间。AOE 网通常用来计算工程的最短完成时间。

例如,图 7-26 所示的 AOE 网有 11 项活动、9 个事件。事件 v_0 表示整个工程的开始,事件 v_8 表示整个工程的结束,其他事件 $v_i(0 < i < 8)$ 表示在它之前的活动已经完成,在它之后的活动可以开始。如 v_1 表示在它之前的活动 a_1 已完成,在它之后的活动 a_4 可以开始;v_4 表示在它之前的活动 a_4 和 a_5 已完成,在它之后的活动 a_7 和 a_8 可以开始。弧的权值表示活动需要持续的时间,如活动 a_1 需要 6 天,活动 a_2 需要 4 天。

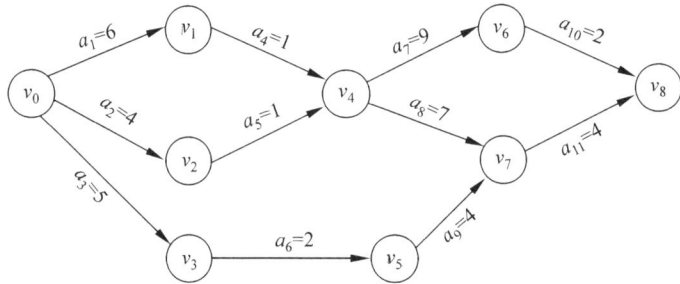

图 7-26 一个 AOE 网

AOE 网表示的工程只有一个开始点和一个完成点,所以,通常一个 AOE 网只有一个入度为 0 的顶点,称为**源点**,也只有一个出度为 0 的顶点,称为**汇点**。

AOE 网主要研究如下问题:

(1) 确定整个工程的最少完成时间。

(2) 为缩短工程的完成时间,哪些活动起关键的作用? 也就是加快这些活动的完工时间,能缩短整个工程的工期。

在 AOE 网中,有些活动可以并行进行,整个工程的最短完成时间应该是从源点到汇点的最长路径长度(指路径上所有权值之和),通常称这样的路径为**关键路径**。关键路径上的活动叫作**关键活动**,这些活动是影响工程进度的关键,它们的提前或拖延将使整个工程提前或拖延。

例如,图 7-26 所示的 AOE 网中,v_0 是源点,v_8 是汇点,关键路径有两条:$(v_0, v_1, v_4, v_6, v_8)$ 或 $(v_0, v_1, v_4, v_7, v_8)$,路径长度为 18。关键活动为 (a_1, a_4, a_7, a_{10}) 或 (a_1, a_4, a_8, a_{11})。关键活动 a_1 需要 6 天,如果 a_1 提前一天,整个工程也可以提前一天完成。因此,不论是计算工期,还是研究如何加快工程进度,主要问题都在于找到 AOE 网的关键路径。

为了求解关键路径,下面先介绍几个相关的量。

1) 事件 v_i 的最早发生时间 $ve(i)$

进入事件 v_i 的所有活动都结束,v_i 才可发生,因此事件 v_i 的最早发生时间 $ve(i)$ 是从源点到 v_i 的最长路径长度。例如,图 7-26 所示的 AOE 网中,只有 a_4 和 a_5 这两个活动都完成了,事件 v_4 才能发生,所以事件 v_4 的最早发生时间为 7,即从 v_0 到 v_4 的最长路径长度。

计算 $ve(i)$ 的值,可按照拓扑序列从源点开始向汇点递推。通常将工程的开始顶点事

件 v_0 的最早发生时间定义为 0，即

$$\begin{cases} \text{ve}(0) = 0 \\ \text{ve}(i) = \max\{\text{ve}(k) + w_{k,i}\} <v_k, v_i> \in T, \quad 1 \leqslant i \leqslant n-1 \end{cases}$$

其中，T 是所有以 v_i 为头的弧的集合，$w_{k,i}$ 为弧 $<v_k, v_i>$ 上的权值，即对应活动 $<v_k, v_i>$ 的持续时间。

2) 事件 v_i 的最迟发生时间 $\text{vl}(i)$

事件 v_i 的最迟发生时间 $\text{vl}(i)$ 是在不影响整个工程工期的前提下，事件最迟发生的时间。为了不拖延工期，事件 v_i 的发生不得迟于其后继事件 v_k 的最迟发生时间 $\text{vl}(k)$ 减去活动 $<v_i, v_k>$ 的持续时间。

求出 $\text{ve}(i)$ 后，可按照逆拓扑序列从汇点开始向源点递推，求出 $\text{vl}(i)$。

$$\begin{cases} \text{vl}(n-1) = \text{ve}(n-1) \\ \text{vl}(i) = \min\{\text{vl}(k) - w_{i,k}\} <v_i, v_k> \in S, \quad 0 \leqslant i \leqslant n-2 \end{cases}$$

其中，S 是所有以 v_i 为尾的弧的集合，$w_{i,k}$ 为弧 $<v_i, v_k>$ 上的权值。

3) 活动 a_i 的最早开始时间 $e(i)$

若活动 a_i 由弧 $<v_j, v_k>$ 表示，根据 AOE 网的性质，只有事件 v_j 发生了，活动 a_i 才能开始。因此，活动 a_i 的最早开始时间等于事件 v_j 的最早发生时间 $\text{ve}(j)$，即

$$e(i) = \text{ve}(j)$$

4) 活动 a_i 的最迟开始时间 $l(i)$

活动 a_i 的最迟开始时间 $l(i)$ 是指在不推迟整个工期的前提下，活动 a_i 必须开始的最晚时间。若活动 a_i 由弧 $<v_j, v_k>$ 表示，则活动 a_i 的开始时间需保证不延误事件 v_k 的最迟发生时间。因此，活动 a_i 的最迟开始时间等于事件 v_k 的最迟发生时间 $\text{vl}(k)$ 减去活动 a_i 的持续时间，即

$$l(i) = \text{vl}(k) - w_{j,k}$$

一个活动 a_i 的最迟开始时间 $l(i)$ 和其最早开始时间 $e(i)$ 的差值 $l(i) - e(i)$ 是该活动完成的时间余量。它是在不增加完成整个工程所需的总时间的情况下，活动 a_i 可以拖延的时间。当一项活动的时间余量为零时，说明该活动必须如期完成，否则就会拖延整个工程的进度，因此 $l(i) = e(i)$ 的活动就是关键活动。

1. 关键路径的求解过程

(1) 按拓扑序列求出每个事件的最早发生时间 $\text{ve}(i)$。

(2) 按逆拓扑序列求出每个事件的最迟发生时间 $vl(i)$。

(3) 求出每个活动的最早开始时间 $e(i)$。

(4) 求出每个活动的最迟开始时间 $l(i)$。

(5) $l(i) = e(i)$ 的活动 a_i，即关键活动。由关键活动组成的从源点到汇点的每一条路径就是关键路径，关键路径可能不止一条。

【例 7.1】 对图 7-26 所示的 AOE 网，计算关键路径。

(1) 计算各事件 v_i 的最早发生时间 $\text{ve}(i)$。

ve(0) = 0

ve(1) = ve(0) + $w_{0,1}$ = 6

ve(2) = ve(0) + $w_{0,2}$ = 4

$$ve(3)=ve(0)+w_{0,3}=5$$

$$ve(4)=\text{Max}\{ve(1)+w_{1,4},ve(2)+w_{2,4}\}=\{7,5\}=7$$

$$ve(5)=ve(3)+w_{3,5}=7$$

$$ve(6)=ve(4)+w_{4,6}=16$$

$$ve(7)=\text{Max}\{ve(4)+w_{4,7},ve(5)+w_{5,7}\}=\{14,11\}=14$$

$$ve(8)=\text{Max}\{ve(6)+w_{6,8},ve(7)+w_{7,8}\}=\{18,18\}=18$$

（2）计算各事件 v_i 的最迟发生时间 $vl(i)$。

$$vl(8)=ve(8)=18$$

$$vl(7)=vl(8)-w_{7,8}=14$$

$$vl(6)=vl(8)-w_{6,8}=16$$

$$vl(5)=vl(7)-w_{5,7}=10$$

$$vl(4)=\text{Min}\{vl(6)-w_{4,6},vl(7)-w_{4,7}\}=\text{Min}\{7,7\}=7$$

$$vl(3)=vl(5)-w_{3,5}=8$$

$$vl(2)=vl(4)-w_{2,4}=6$$

$$vl(1)=vl(4)-w_{1,4}=6$$

$$vl(0)=\text{Min}\{vl(1)-w_{0,1},vl(2)-w_{0,2},vl(3)-w_{0,3}\}=\text{Min}\{0,2,3\}=0$$

（3）计算各活动 a_i 的最早开始时间 $e(i)$。

$$e(a_1)=ve(0)=0$$

$$e(a_2)=ve(0)=0$$

$$e(a_3)=ve(0)=0$$

$$e(a_4)=ve(1)=6$$

$$e(a_5)=ve(2)=4$$

$$e(a_6)=ve(3)=5$$

$$e(a_7)=ve(4)=7$$

$$e(a_8)=ve(4)=7$$

$$e(a_9)=ve(5)=7$$

$$e(a_{10})=ve(6)=16$$

$$e(a_{11})=ve(7)=14$$

（4）计算各活动 a_i 的最迟开始时间 $l(i)$。

$$l(a_{11})=vl(8)-w_{7,8}=14$$

$$l(a_{10})=vl(8)-w_{6,8}=16$$

$$l(a_9)=vl(7)-w_{5,7}=10$$

$$l(a_8)=vl(7)-w_{4,7}=7$$

$$l(a_7)=vl(6)-w_{4,6}=7$$

$$l(a_6)=vl(5)-w_{3,5}=8$$

$$l(a_5)=vl(4)-w_{2,4}=6$$

$$l(a_4)=vl(4)-w_{1,4}=6$$

$$l(a_3)=vl(3)-w_{0,3}=3$$

$$l(a_2)=vl(2)-w_{0,2}=2$$

$$l(a_1)=\mathrm{vl}(1)-w_{0,1}=0$$

将活动的最早开始时间和最迟开始时间汇总为表 7-9。

表 7-9　活动的开始时间

活动 a_i	最早开始时间 $e(i)$	最迟开始时间 $l(i)$	$l(i)-e(i)$
a_1	0	0	0
a_2	0	2	2
a_3	0	3	3
a_4	6	6	0
a_5	4	6	2
a_6	5	8	3
a_7	7	7	0
a_8	7	7	0
a_9	7	10	3
a_{10}	16	16	0
a_{11}	14	14	0

由表 7-9 可以看出,满足 $l(i)=e(i)$ 的关键活动为 $a_1,a_4,a_7,a_8,a_{10},a_{11}$,它们组成的关键路径有两条:$(v_0,v_1,v_4,v_6,v_8)$ 和 (v_0,v_1,v_4,v_7,v_8),如图 7-27 所示。

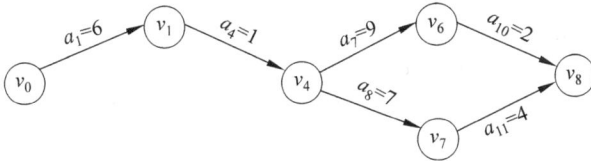

图 7-27　图 7-26 所示 AOE 网的关键路径

2. 关键路径的算法实现

由于每个事件的最早发生时间和最迟发生时间是在拓扑序列的基础上进行的,所以关键路径算法的实现要基于拓扑排序算法,有向网仍采用邻接表作为存储结构。

算法的实现需要引入以下辅助的数据结构:

(1)一维数组 ve[n]:用于存储事件的最早发生时间。

(2)一维数组 vl[n]:用于存储事件的最迟发生时间。

(3)一维数组 topo[n]:用于存储拓扑序列的顶点编号。

【算法实现】

```
template <typename T, typename WT>
void ALDirNet<T,WT>::CriticalPath()
{
    int i, k, pos, j;
    int e, l;
```

```
AdjListNetworkEdge<WT>edgenode;
WT * ve=new WT[vertexNum];
WT * vl=new WT[vertexNum];
int * topo=new int[vertexNum];
if (!TopSort(topo))                              //调用拓扑排序算法,将拓扑序列保存在 topo 中
    cout<<"有回路"<<endl;
for (i=0; i<vertexNum; i++)                      //将每个事件的最早发生时间初始化为 0
    ve[i]=0;
for (i=0; i<vertexNum; i++)                      //按拓扑序列依次求每个事件的最早发生时间
{
    k=topo[i];                                   //取得拓扑序列中的顶点号
    if (vexTable[k].adjLink!=NULL)
        for (pos=1; pos<=vexTable[k].adjLink->Length(); pos++)
        //更新 k 的邻接点的最早发生时间
        {
            vexTable[k].adjLink->GetElem(pos, edgenode);
            j=edgenode.adjVex;
            if (ve[j]<ve[k]+edgenode.weight)
                ve[j]=ve[k]+edgenode.weight;
        }
}
for (i=0; i<vertexNum; i++) //将每个事件的最迟发生时间初始化为汇点的最早发生时间
    vl[i]=ve[vertexNum-1];
for (i=vertexNum-1; i>0; i--)                    //按逆拓扑序列依次求每个事件的最迟发生时间
{
    k=topo[i];
    if (vexTable[k].adjLink!=NULL)
        for (pos=1; pos<=vexTable[k].adjLink->Length(); pos++)
        {
            vexTable[k].adjLink->GetElem(pos, edgenode);
            j=edgenode.adjVex;
            if (vl[k]>vl[j]-edgenode.weight)
                vl[k]=vl[j]-edgenode.weight;
        }
}
for (i=0; i<vertexNum; i++)                      //每次循环针对以顶点 vᵢ 为开始点的活动
{
    if (vexTable[i].adjLink!=NULL)
        for (pos=1; pos<=vexTable[i].adjLink->Length(); pos++)
        {
            vexTable[i].adjLink->GetElem(pos, edgenode);
                                                 //取出 vᵢ 的邻接点 vⱼ
            j=edgenode.adjVex;
            e=ve[i];                             //活动<vᵢ,vⱼ>的最早开始时间
            l=vl[j]-edgenode.weight; //活动<vᵢ,vⱼ>的最迟开始时间
            if (e==l)                            //若为关键活动,则输出
                cout<<"<"<<vexTable[i].data<<", "<<vexTable[j].data<<">"
```

```
                    <<endl;
                }
            }
        delete[] ve;
        delete[] vl;
        delete[] topo;
    }
```

【算法分析】

在计算每个事件的最早和最迟发生时间以及每个活动的最早和最迟开始时间时,都要对所有顶点以及每个顶点的边表中的所有边结点进行检查,因此,求关键路径算法的时间复杂度为 $O(n+e)$。

本 章 小 结

图是一种复杂的非线性数据结构,在实际生活中有广泛的应用。本章主要内容如下。

(1) 根据不同的分类规则,图分为多种类型:无向图(网)、有向图(网)、完全图、稀疏图、稠密图、连通图、强连通图。

(2) 图的存储结构有邻接矩阵、邻接表、十字链表和邻接多重表。邻接矩阵表示法借助二维数组表示元素之间的关系,实现起来较简单;邻接表、十字链表和邻接多重表属于链式存储结构,实现起来较复杂。在实际应用中具体采用哪种存储结构,应该根据图的类型和操作进行选择。邻接矩阵和邻接表是两种常用的存储结构,表 7-10 对两者进行了比较。

表 7-10 邻接矩阵和邻接表的比较

<table>
<tr><th colspan="2" rowspan="2"></th><th colspan="2">邻 接 矩 阵</th><th colspan="2">邻 接 表</th></tr>
<tr><th>无 向 图</th><th>有 向 图</th><th>无 向 图</th><th>有 向 图</th></tr>
<tr><td rowspan="4">时
间</td><td>求 顶 点 v_i
的度</td><td>扫描邻接矩阵的第
i 行或第 i 列
时间复杂度:$O(n)$</td><td>求入度:扫描邻接
矩阵的第 i 列
求出度:扫描邻接
矩阵的第 i 行
时间复杂度:$O(n)$</td><td>扫描 v_i 的边表
时间复杂度:最坏
情况为 $O(n)$</td><td>求入度:按顶点表顺序
扫描所有边表,时间复
杂度为 $O(n+e)$
求出度:扫描 v_i 的边
表,最坏情况时间复杂
度为 $O(n)$</td></tr>
<tr><td>求边的数目</td><td colspan="2">扫描邻接矩阵
时间复杂度:$O(n^2)$</td><td>按顶点表顺序扫描
所有边表,时间复
杂度为 $O(n+2e)$</td><td>按顶点表顺序扫描所
有边表,时间复杂度为
$O(n+e)$</td></tr>
<tr><td>判断边
$<v_i,v_j>$
是否存在</td><td colspan="2">直接检查 $A[i][j]$ 的值
时间复杂度:$O(1)$</td><td colspan="2">扫描 v_i 的边表
时间复杂度:最坏情况为 $O(n)$</td></tr>
<tr><td>增加删除
顶点</td><td colspan="2">不方便</td><td colspan="2">方便</td></tr>
</table>

		邻 接 矩 阵		邻 接 表	
		无 向 图	有 向 图	无 向 图	有 向 图
空间	空间复杂度	$O(n^2)$		$O(n+e)$	
	存储单元	矩阵对称,可压缩存储只需 $n(n-1)/2$ 个单元	矩阵不对称需要 n^2 个单元	需要 $n+2e$ 个单元	需要 $n+e$ 个单元
	适用情况	稠密图		稀疏图	

(3) 图的遍历是实现图的其他操作的基础。图的遍历方法有两种:深度优先遍历和广度优先遍历。深度优先遍历类似于树的先序遍历,广度优先遍历类似于树的层次遍历。两种遍历方法的不同之处仅在于对顶点访问的顺序不同,因此时间复杂度相同。当用邻接矩阵存储时,时间复杂度为 $O(n^2)$,用邻接表存储时,时间复杂度为 $O(n+e)$。

(4) 现实生活中的很多问题都可以转化为图来解决,常用的算法有最小生成树、最短路径、拓扑排序和关键路径。

① 构造最小生成树的算法有两种:Prim 算法和 Kruskal 算法。Prim 算法的核心是归并点,时间复杂度为 $O(n^2)$,适用于稠密图;Kruskal 算法的核心是归并边,时间复杂度为 $O(n+e)$,适用于稀疏图。

② 最短路径算法有两种:一种是 Dijkstra 算法,用于求解单源点最短路径问题,是一个按路径长度递增的次序产生最短路径的算法,时间复杂度为 $O(n^2)$;另一种是 Floyd 算法,用于求解顶点对之间的最短路径,时间复杂度为 $O(n^3)$。

③ 拓扑排序和关键路径都是有向无环图的应用。拓扑排序基于用顶点表示活动的有向图,即 AOV 网。对于有向无环图,图中所有顶点一定能够排成一个拓扑有序序列,且拓扑序列不唯一。用邻接表表示图,拓扑排序的时间复杂度为 $O(n+e)$。关键路径是基于用弧表示活动的有向图,即 AOE 网。关键路径上的活动称为关键活动,这些活动是影响工程进度的关键。关键路径算法的实现是在拓扑排序的基础上,用邻接表表示图,算法的时间复杂度为 $O(n+e)$。

习 题 7

1. 选择题

(1) 图中有关路径的定义是( )。

　　A. 由相邻顶点序偶形成的序列　　　　B. 由不同顶点形成的序列

　　C. 由不同边形成的序列　　　　　　　D. 上述定义都不是

(2) 含有 n 个顶点的连通无向图,其边的个数至少为( )。

　　A. $n-1$　　　　　B. n　　　　　　C. $n+1$　　　　　D. $n\log_2 n$

(3) 一个有 n 个顶点的无向图,最少有( )个连通分量,最多有( )个连通分量。

　　A. 0　　　　　　B. 1　　　　　　C. $n-1$　　　　　D. n

(4) 以下关于有向图的说法中,正确的是( )。

A. 强连通图中任何顶点到其他所有顶点都有弧

B. 有向完全图一定是强连通图

C. 有向图中某顶点的入度等于出度

D. 有向图边集的子集和顶点集的子集可构成原有向图的子图

(5) 有向网 N 用邻接矩阵 A 存储,则顶点 i 的入度等于 A 中( )。

    A. 第 i 行非无穷的元素之和

    B. 第 i 列非无穷且非 0 的元素个数

    C. 第 i 行非无穷且非 0 的元素个数

    D. 第 i 行与第 i 列非无穷且非 0 的元素之和

(6) 已知一个有向图用邻接矩阵表示,要删除所有从第 i 个结点出发的弧,应将邻接矩阵的( )。

    A. 第 i 行删除   B. 第 i 行全部元素置为 0

    C. 第 i 列删除   D. 第 i 列全部元素置为 0

(7) 在有向图的邻接表存储结构中,顶点 v 在边表中出现的次数是( )。

    A. 顶点 v 的度   B. 顶点 v 的出度

    C. 顶点 v 的入度   D. 依附于顶点 v 的边数

(8) 对于有向图,其邻接矩阵表示相比邻接表表示更易进行的操作为( )。

    A. 求一个顶点的邻接点   B. 求一个顶点的度

    C. 深度优先遍历   D. 广度优先遍历

(9) 下列关于图的存储结构描述中,错误的是( )。

    A. 无向图的邻接矩阵是对称的,因此,只要存储其邻接矩阵的上(下)三角部分的元素即可

    B. 图的邻接矩阵和邻接表表示都是唯一的

    C. 采用邻接矩阵作为存储结构时,便于判断两个顶点之间是否有边,采用邻接表表示时,便于添加和删除顶点

    D. 稠密图采用邻接矩阵作为存储结构较适宜,稀疏图采用邻接表作为存储结构较好

(10) 下列说法不正确的是( )。

    A. 图的遍历是从给定的源点出发,每一个顶点仅被访问一次

    B. 图的深度优先遍历不适合有向图

    C. 遍历的基本算法有两种:深度优先遍历和广度优先遍历

    D. 图的深度优先遍历是一个递归过程

(11) 如果从无向图的任一顶点出发,进行一次深度优先遍历即可访问所有顶点,则该图一定是( )。

    A. 完全图   B. 连通图   C. 有回路   D. 一棵树

(12) 任何一个连通无向网的最小生成树( )。

    A. 只有一棵   B. 有一棵或多棵   C. 一定有多棵   D. 可能不存在

(13) 下列关于最小生成树的描述中,正确的是( )。

Ⅰ. 最小生成树的代价唯一

Ⅱ. 所有权值最小的边一定会出现在所有的最小生成树中

Ⅲ. 使用 Prim 算法从不同顶点出发得到的最小生成树一定相同

Ⅳ. 使用 Prim 算法和 Kruskal 算法得到的最小生成树总不相同

  A. 仅Ⅰ   B. 仅Ⅱ   C. Ⅱ和Ⅳ   D. Ⅰ和Ⅲ

(14) 以下说法正确的是( )。

  A. 连通分量是无向图中的极小连通子图

  B. 强连通分量是有向图中的极大强连通子图

  C. 在一个有向图的拓扑序列中,若顶点 a 在顶点 b 之前,则图中必有一条弧$<a$, $b>$

  D. 对有向图 G,如果从任一顶点出发进行一次深度优先或广度优先搜索能访问到每个顶点,则该图一定是完全图

(15) 下列关于图的叙述中,正确的是( )。

Ⅰ. 回路是简单路径

Ⅱ. 存储稀疏图,用邻接矩阵比邻接表更省空间

Ⅲ. 若有向图中存在拓扑序列,则该图不存在回路

  A. 仅Ⅰ   B. Ⅰ和Ⅱ   C. 仅Ⅲ   D. Ⅰ和Ⅲ

(16) 若用邻接矩阵存储有向图,矩阵主对角线以下的元素均为 0,则关于该图拓扑序列的结论是( )。

  A. 存在,且唯一   B. 存在,且不唯一

  C. 存在,可能唯一   D. 无法确定是否存在

(17) 在有向图 G 的拓扑序列中,若顶点 v_i 在 v_j 之前,则下列情形不可能出现的是( )。

  A. G 中有边$<v_i,v_j>$ B. G 中有一条从 v_i 到 v_j 的路径

  C. G 中没有边$<v_i,v_j>$ D. G 中有一条从 v_j 到 v_i 的路径

(18) 任何一个有向图的拓扑序列( )。

  A. 不存在   B. 有一个   C. 一定有多个 D. 有 0 个或多个

(19) 关键路径是 AOE 网中( )。

  A. 从源点到汇点的最长路径   B. 从源点到汇点的最短路径

  C. 最长的回路   D. 最短的回路

(20) 下面说法不正确的是( )。

Ⅰ. 在 AOE 网中,减少任一关键活动上的权值后,整个工期都会相应缩短

Ⅱ. AOE 网工程的工期为关键活动上的权值之和

Ⅲ. 在关键路径上的活动都是关键活动,而关键活动也必定在关键路径上

  A. Ⅰ   B. Ⅱ   C. Ⅲ   D. Ⅰ和Ⅱ

2. 综合应用题

(1) 用邻接矩阵表示图时,矩阵元素的个数与顶点数是否有关? 与边的条数是否有关?

(2) 对于图 7-28 所示的有向图,完成下列要求。

① 求各顶点的入度和出度。

② 画出邻接矩阵。

③ 画出邻接表和逆邻接表。

（3）对于图 7-29 所示的无向网，画出邻接矩阵和邻接表。

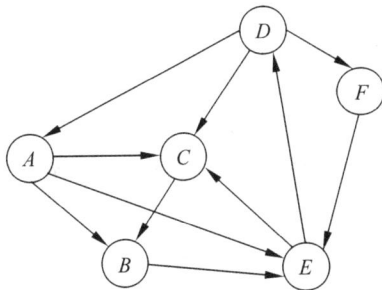

图 7-28　综合应用题图（2）

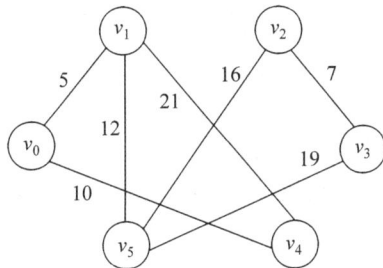

图 7-29　综合应用题图（3）

（4）已知图 G 的邻接表如图 7-30 所示，写出从顶点 v_1 出发的深度优先遍历序列和广度优先遍历序列。

（5）图 7-31 所示为一个地区的通信网，边表示城市间的通信线路，边上的权值表示架设线路花费的代价，如何选择能连通每个城市且总代价最低的 $n-1$ 条线路，请画出所有可能的选择。

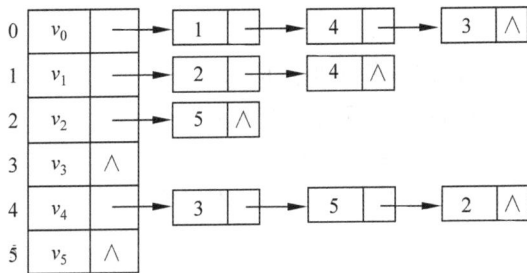

图 7-30　综合应用题图（4）

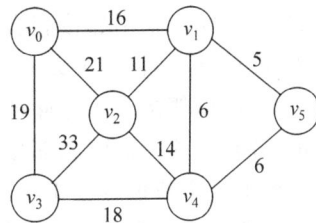

图 7-31　综合应用题图（5）

（6）如图 7-32 所示的有向网，求顶点 a 到其他各顶点的最短路径。

（7）给出图 7-33 所示有向无环图的所有拓扑有序序列。

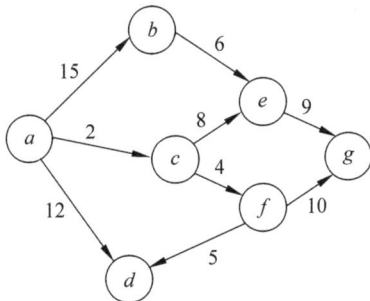

图 7-32　综合应用题图（6）

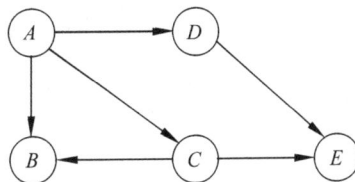

图 7-33　综合应用题图（7）

（8）请回答关于图的下列问题：

① 有 n 个顶点的有向强连通图最多有多少条边？最少有多少条边？

② 对于一个有向图,不用拓扑排序,如何判断图中是否存在回路?

(9) 对于图 7-34 所示的 AOE 网,完成以下要求:

① 这个工程最早在什么时间结束?

② 求出各活动的最早开始时间和最迟开始时间。

③ 确定哪些活动是关键活动,并写出关键路径。

(10) 图 7-35 所示是某县下属 6 个乡镇之间的交通图,乡镇之间公路的长度如图中边上标注的值。现要设立一个消防站,为全县的 6 个乡镇服务。消防站设立在哪个乡镇,才能使离消防站最远的乡镇到消防站的距离最短?

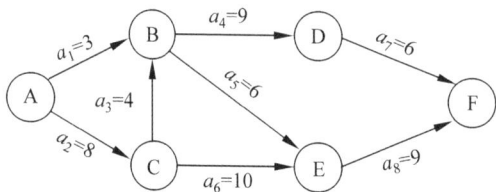

图 7-34　综合应用题图(9)

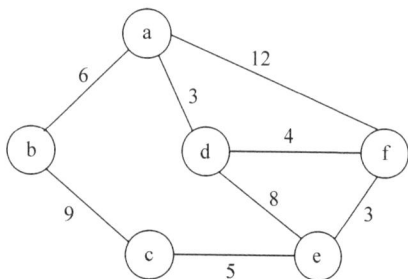

图 7-35　综合应用题图(10)

3. 算法设计

(1) 设有向图采用邻接表表示,设计算法,求图中每个顶点的入度。

(2) 设计算法,将一个无向图的邻接表表示转换成邻接矩阵表示。

(3) 写出以邻接表为存储结构的图的 DFS 的非递归算法。

(4) 分别以邻接矩阵和邻接表作为存储结构,实现以下图的基本操作。

① 增加一个新顶点 v,InsertVex(v)。

② 删除顶点 v 及其相关的边,DeleteVex(v)。

(5) 试基于图的深度优先搜索策略设计一个算法,判断以邻接表方式表示的有向图中是否存在从顶点 v_i 到顶点 $v_j (i \neq j)$ 的路径。

第8章 查 找

查找是日常生活中人们经常进行的操作,如在通信录中查找一个联系人的电话号码、查找自己的考试成绩、公安部门在庞大的户籍系统中查找某一公民的信息等。

在以非数值处理的计算机软件或应用系统中,查找使用的频率非常高,尤其是数据量非常大时,往往要消耗大量的时间进行查找运算,查找算法的效率就显得尤为重要。

本章将介绍几种典型结构(线性表、树、表、散列表)的查找算法。

8.1 查找的基本概念

8.1.1 查找的定义

查找(Search)又称为检索,就是在一个数据集合中寻找满足某种条件的元素。一般地,就是给定一个值,寻找这个值和某一个数据集合中的关键字相同的数据元素或记录。如果找到,则返回该元素的位置,也就是查找成功;如果找不到,则返回查找失败的信息。

1. 查找表(Search Table)

用于查找的数据集合称为查找表,它由同一数据类型的元素(或记录)组成,例如,想查询某学校某专业的学生信息,则相关数据库中一般会存储学生的学号、姓名、性别、学院、专业、班级等基本信息。所以,每个学生的信息并不是单一的值,而是多种信息的组合项,而把所有学生的信息综合起来就形成了一个数据集合,可以在该集合中查找需要的信息,这个数据集合就可称为一个查找表。表 8-1 就是一个查找表。

表 8-1 学生基本信息表

学　号	姓名	性别	学院	专　业	班级
1914050101	张宁	女	电气学院	电气自动化	1 班
1914050102	李宏	男	电气学院	电气自动化	1 班
1914210111	王悦佳	女	机械学院	工业设计	1 班
1914210201	韩东林	男	机械学院	工业设计	2 班
1914210203	赵思琪	女	机械学院	工业设计	2 班
…	…	…	…		
1914260101	王希	女	机械学院	工业工程	1 班

2. 数据项(Data Item)

数据项也称为属性,是数据表(查找表)中不可分割的最小单位。例如,学号、姓名等都是数据项,每一项都有项名和值之分,项名是该项的标识,是一个变量,值则根据每条记录的不同而不同。

3. 数据元素（Data Element）

数据元素也叫记录，是由若干数据项构成的数据单位，是在一个查找问题中作为整体参与查找的基础单位。例如，学生基本信息表中一个学生就是一行数据，也就是一条记录，表中的所有数据是数据元素的全部集合。

4. 关键字（Key）

关键字是数据元素中的一个数据项或多个数据组合项的值，它（它们）可以标识一个数据元素。能唯一确定一个数据元素的关键字称为**主关键字**（Primary Key），而可以识别多个数据元素（或记录）的关键字称为**次关键字**（Secondary Key）。例如，学号是主关键字，而姓名因为有重名的可能性，则是次关键字。

5. 静态查找表（Static Search Table）和动态查找表（Dynamic Search Table）

对于查找表的操作，有如下几种：

（1）查找某一个"特定的"数据元素是否在查找表中。

（2）查找某一个"特定的"数据元素的相关属性。

（3）向查找表中插入一个新的数据元素。

（4）查找表中某个"特定的"数据元素并删除它。

其中前两种操作对应的是**静态查找表**，即仅对查找表进行查找操作，而不改变查找表的内容。后两种操作对应的是**动态查找表**，即在查找的同时还可以改变查找表的内容（插入或删除数据元素等）。

本质上，查找所基于的查找表是集合，而集合中的各记录之间并没有本质关系，所以要获得较高的查找性能，可以考虑使用不同的数据结构改变数据元素之间的关系。例如，对于静态查找表，可以使用线性表组织数据，并且按照主关键字排序，之后使用折半查找算法进行高效的查找。而动态查找，可以使用二叉排序树、二叉平衡树等查找技术。

总之，一个查找算法的性能与使用哪种数据结构表示查找表有关，也与表中的关键字次序有关。

8.1.2 查找算法的性能分析

查找运算时间主要花费在关键字比较上。衡量查找算法的效率，通常把查找过程中关键字的平均比较次数（平均查找长度）作为衡量一个查找算法效率优劣的标准。**平均查找长度**（Average Search Length，ASL）通常指的是为了确定待查元素在查找表中的位置而进行的比较次数，对于具有 n 个元素的查找表，ASL 定义为

$$\text{ASL} = \sum_{i=1}^{n} p_i c_i$$

其中，p_i 为查找第 i 个对象的概率，满足条件 $\sum_{i=0}^{n-1} p_i = 1$，c_i 是查找到第 i 个对象所需的关键字的比较次数。

$p_i \times c_i$ 是成功查找第 i 个元素可能的关键字比较次数。

上述公式是查找表中所有元素的可能关键字比较次数的期望值，是对查找算法的整体衡量，并不针对表中的某一个特定元素。

8.2 基于静态表的查找

查找运算应根据查找表的存储结构特点选择适合的查找方法。本节介绍基于静态表的查找。

8.2.1 顺序查找

顺序查找(Sequential Search)是一种最基本、最简单的查找方法,就是将待查关键字和查找表中记录的关键字按顺序从第一个(或最后一个)记录逐一进行比较,如果某条记录的关键字正好和待查关键字相符,则查找成功,返回该记录的序号;如果一直到最后一条记录也没有找到和待查关键字相符的记录,则查找失败。顺序查找适用于存储结构为**顺序存储**或**链式存储**的线性表,而且一般适合查找表中数据元素数比较少的情况。具体算法如下。

```
template <typename T>
int Sequential_search(T a[], int n, T key)
{
    int i;
    for (i=1; i<=n; i++)
    {
        if (a[i]==key)
            return i;
    }
    return 0;
}
```

【算法说明】

(1) 数组 a 就是本程序的查找表。在程序中逐一将待查关键字 key 与数组 a 的每一个元素比较,经过比较,如有相同的,则返回元素下标;如果没找到,则返回 0。

(2) 数组 a 也可以是一个复合结构的数组,这时只把数组 a 和关键字 key 的类型定义成需要的结构或类型即可。

对于顺序查找,最好的情况是第一次就找到,算法的时间复杂度为 $O(1)$,最坏的情况是最后一个才找到,需要经过 n 次比较,时间复杂度为 $O(n)$。因为关键字在任何一个位置的概率相同,所以平均查找次数为 $(n+1)/2$,平均时间复杂度也为 $O(n)$。

8.2.2 折半查找

顺序查找的优点是算法简单,而且对静态查找表的记录没有任何要求,在一些数据量比较少的情况下,效率还是可以接受的,但是,如果数据量非常大,很明显,效率会很低下。如果数据量比较大,可以考虑将记录进行排序,之后采用折半查找方法。

折半查找(Binary Search)又称为二分查找。它要求查找表中的关键字必须是有序的

（一般是升序），而且线性表必须采取顺序存储。折半查找的基本思想：将待查关键字与查找表中的中间记录的关键字进行比较，如果相等，那么中间记录就是要查找的记录，查找成功；如果不一致，则比较待查关键字与中间记录关键字的大小，如果大于中间记录的关键字，则下一次的查找范围在查找表的右半区进行，否则在左半区进行；不断重复上述查找过程，直到查找成功，或者查找表中已经没有记录了，返回查找失败。

假设查找表中有 10 个记录，已经升序排序，现在设置 3 个指针（不是真正意义上的指针，而是 3 个变量，其值代表查找表中的记录下标，简称为指针）模拟一下二分查找的过程，具体步骤如下。

（1）设置 3 个指针，low 指向查找表的第一个元素，high 指向查找表的最后一个元素，mid 指向查找表的中间元素，mid＝(low＋high)/2，如图 8-1 所示。

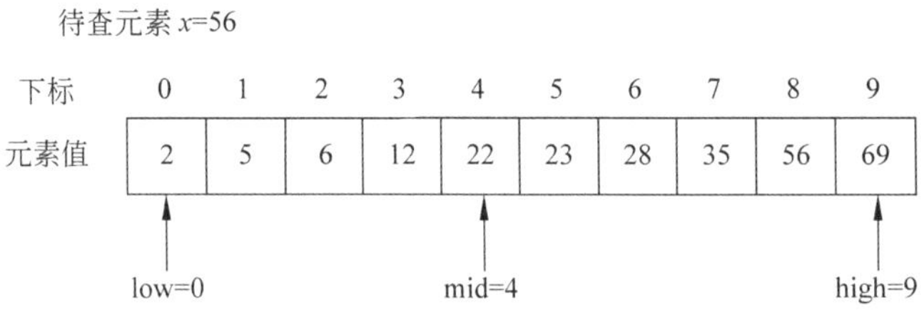

待查元素 x=56

下标	0	1	2	3	4	5	6	7	8	9
元素值	2	5	6	12	22	23	28	35	56	69

low=0　　　　mid=4　　　　high=9

图 8-1　二分法查找过程第(1)步

（2）将待查元素 x 与 mid 指针指向的元素进行对比，如果正好和 mid 指向的元素一致，则查找成功，返回 mid，即查找元素的下标。

如果 x 大于 mid 指向的元素，则修改查找范围为查找表的右半边：调整 low 指针的位置，low＝mid＋1。本例中，low＝mid＋1＝5，并通过新的 low 指针和 high 指针重新计算 mid 指针的位置，mid＝(low＋high)/2＝7，如图 8-2 所示。

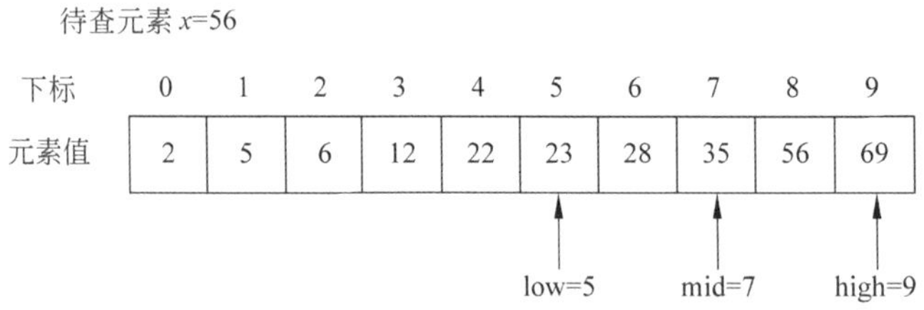

待查元素 x=56

下标	0	1	2	3	4	5	6	7	8	9
元素值	2	5	6	12	22	23	28	35	56	69

low=5　　mid=7　　high=9

图 8-2　二分法查找过程第(2)步

如果 x 小于 mid 指向的元素，则修改查找范围为查找表的左半边：调整 high 指针的位置，high＝mid－1，并根据 low 指针和 high 指针的新值重新计算 mid 指针的位置。

（3）重复第(2)步操作，因待查元素 x 比当前 mid 指向的元素(35)大，所以重新调整 low 指针和 mid 指针的位置，low＝mid＋1＝8，mid＝(low＋high)/2＝8，如图 8-3 所示。

（4）继续重复第(2)步，此时待查元素与 mid 指向的元素一致，查找成功，返回 mid。

二分法查找是不断重复执行上述步骤的第(2)步，直到找到某一个 mid 指向的元素和待查元素一致，表示查找成功，则查找结束；或者当 low 指针指向的下标超过 high 指针指向的元素下标时，表示查找失败。在这个过程中，每次查找都将查找范围缩小一半。折半查找的时间复杂度是 $O(\log_2 n)$，这种方法的查找效率远远高于顺序查找。但是，二分法查找在查找前需要提前对查找表进行排序，也会带来一些工作量。二分法查找的算法如下。

待查元素 *x*=56

下标	0	1	2	3	4	5	6	7	8	9
元素值	2	5	6	12	22	23	28	35	56	69

low=8   high=9

mid=8

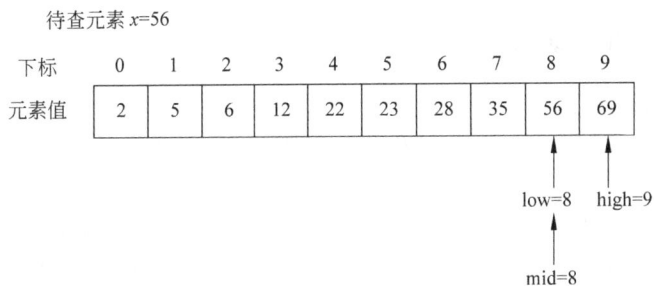

图 8-3   二分法查找过程第(3)步

【算法实现】

```
template <typename T>
int Bin_search(T s_list[], int n, T x)
{
    //设置 3 个指针分别指向记录的第一个、最后一个和中间位置
    int low, high, mid;
    low=0;
    high=n-1;
    mid=(low+high)/2;
    while (low<=high)
    {
        if (x==s_list[mid])
            break;                      //如果待查元素和中间元素相等,找到,则终止循环
        else if (x<s_list[mid])         //如果待查元素小于中间元素,则修改查找区域
        {
            high=mid-1;
            mid=(low+high)/2;
        }
        else                            //如果待查元素大于中间元素,则修改查找区域
        {
            low=mid+1;
            mid=(low+high)/2;
        }
    }
    if (low>high)                       //如果没找到,则返回-1
        return -1;
    else
        return mid;
}
```

8.3   二叉排序树

二叉排序树又称为二叉查找树,是一种基于二叉树的动态查找结构。

8.3.1 二叉排序树的概念

1. 二叉排序树的定义

二叉排序树(Binary Sort Tree)又称为二叉查找树,它或者是一棵空树,或者是具有下列性质的二叉树。

(1) 若它的左子树不为空,则左子树上所有结点的关键字值均小于它的根结点的关键字值。

(2) 若它的右子树不为空,则右子树上所有结点的关键字值均大于它的根结点的关键字值。

(3) 它的左、右子树分别是一棵二叉排序树。

从二叉排序树的定义可知,它首先是一棵二叉树,且左子树结点值一定比根结点小,而右子树结点值一定比根结点大。

2. 构造一棵二叉排序树

假设有一个数据集{34, 12, 56, 78, 9, 36, 76, 24},构造一棵如图 8-4 所示的二叉排序树,过程如下:

(1) 首先取数据集中的第一个数 34,将其作为根结点。

(2) 现在要将 12 插入到二叉树中,按照二叉排序树的定义,12 比 34 小,所以作为 34 的左孩子出现(见①)。

(3) 接着插入 56,因为 56>34,所以 56 作为根结点的右孩子出现(见②)。

图 8-4 二叉排序树的构造过程

(4) 当插入 78 时,比根结点 34 大,所以它将出现在根结点的右侧,继续往下寻找其对应的位置,因为 78 比 56 大,所以将其插入在 56 的右孩子处(见③)。

(5) 插入 9,因为 9 比根结点 34 小,比 12 也小,所以它将出现在 12 的左孩子处(见④)。

(6) 插入 36,因为 36 比根结点 34 大,比 56 小,所以它将出现在 56 的左孩子处(见⑤)。

(7) 插入 76,因为 76 比 34 大,比 56 也大,继续在 56 的右侧寻找位置,比 56 的右子树 78 小,所以应该插在 78 的左孩子处(见⑥)。

(8) 插入 24,因为 24 比 34 小,比 12 大,所以将它插在 12 的右孩子处(见⑦)。

通过以上操作过程,就得到了一棵二叉树,对这棵二叉树进行中序遍历,得到的序列为{9, 12, 24, 34, 36, 56, 76, 78},从中序遍历的结果看,二叉排序树的结点间满足一定的次序关系:左子树结点一定比双亲结点小,右子树结点一定比双亲结点大(从左到右,基本上是升序的)。

构造二叉排序树的目的并不是为了排序,而是为了提高查找、插入、删除等操作的效率。

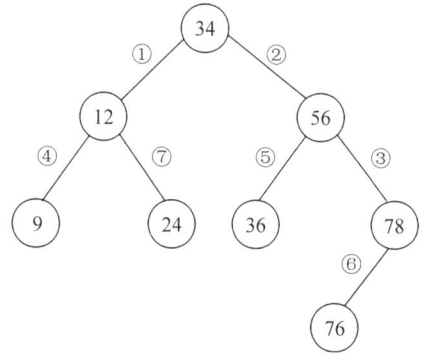

8.3.2 二叉排序树结点的定义

为了实现二叉排序树的查找、插入、删除等,需要先定义二叉排序树的结点结构。

```
template <typename T>
class Node
{
private:
    Node<T> * lchild, * rchild;        //结点的左、右孩子指针
```

```
    T key;                              //结点数据
public:
    Node();
    Node(T data, Node<T> * left=NULL, Node<T> * right =NULL);
};
```

Node 类主要为二叉排序树的结点提供定义,所以这里只需要定义构造函数。

1. 无参构造函数

无参构造函数,生成一个左、右孩子指针都为空的结点。

【算法实现】

```
template<typename T>
Node<T>:: Node()                        //无参构造函数
{
    lchild=NULL;
    rchild=NULL;
}
```

2. 3 个参数的构造函数

【算法实现】

```
template<typename T>
Node<T>:: Node(T data, Node<T> * left=NULL, Node<T> * right =NULL)
{
    key=data;
    lchild=left;
    rchild=right;
}
```

8.3.3 二叉排序树类的定义和实现

在结点类(Node)的基础上定义二叉排序树类,以实现二叉排序树的查找、插入、删除等操作。相关定义如下:

```
//二叉排序树类的定义
template <typename T>
class BinSearchTree
{
private:
    Node<T> * root;                         //根结点
    //二叉排序树的辅助函数模板
    void InOrder(Node<T> * current);        //二叉排序树的中序遍历
    void Insert(const T &data, Node<T> * &b);   //向二叉排序树中插入结点操作
    void Remove(const T &data, Node<T> * &a, Node<T> * &b);
                                            //删除二叉排序树的一个结点
    void Destory(Node<T> * current);        //销毁二叉排序树
    //查找二叉排序树中是否存在值为 data 的结点
```

```
        Node<T> * SearchNode(Node <T> * &r, const T &data);
public:                                    //二叉排序树的方法声明
        BinSearchTree();                   //构造函数
        ~BinSearchTree()                   //析构函数
        //由数组创建二叉排序树,n 是数组大小
        void Create(T * data, int n);
        Node<T> * SearchNode(const T &data) ;    //查找结点
        void InOrder();                    //中序遍历
        void Remove(const T&data);         //删除结点
        void Insert(const T &data);        //插入结点
        void Destory()                     //销毁二叉排序树
};
```

下面讨论二叉排序树的基本操作的算法及实现。

1. 二叉排序树的查找

(1) 二叉排序树的查找操作比较简单,当根结点不为空时,如果当前结点的关键字值与待查关键字相同,则查找成功,返回当前结点;否则,进行如下判断。

(2) 如果当前结点的关键字值大于待查关键字,则查找返回落在当前结点的左子树处,将指针指向当前结点的左孩子。

(3) 如果当前结点的关键字值小于待查关键字,则查找返回落在当前结点的右子树处,将指针指向当前结点的右孩子。

(4) 重复以上过程。

在图 8-4 所示的二叉排序树中,查找 78,查找过程如下。

从根结点开始查找,先与根结点比较,因为 78 比根结点 34 大,所以它只会出现在树的右侧。转到根结点的右孩子处继续比较,因为 78 比 56 大,所以继续转到往下一层的右孩子处。此处比较相等,查找成功,整个过程只需要 3 步,如图 8-5 所示。

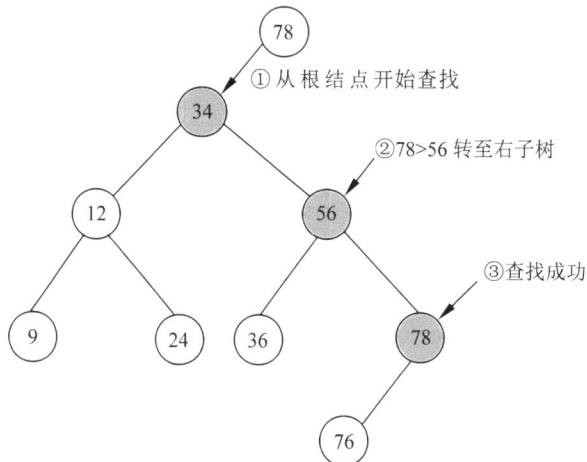

图 8-5　二叉排序树的查找过程

所以,二叉排序树查找的时间复杂度是 $O(\log_2 n)$,因为每进行一步,就会把剩余的查找结点排除一半(只是在最好的情况下,下面的章节会介绍二叉平衡树)。

二分查找和二叉排序树的查找都是每一次查找会排除一半的可能,所以它们的时间复杂度是一样的,但是二叉排序树比二分查找更有效的是插入操作。

下面给出二叉排序树的查找的具体算法。

【算法实现】

```
template <typename T>
Node<T> * BinSearchTree<T>::SearchNode(Node<T> * &r, const T &data)
{
    Node<T> * p=r;                        //指向根结点
    while (p)
    {
        if (p->key==data)
            return p;                     //找到,返回当前结点
        else if (p->key>data)             //若当前结点比待查元素大,则指向其左孩子
            p=p->lchild;
        else
            p=p->rchild;                  //否则,指向其右孩子
    }
    return NULL;
}
```

2. 二叉排序树的插入操作

在二叉排序树中,如果查找不成功(待查关键字不存在),可以将该关键字的结点插入二叉排序树的合适位置。

【例 8.1】 插入关键字为 35 的结点到图 8-4 所示的二叉排序树中。

(1)首先从根结点开始找,因为 35 大于 34,所以转至右子树继续找合适的位置,如图 8-6 所示。

(2)因为 35 小于 56,所以转至 56 的左子树继续,如图 8-7 所示。

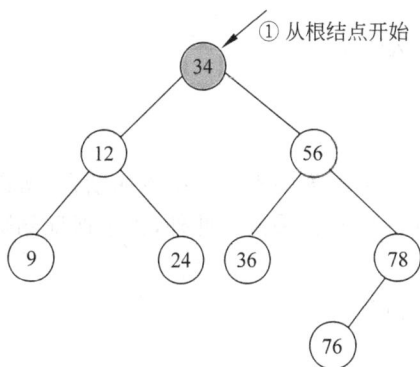

二叉排序树的插入操作

图 8-6 二叉排序树的插入结点的过程(1)　　　　图 8-7 二叉排序树的插入结点的过程(2)

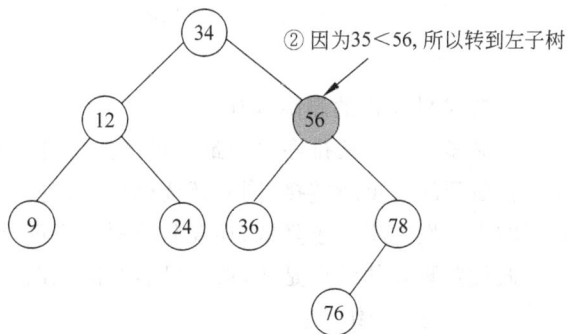

(3)因为 35 小于 36,所以转至 36 的左子树继续,如图 8-8 所示。

(4)此时 36 没有左子树,这就意味着找到了 35 的合适位置,应该插在 36 的左子树处,如图 8-9 所示。

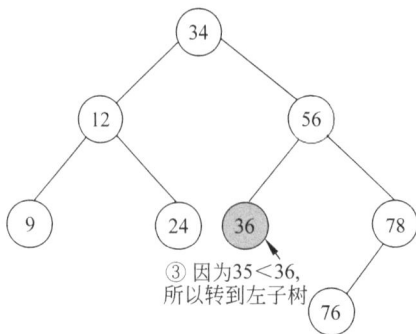

③ 因为35<36,
所以转到左子树

图 8-8 二叉排序树的插入结点的过程(3)

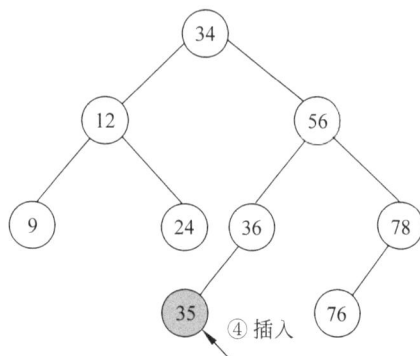

④ 插入

图 8-9 二叉排序树的插入结点的过程(4)

这个例子中,为了在二叉排序树中插入 35,共操作了 4 步,包括 3 步查找和 1 步插入,插入是发生在查找之后的,总共是$\log_2 n + 1$,忽略常数 1,算法时间复杂度就是 $O(\log_2 n)$。

【算法实现】

```
//递归在二叉排序树中插入一个结点
template <typename T>
void BinSearchTree<T>::Insert(const T &data, Node<T> * &p)
{
    if (p==NULL)                        //递归终止条件
    {
        p=new Node<T>(data);
        if (!p)
            cout<<"No Memory!"<<endl;
    }
    else if (data<p->key)               //插入到左子树
        Insert(data, p->lchild);
    else
        Insert(data, p->rchild);        //插入到右子树
}
```

3. 二叉排序树的删除操作

删除操作是二叉排序树中最麻烦的操作,因为整个树会因为删除一个结点而断开,所以需要将断开的树重新链接,同时还要确保二叉排序树的性质不会丢失。此外,为了保证删除后树的查找性能不至于降低,还要防止树的高度增加。

假设要删除的结点是 p,那么可能会出现以下 3 种情况:

(1) p 是叶子结点。

(2) p 只有左子树(或只有右子树)。

(3) p 的左、右子树都不为空。

对于第一种情况,如果 p 是叶子结点,则直接释放该结点所占空间。例如,图 8-4 中,如要删除 76,只要把其父结点(78)的左孩子域置为 NULL,之后释放该结点即可。

第二种情况,要删除的结点 p 只有一个子树。如果 p 没有父结点(p 是根结点),则 p

的唯一子树的根结点成为该二叉排序树的根结点。如果 p 有父结点,则令 p 的父结点的指针域指向 p 的唯一孩子结点,之后释放结点 p。

第三种情况,要删除的结点 p 有两棵非空子树,可将该结点替换为它的左子树的最大元素或者右子树的最小元素。然后将该结点删除。例如,删除图 8-4 中的结点 56,既可以用它左子树中的最大元素(36)替换该结点(见图 8-10),也可以使用右子树的最小结点(76)替换该结点,如图 8-11 所示。

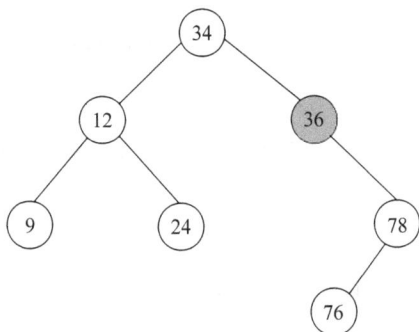

图 8-10　二叉排序树的结点删除(1)　　　　图 8-11　二叉排序树的结点删除(2)

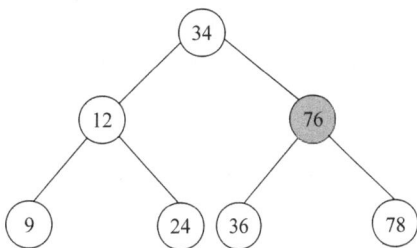

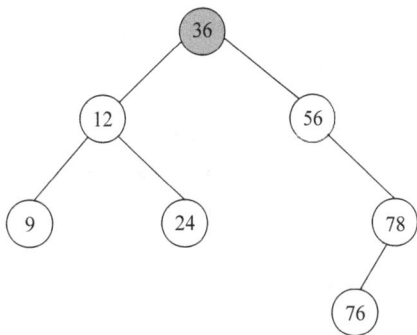

如果要删除图 8-4 中的结点 34(根结点),那么既可以用其左子树中的最大结点 24 替换它(见图 8-12),也可以使用右子树的最小结点 36 替换它,如图 8-13 所示。

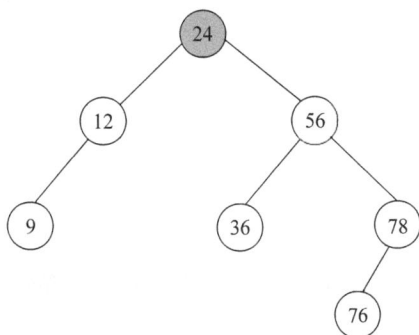

图 8-12　二叉排序树的结点删除(3)　　　　图 8-13　二叉排序树的结点删除(4)

注意:左子树的最大结点(右子树的最小结点)或者是叶子结点,或者是只有一棵子树的结点。在一个结点的左子树中寻找关键字值最大的结点的方法是:指向该结点的左子树的根结点,然后沿着根结点的右子树不断往下寻找,一直到右孩子的指针域为 NULL 为止(找到)。同样,寻找一个结点的右子树的最小结点的方法:指向该结点的右子树的根结点,沿着根结点的左子树不断往下寻找,一直到某一结点的左孩子指针域为 NULL 为止。

【算法实现】

```
//删除一个关键字值为 data 的结点
template <typename T>
void BinSearchTree<T>::Remove(const T &data, Node<T> * &a, Node<T> * &p)
{
```

```
Node<T> * temp1, * temp2;
if (p==NULL)
{
    cout<<"Invalid input";
    return;
}
if (data<p->key)                //递归,找到待删除结点的位置,小于当前结点,转至其左子树
    Remove(data, p, p->lchild);
else if (data>p->key)           //递归,找到待删除结点的位置,大于当前结点,转至其右子树
    Remove(data, p, p->rchild);
//已找到 data 所在结点
else if (p->lchild!=NULL&&p->rchild!=NULL)    //待删除结点有两个子树的情况
{
    temp2=p;
    temp1=p->rchild;
    if (temp1->lchild!=NULL)               //寻找该结点中右子树的最小结点取代之
    {
        while (temp1->lchild!=NULL)
        {
            temp2=temp1;
            temp1=temp1->lchild;
        }
        temp2->lchild=temp1->rchild;
    }
    else
        temp2->rchild=temp1->rchild;
    p->key=temp1->key;
    delete temp1;
}
else                                       //左、右子树中只有一个或者是叶子结点的情况
{
    temp1 =p;
    if (p->rchild!=NULL)                   //右子树不为空
    {
        temp1=p->rchild;
        p->key=temp1->key;
        p->rchild=temp1->rchild;
        p->lchild=temp1->lchild;
    }
    else if (p->lchild!=NULL)              //左子树不为空
    {
        temp1=p->lchild;
        p->key=temp1->key;
        p->rchild=temp1->rchild;
        p->lchild=temp1->lchild;
```

```
        }
        else if (p==root)
            root=NULL;
        else if (a->rchild==temp1)
            a->rchild=NULL;
        else
            a->lchild=NULL;
        delete temp1;
    }
}
```

8.4 二叉平衡树

二叉排序树算法的性能取决于二叉树的结构,而二叉排序树的形状则取决于其给定的数据集。例如,如果给定一组数据集{3,2,5,1,4,6},则构造的二叉排序树如图 8-14 所示。同样是这些数据,如果以另外一种顺序给定,例如{1,2,3,4,5,6},则二叉排序树如图 8-15 所示。虽然这棵二叉树也是一棵二叉排序树,但是已经退化为线性链表了。图 8-14 的查找效率远高于图 8-15,尤其是当结点数非常大时,效率差异会更明显。因此,当结点数目一定时,二叉排序树的高度应尽可能小。本节介绍一种特殊的二叉排序树——AVL(二叉平衡树或平衡二叉树)。AVL 得名于它的发明者俄罗斯数学家 G.M.Adelson-Velskii 和 E.M.Landis。

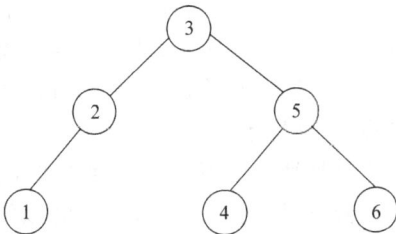

图 8-14 平衡的二叉排序树

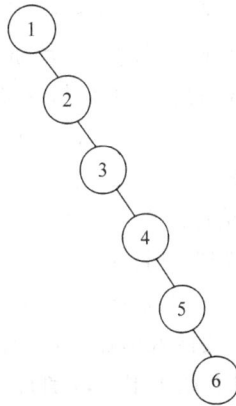

图 8-15 不平衡的二叉排序树

8.4.1 二叉平衡树的概念

1. 二叉平衡树的定义

二叉平衡树是一种高度平衡的二叉排序树,其定义如下:

(1) 一棵 AVL 树或者是空树,或者是具有如下性质的二叉排序树。

(2) 根的左子树和右子树的高度差的绝对值的最大值是 1。

二叉树上每个结点的左子树的高度减去右子树的高度的值称为该结点的**平衡因子**(**Balance Factor,BF**)。二叉平衡树上所有结点的平衡因子只能取(0,1,−1),这三个值分别对应该结点的左、右子树等高、左子树比较高、右子树比较高。如果一个结点的平衡因子的绝对值大于 1,那这棵二叉树就失去了平衡,不再是二叉平衡树了。

图 8-14 就是一棵二叉平衡树,因为它的每一个结点的平衡因子的绝对值都不大于 1。很明显,图 8-15 不是一棵二叉平衡树。

图 8-16 也不是一棵二叉平衡树,因为结点 3 的平衡因子为 2。那么,如何将一棵不平衡的二叉树变成二叉平衡树呢?二叉平衡树的失衡调整主要通过旋转最小不平衡子树实现。

最小不平衡子树:从新插入的结点向上查找,以第一个平衡因子的绝对值超过 1 的结点为根的子树称为最小不平衡子树。图 8-16 中,结点 3 为根的树就是最小不平衡子树。以 3 为中心,将最小不平衡子树向右旋转,即可得到一棵二叉平衡树,如图 8-17 所示。

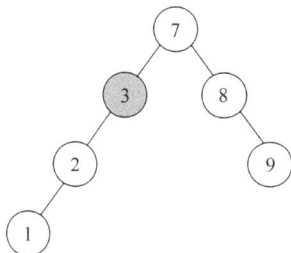

图 8-16 不平衡的二叉树   图 8-17 旋转后得到的二叉平衡树

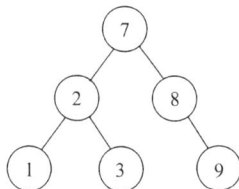

2. 构建一棵二叉平衡树

构建一棵二叉平衡树,就是在构建二叉排序树的过程中,每插入一个结点,都要检查该结点的插入是否破坏了树的平衡性,如果破坏了树的平衡性,则需要找出最小不平衡子树,在保持二叉排序树的基本性质的前提下,调整最小不平衡子树中各个结点之间的链接关系,进行左旋或右旋,使之保持平衡。

假设使用数据集{3,2,1,4,6,7,8,10,9,5}构造一棵二叉平衡树。

(1) 按照构造二叉排序树的过程,正常插入结点 3 和 2,当插入结点 1 时,结点 3 的 BF 为 2(每个结点的左上角的小数字是该结点的 BF),如图 8-18 所示,此时整棵树都是最小不平衡子树,需要进行旋转,因为 BF 为正,所以将整棵树进行右旋(顺时针),此时结点 2 为根结点,结点 1 是其左孩子,结点 3 是其右孩子,如图 8-19 所示。

(2) 继续插入结点 4 在结点 3 的右孩子处,此时整棵树依然还是一棵二叉平衡树(所有结点 BF 没有超出限定范围)。继续插入下一个结点 6,如图 8-20 所示,此时以结点 3 为根结点的子树为最小不平衡子树,且 BF 为负,需要进行左旋,如图 8-21 所示。

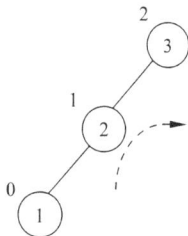

图 8-18 二叉平衡树的构建(1)   图 8-19 二叉平衡树的构建(2)   图 8-20 二叉平衡树的构建(3)

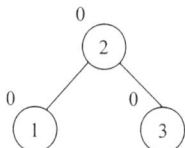

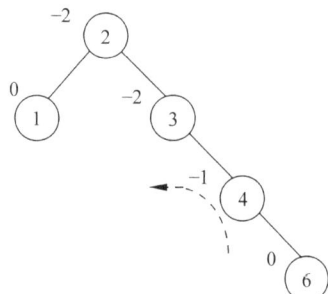

（3）继续插入结点 7，此时整棵树都成了最小不平衡子树，要对根结点进行旋转，因为 BF 为负，所以进行左旋（见图 8-22），左旋后，结点 4 成为根结点，而原来结点 3 是 4 的左孩子，若结点 3 还出现在根结点的右子树处，就不符合二叉排序树的性质了，将结点 3 变成结点 2 的右子树，如图 8-23 所示。

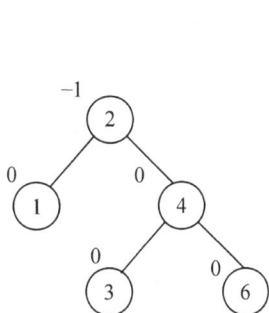

图 8-21　二叉平衡树的构建（4）　　图 8-22　二叉平衡树的构建（5）　　图 8-23　二叉平衡树的构建（6）

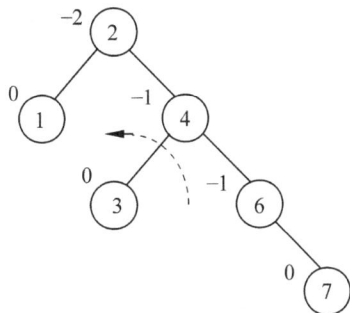

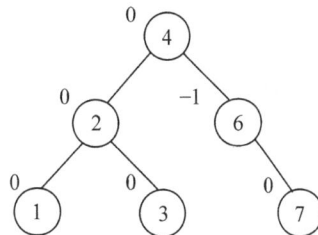

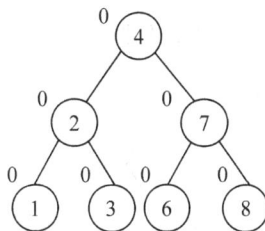

（4）继续插入结点 8，此时以结点 6 为根结点的树为最小不平衡子树，如图 8-24 所示。由于 BF 为负，因此左旋后，旋转的效果如图 8-25 所示。

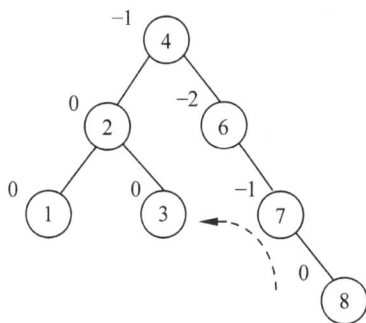

图 8-24　二叉平衡树的构建（7）　　图 8-25　二叉平衡树的构建（8）

（5）插入结点 10，此时所有结点的 BF 均在限定范围内，仍是一棵二叉平衡树。继续插入结点 9，如图 8-26 所示，结点 8 的 BF 为 -2，需要进行左旋，左旋后的效果如图 8-27 所示，此时需要注意，这棵树已经不是二叉排序树了，因为 9 小于 10，却出现在结点 10 的右子树处，为什么会出现这样的情况呢？观察图 8-26 发现：结点 8 的 BF 是 -2，而其右孩子 10 的 BF 是 1，当最小不平衡子树根结点的 BF 的符号与它的子树的 BF 的符号不一致时，需要先将其转换为一致再进行旋转。所以，先以 10 为根结点进行右旋，得到图 8-28，再以 8 为根结点进行左旋得到图 8-29。

（6）继续插入最后一个结点 5，此时二叉平衡树构建完成，如图 8-30 所示。

在二叉平衡树的创建过程中，掌握的原则是：一旦发现有不平衡的情况出现，马上处理。

3. 二叉平衡树的基本操作

二叉平衡树的结点结构和二叉排序树相比，只多加一个平衡因子即可。二叉平衡树的结点结构定义如下：

```
template <typename T>
class AvlNode                          //声明 AVL 树的结点结构
{
private:
    T info;                            //结点的值
    AvlNode * lchild;                  //左孩子
    AvlNode * rchild;                  //右孩子
    int bf;                            //平衡因子,左子树的高度减去右子树的高度
};
```

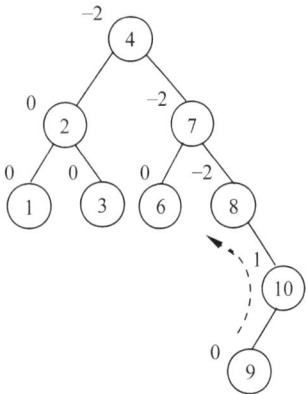

图 8-26　二叉平衡树的构建(9)　　图 8-27　二叉平衡树的构建(10)　　图 8-28　二叉平衡树的构建(11)

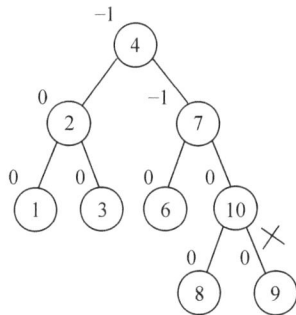

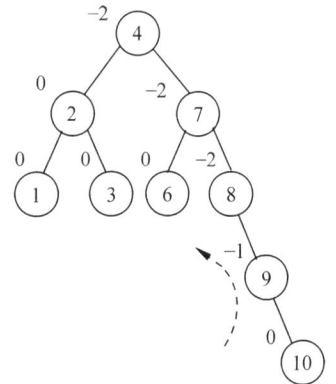

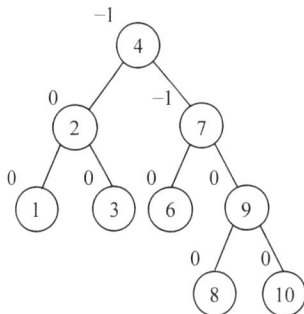

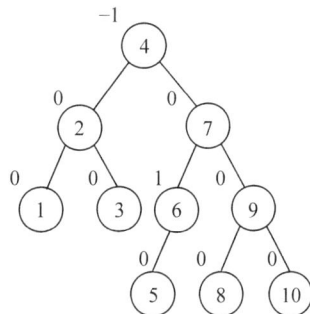

图 8-29　二叉平衡树的构建(12)　　　图 8-30　二叉平衡树的构建(13)

在结点类的基础上定义二叉平衡树类,以实现二叉平衡树的插入、删除、左旋、右旋等操作。二叉平衡树类的定义如下：

```
template <typename T>
class AvlTree
{
private:
    AvlNode<T> * root;                 //二叉平衡树的根结点
    //二叉平衡树的辅助函数
    //插入结点 x,使之仍平衡,成功返回 True,否则返回 False
```

```
bool Insert(AvlNode<T> * & ,T x,bool &taller);
//对以 subRoot 为根结点的二叉树进行左旋处理
void LeftRotate(AvlNode<T> * &subRoot);
//对以 subRoot 为根结点的二叉树进行右旋处理
void RightRotate(AvlNode<T> * &subRoot);
//插入结点后,如果引起 subRoot 的右子树高度不平衡,则调用函数,使之重新平衡
void rightBalance_Insert(AvlNode<T> * &subRoot, bool &taller);
//插入结点后,如果引起 subRoot 的左子树高度不平衡,则调用函数,使之重新平衡
void leftBalance_Insert(AvlNode<T> * &subRoot, bool &taller);
//二叉排序树的方法声明
public:
bool Insert(T x)                        //插入关键字值为 x 的结点
{
    bool taller =false;
    return Insert(root, x, taller );
}
};
```

8.4.2　二叉平衡树的平衡处理

由 8.4.1 节二叉平衡树的构建过程可知,凡是在插入结点后失去平衡的二叉平衡树都需要进行旋转,使之平衡。二叉平衡树的平衡处理分为以下 4 种情况。

1. 单右旋平衡处理

如果插入点在结点 A 的左孩子的左子树处,如图 8-31(a)所示,此时结点 A 所在的子树是最小不平衡子树,其 BF 为正(2),需要做右旋处理,具体过程为

(1) 使 A 的左孩子 B 成为新二叉树的根结点。

(2) 将 A 及其右子树向右下旋转使其成为 B 的右子树。

(3) 因为 B 原来的右子树 B_R 大于此时的根结点 B,所以调整其成为结点 A 的左子树。

旋转后的效果如图 8-31(b)所示。

2. 单左旋平衡处理

如果插入点在结点 A 的右孩子的右子树处,如图 8-32(a)所示,此时结点 A 所在的子树是最小不平衡子树,且结点 A 的 BF 为负(-2),做左旋处理。单左旋的调整规则与单右旋的调整规则是对称的。

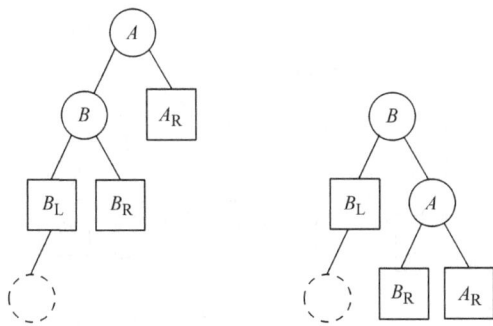

（a）旋转前　　　　　　（b）旋转后　　　　　（a）旋转前　　　　　　（b）旋转后

图 8-31　单右旋平衡处理　　　　　　　图 8-32　单左旋平衡处理

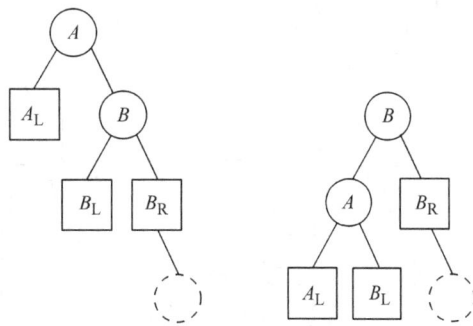

（1）使 A 的右孩子 B 成为新的二叉树的根结点。

（2）将 A 及其左子树向左下旋转成为 B 的左子树。

（3）因为 B 原来的左子树 B_L 小于此时的根结点 B 但是大于结点 A，所以将其调整为结点 A 的右子树。

旋转后的效果如图 8-32(b)所示。

3. 先左旋后右旋平衡处理

如果插入点在结点 A 的左孩子的右子树处，如图 8-33(a)所示，虚线矩形表示可能的插入点，此时结点 A 所在的子树是最小不平衡子树，不能进行单右旋处理，因为此时结点 A 的 BF 和结点 B 的 BF 的符号不统一，须先统一符号，所以先对以 B 为根结点的二叉树进行左旋处理，如图 8-33(b)所示，保证它的 BF 的符号与结点 A 一致，之后再对以 A 为根结点的二叉树进行右旋处理，如图 8-33(c)所示。

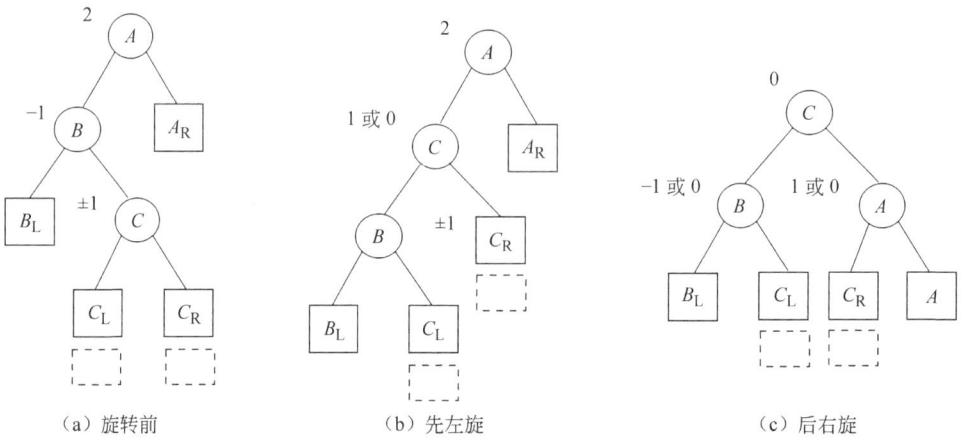

图 8-33　先左旋后右旋平衡处理

4. 先右旋后左旋平衡处理

如果插入点在结点 A 的右孩子的左子树处，如图 8-34(a)所示，虚线框表示可能的插入

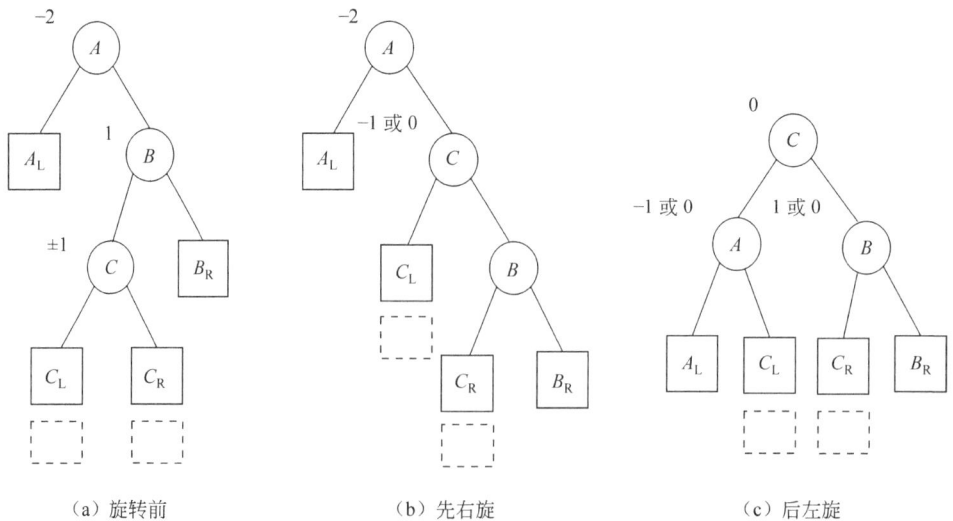

图 8-34　先右旋后左旋平衡处理

点,此时结点 A 所在的子树是最小不平衡子树,结点 A 的 BF 为 -2,但是结点 B 的 BF 为正,符号不统一,所以需要先对以 B 为根结点的二叉树进行右旋处理,如图 8-34(b)所示,使它的 BF 的符号与结点 A 一致,之后再对以 A 为根结点的二叉树进行左旋处理,如图 8-34(c)所示。

总之,当最小不平衡子树的根结点的 BF 与它的子树的 BF 符号不一致时,先将子树进行一次旋转,使之与最小不平衡子树的根结点的 BF 符号相同,再反向旋转一次,使整棵树平衡。

下面介绍二叉平衡树的左旋和右旋算法。

```
//左旋函数
template <typename T>
void AvlTree<T>::LeftRotate(AvlNode<T> * &subRoot)
{
    if ( (subRoot==NULL) || (subRoot->rchild==NULL) )
        return;
    //申请新结点,存放 subRoot 的值
    AvlNode<T> * temp=new AvlNode<T>(subRoot->data);
    if (temp==NULL ) return;
    temp->lchild=subRoot->lchild;          //temp 的左孩子指向 subRoot 的左孩子
    subRoot->lchild=temp;                  //SubRoot 的左孩子指向 temp
    temp->rchild=subRoot->rchild->lchild;
                                           //temp 的右孩子指向 subRoot 的右孩子的左孩子
    AvlNode<T> * temp2=subRoot->rchild;    //定义一个临时结点存放 subRoot 的右孩子
    subRoot->data=temp2->data;             //更新 subRoot 的值为其右孩子的值
    subRoot->rchild=temp2->rchild;         //更新 subRoot 的右孩子为其右子树的右孩子
    delete temp2;                          //删除临时结点
}
//右旋函数
template <typename T>
void AvlTree<T>::RightRotate(AvlNode<T> *  &subRoot)
{
    if ( (subRoot==NULL) || (subRoot->lchild==NULL) )
        return;
    AvlNode<T> * temp=new AvlNode<T>(subRoot->data);
    if (temp==NULL ) return;
    temp->rchild=subRoot->rchild;          //temp 的左子树指向 subRoot 的右孩子
    subRoot->rchild=temp;                  //subRoot 的右子树指向 temp
        //如果 subRoot 的左子树存在右子树,则被 temp 的左子树指向,否则为 NULL
    temp->lchild=subRoot->lchild->rchild;
    AvlNode<T> * temp2=subRoot->lchild;
    subRoot->data=temp2->data;             //更新 subRoot 的值为其左孩子的值
    subRoot->lchild=temp2->lchild;         //更新 subRoot 的左孩子为其左子树的左孩子
    delete temp2;                          //删除临时结点
}
```

了解到如何实现左旋和右旋之后,当插入结点引起平衡二叉树失衡时,要根据不同的情

况进行调整,具体分为两种情况:当在以 subRoot 为根结点的平衡二叉树的左侧插入结点,引起左子树增高而失衡时,则需要调用函数 leftBalance_Insert()进行调整;如果在以 subRoot 为根结点的平衡二叉树的左侧删除结点,引起右子树增高而失衡时,则需要调用函数 rightBalance_Delete()进行调整。两个函数的具体实现如下:

```
//如果插入结点后,subRoot 的左高度增加,引起不平衡,则调用此函数,使树重新平衡
template <typename T>
void AvlTree<T>::leftBalance_Insert(AvlNode<T> * &subRoot, bool &taller)
{
    AvlNode<T> * lchildsub=subRoot->lchild, * rchildsub;
    switch(lchildsub->bf)
    {   //根据 subRoot 的左子树的平衡因子进行相应的平衡调整
        case LH:                            //插入点在 subRoot 的左子树的左子树,右旋处理
            subRoot->bf=lchildsub->bf=EH;
            RightRotate(subRoot);
            taller=false; break;
        case EH:
            cout<<"树已经平衡化."<<endl;
            break;
        case RH:                            //插入点在 subRoot 的左子树的右子树上,先左旋,后右旋
            rchildsub=lchildsub->rchild;
            switch (rchildsub->bf)          //调整 subRoot 及其左孩子的平衡因子值
            {
              case LH:
                  subRoot->bf=RH;
                  lchildsub->bf=EH;
                  break;
              case EH:
                  subRoot->bf=lchildsub->bf=EH;
                  break;
              case RH:
                  subRoot->bf =EH;
                  lchildsub->bf=LH;
                  break;
            }
            rchildsub->bf=EH;
            LeftRotate(lchildsub);          //对 subRoot 的左子树进行左旋处理
            RightRotate(subRoot);           //对 subRoot 进行右旋处理
            taller=false;                   //以 subRoot 为根结点的二叉树已经平衡
        break;
    }
}
//如果删除结点后,subRoot 的左子树高度减少,引起不平衡,调用此函数,使树重新平衡
template <typename T>
void AvlTree<T>::rightBalance_Delete(AvlNode<T> * &subRoot, bool &shorter)
{
    AvlNode<T> * rchildsub=subRoot->rchild, * lchildsub;
```

```
        switch(rchildsub->bf)           //根据 subRoot 的右子树的平衡因子进行相应的调整
        {
          case RH:                       //插入点在 subRoot 的右子树的右子树上,单左旋处理
              subRoot->bf=subRoot->bf=EH;
              LeftRotate(subRoot);
              break;
          case EH:                       //subRoot 的右子树的平衡因子是平衡的,左旋 subRoot
              subRoot->bf=EH;
              rchildsub->bf=LH;
              LeftRotate(subRoot);
              break;
          case LH:                       //插入点在 subRoot 的右子树的左子树上,先右旋再左旋
              lchildsub=rchildsub->lchild;
              switch(lchildsub->bf)       //调整 subRoot 及其右子树的平衡因子值
              {
                case LH:
                    subRoot->bf=EH;
                    rchildsub->bf=RH;
                    break;
                case EH:
                    subRoot->bf=rchildsub->bf=EH;
                    break;
                case RH:
                    subRoot->bf=LH;
                    rchildsub->bf=EH;
                    break;
              }
              lchildsub->bf=EH;
              RightRotate(rchildsub);     //对 subRoot 的右子树进行右旋处理
              LeftRotate(subRoot);        //对 subRoot 进行左旋处理
              shorter=false;
              break;
        }
    }
```

8.4.3 二叉平衡树的插入操作

在一棵二叉平衡树中插入一个结点的步骤如下:

(1) 创建一个结点,其值为待插入元素。

(2) 在树中查找该结点应该插入的位置。

(3) 将新结点插入到树中。

在插入过程中,如果引起二叉树失衡,则需要调整平衡因子,并调用函数 leftBalance_
Insert()或 rightBalance_Insert()进行调整。具体算法如下:

```
//递归函数,在 subRoot 中查找合适的插入位置,插入值为 x 的结点
template <typename T>
```

```
bool AvlTree<T>::Insert(AvlNode<T> * & subRoot, T x, bool &taller)
{
    bool ok;
    if (subRoot==NULL)                   //函数的出口,从叶子结点插入
    {
        subRoot=new AvlNode<T>(x);
        ok=subRoot!=NULL ? true : false;
        if (ok)
            taller=true;
    }
    else if (x<subRoot->data)            //如果 x 的值小于 subRoot 的值
    {
        //Insert 的递归调用,从 subRoot 的左子树寻找合适的位置插入
        ok=Insert(subRoot->lchild, x, taller);
        if (taller)                      //如果插入后使得 subRoot 的左子树高度增加
        {
            switch (subRoot->bf)
            {
                case LH : leftBalance_Insert(subRoot, taller); break;
                case EH : subRoot->bf=LH; break;
                case RH : subRoot->bf=EH; taller=false; break;
            }
        }
    }
    else if (x>subRoot->data)            //如果 x 的值大于 subRoot 的值
    {
        //Insert 的递归调用,从 subRoot 的右子树寻找合适的位置插入
        ok=Insert(subRoot->rchild, x, taller);
        if (taller)                      //如果插入后使得 subRoot 的右子树高度增加
        {
            switch (subRoot->bf)
            {
                case LH : subRoot->bf=EH; taller=false; break;
                case EH : subRoot->bf=RH; break;
                case RH : rightBalance_Insert(subRoot, taller); break;
            }
        }
    }
    return ok;
}
```

8.5 B-树和 B＋树

经过前面的学习,我们应该知道树的查询效率与其高度是直接相关的,如果有大量的数据,无论是二叉查找树,还是二叉平衡树,可能都显得非常"瘦高",而且二叉查找树和二叉平衡树本质上都是基于内存的数据结构,如果大量数据存储在磁盘中,光是为了查找而进行的

读写磁盘操作所需要的开销就非常大。

B 树是一种 m 叉的多路平衡查找树,它的孩子结点少则 2 个,多则数千个,这样就将二叉树的"瘦高",变成了 m 叉树的"矮胖",大大降低了树的高度,使得 B 树这种数据结构更适合磁盘的读写。B 树的设计思想是:将相关数据尽可能集中在一起,以便一次读取多个数据,减少磁盘操作次数。到 1979 年,很多数据库系统都是用 B 树或者 B 树的各种变形结构实现存储和检索。

注意:B-树就是 B 树,B 树的英文名称为 B-tree,因为国内很多人将其翻译为 B-树,久而久之省略为 B 树,实际上 B 树和 B-树是一种树。

8.5.1 B 树

1. B 树的性质

B 树又称为多路平衡查找树。B 树中所有结点的孩子结点数的最大值称为 B 树的阶。一个 m 阶的 B 树是一棵高度平衡的 m 叉查找树,它或者是空树,或者是满足以下性质的树:

(1) 每个结点最多有 m 棵子树(至多含有 $m-1$ 个关键字)。

(2) 根结点至少有两个孩子,除根结点以外的所有非叶子结点至少有 $\lceil m/2 \rceil$ 个孩子。

(3) 有 k 个子结点的父结点包含 $k-1$ 个关键码,且升序排列。

(4) 所有叶子结点都在同一层。

图 8-35 所示是一棵 B 树。B 树中非叶子结点的结构为

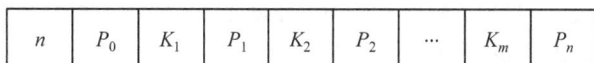

n	P_0	K_1	P_1	K_2	P_2	…	K_m	P_n

其中,n 是结点内关键码的实际个数;p_i 是指向子树的指针,$0 \leqslant i \leqslant n < m$;$k_i$ 是关键码,其中 $k_i < k_{i+1}$,$1 \leqslant i < n$。

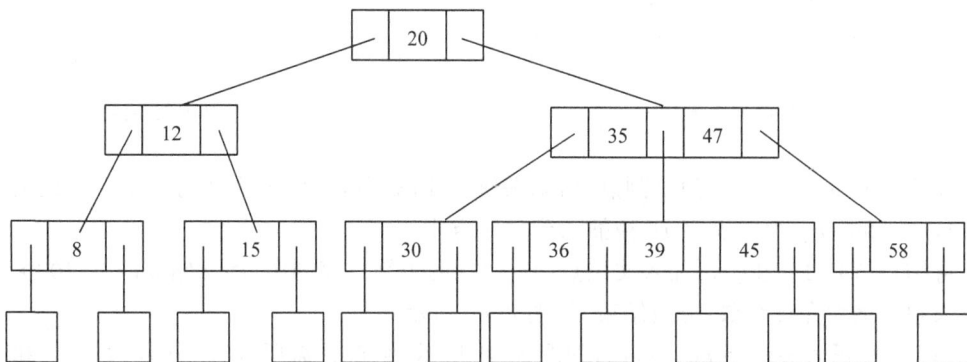

图 8-35 4 阶 B 树示意图

2. 生成一棵 B 树

B 树的生成是从空树开始,逐个插入关键字而得到,每次插入一个关键字不是在树中添加一个终端结点,而是首先在最底层的某个非终端结点中插入一个关键字,若该结点的关键字个数不超过 $m-1$,则插入完成,否则就要进行结点的分裂。以关键字序列{40,14,52,

15，16，17，80，92，75，78，79}为例,构建一棵 4 阶 B 树(每个结点最多有 4 棵子树,每个结点的关键字最大个数为 3),构建过程如下:

图 8-36 灰色框中的数字即该结点中的关键字个数。

(1) 依次插入关键字 14,40,52,如图 8-36 所示。保证当前结点的关键字个数不超过最大允许个数(4 阶最大允许个数为 3),就可以直接插入该结点中,不需要进行"分裂"处理。

(2) 继续插入关键字 15,如图 8-37 所示,此时结点的关键字个数(n)已经超过最大允许的个数 3,需要进行"分裂"处理。分裂序号是该结点中下标为 $n/2$(当前为个数为 4,4/2 为 2,下标从 0 开始计)的关键字,所以关键字 40 为分割点,分裂过程为:

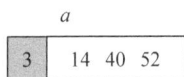

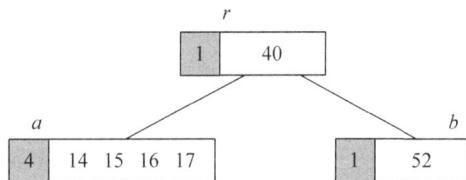

图 8-36　B 树的生成(1)　　　　图 8-37　B 树的生成(2)

① 以下标 index＝$n/2$ 为分割点,原结点分裂为 2 个结点,分别是 a：[14,15]和 b：[52]

② 因原结点没有父结点,故新建一个新结点 r,并将序号为 index 的关键字插入新结点 r 中。

③ 将结点 a 和 b 作为结点 r 的子结点,注意遵循 B 树规则。

④ 此时结点 r 的结点数未超过最大允许个数,分裂结束。分裂后的 B 树如图 8-38 所示。

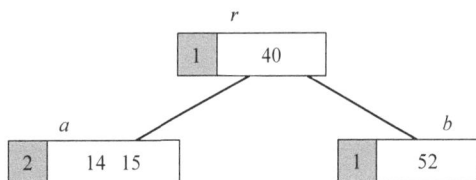

(3) 继续插入关键字 16、17 到结点 a 中,如图 8-39 所示,结点 a 的关键字个数超过了最大允许关键字个数,需要进行"分裂"处理。

图 8-38　B 树的生成(3)　　　　　　图 8-39　B 树的生成(4)

以下标 index＝$n/2$ 作为分割点,所以关键字 16 是分割点,将原来的结点分裂成两个结点[14,15]和[17],而关键字 16 被插入到父结点中。

将结点[14,15]和[17]加入父结点[16,40]的子结点序列中,因父结点[16,40]关键字个数未超出最大允许个数,分裂结束,如图 8-40 所示。

(4) 继续插入关键字 80,92,75,如图 8-41 所示,结点 b 需要进行"分裂"处理。和上面步骤一样,将关键字 80 作为分割点分裂成两个结点[52,75]和[92],关键字 80 插入到父结点中,新分裂得到的两个结点分别链接到父结点的下面,如图 8-42 所示。

(5) 继续插入关键字 78、79,如图 8-43 所示,此时结点 b 需要进行"分裂"处理,分裂后如图 8-44 所示。完成结点 b 的分裂后,父结点也达到了分裂条件,继续分裂。分裂后的效果如图 8-45 所示。

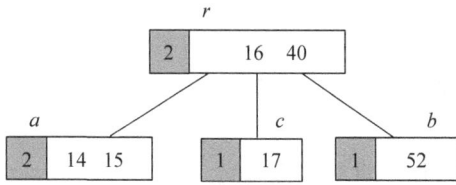

图 8-40　B 树的生成(5)

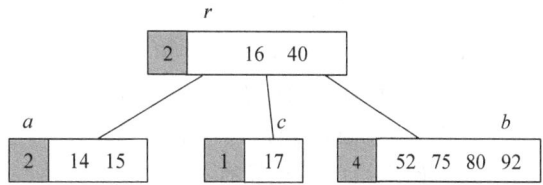

图 8-41　B 树的生成(6)

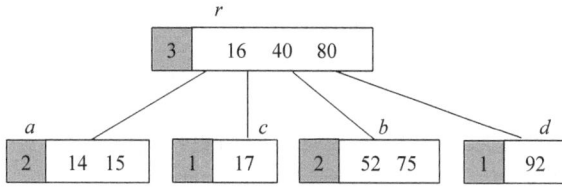

图 8-42　B 树的生成(7)

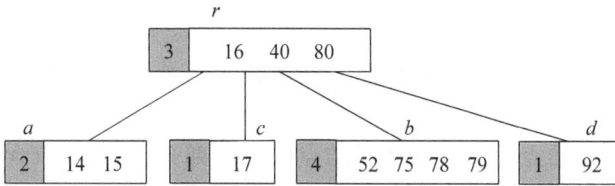

图 8-43　B 树的生成(8)

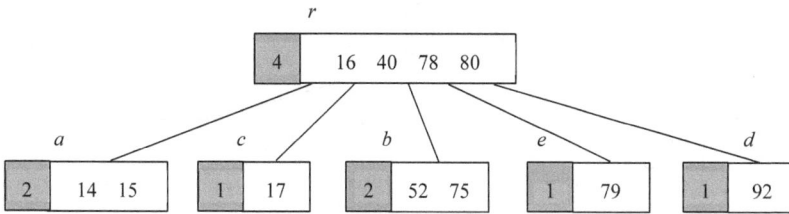

图 8-44　B 树的生成(9)

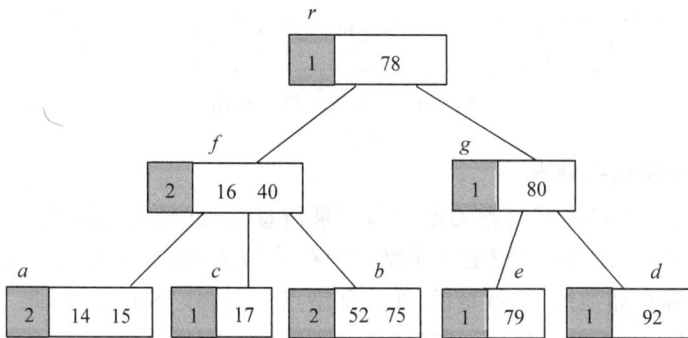

图 8-45　B 树的生成(10)

3. B树上的查找

在 B 树上查找从根结点开始,两步交替进行:

(1) 在当前结点使用二分法查找,如果找到该关键字,则返回相关记录;如果当前结点是叶子结点,则返回查找失败的信息。

(2) 如果当前结点没有找到,则沿着某一分支继续往下重复步骤(1)。

例如,在图 8-45 中查找关键字为 17 的记录,先查找根结点,然后进入第二层的最左侧分支(结点 f),在结点 f 中也没有找到,则继续进入第三层的右数第二个分支(结点 c),在该结点中找到关键字为 17 的记录,返回。

8.5.2 B+树

B+树是 B 树的一种变形,B+树比 B 树的应用更广泛。

1. B 树和 B+树的区别

一棵 m 阶的 B+树和 m 阶的 B 树的区别如下:

(1) 每个结点的关键字个数与孩子个数相等,所有非最下层的内层结点的关键字是对应子树的最大关键字。

(2) 叶子结点包含了全部关键字信息及指向相应记录的指针,且叶子结点本身按照关键码从小到大的顺序链接。

(3) 所有的非叶子结点可以看成叶子结点的索引部分,结点中仅含有其子树中的最大关键字。

图 8-46 是一棵 4 阶 B+树。

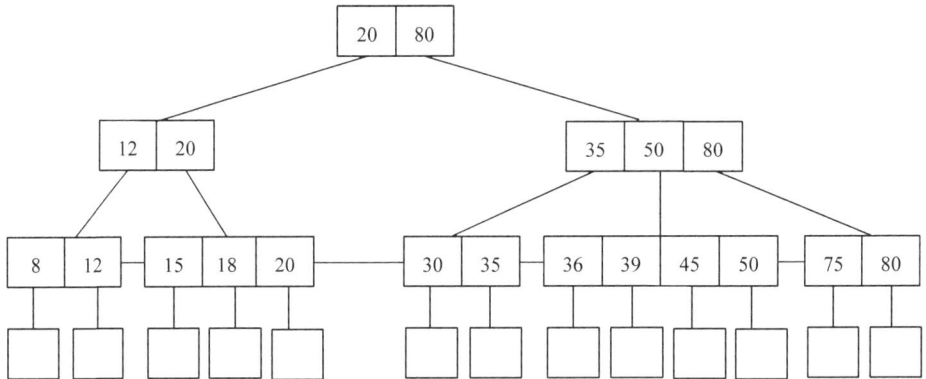

图 8-46　4 阶 B+树示意图

2. B 树和 B+树的优缺点

(1) B 树的每一个结点都包含关键字和记录信息,因此经常访问的元素可能离根结点更近,访问也更迅速。而 B+树只有叶子结点中存放的是对实际数据记录的索引,并给出记录的关键码及实际存储地址,也就是说,在内部结点上不含记录信息,因此,在内存页中能够存放更多的关键字,数据的存放更加紧密,具有更好的空间局部性。

(2) B+树的叶子结点都是相连接的,因此对整棵树的遍历只需要一次线性遍历叶子结点即可。而且由于数据顺序排列并且相连,所以便于区间查找和搜索。而 B 树则需要进行每一层的递归遍历。相邻的元素可能在内存中不相邻,所以缓存命中率没有 B+树高。

8.6 散 列 表

无论是基于线性表的查找,还是二叉查找树、二叉平衡树等查找算法,查找时都需要进行一系列比较,也就是要比较待查关键字和结点的关键字是否相等(二分查找和二叉查找树中,还要比较是大于、等于,还是小于),查找效率依赖于查找过程中进行的比较次数。本节讨论的散列不用比较就能直接计算记录的存储地址,从而找到所需查找的记录。

8.6.1 散列表的概念

散列查找又称为哈希查找(Hashing Search),它是一种不经过任何比较,只通过计算就可以直接得到记录所在的存储地址的查找方法。按散列存储方式构造的动态查找表称为散列表,也称哈希表(Hashed Table)。散列查找中,数据借助一个叫作散列函数(Hashed Function)的函数 $H(\text{key})$ 确定待查数据记录是否在表中。散列函数 $H(\text{key})$ 给出待查记录的存储地址,称为散列地址。

关键字、散列函数及散列表的关系如图 8-47 所示。

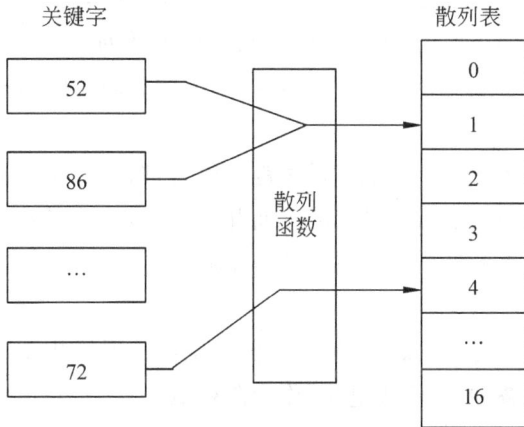

图 8-47　关键字、散列函数及散列表的关系

由图 8-47 可知,散列函数是关键字到地址区间的映像,通常关键字集合比散列表地址集合大得多,经过散列函数的计算,有可能把不同的关键字映射为一个散列地址。假设有两个关键字 key1 和 key2(key1≠key2),但是 $H(\text{key1})=H(\text{key2})$,也就是说,不同的关键字得到了相同的散列地址,这种现象称为冲突(Collision),这时,key1 和 key2 称为同义词。图 8-47 中,关键字 52 和 86 就产生了冲突。

好的散列函数能够使关键字经过散列后得到一个随机地址,且一组关键字的散列地址均匀地分布在整个地址区间中,从而减少冲突,但实际上,由于关键字集合比地址集合大得多,冲突是不可避免的,所以对于散列方法,最重要的是考虑如下两个问题:

(1) 对于给定的一个关键字的集合,选择一个计算简单且地址分布比较均匀的散列函数,避免或尽量减少冲突。

（2）一旦产生冲突，就制订方案解决冲突。

8.6.2 常见的散列函数

散列函数的种类繁多，下面介绍几个计算简单且效果比较好的散列函数，为方便起见，所有关键字默认为整型。

1. 直接定址法

对记录的关键字进行线性计算，将计算结果当作记录的散列地址。用作计算的线性函数为

$$H(\text{key})=\text{key} \quad \text{或} \quad H(\text{key})=a * \text{key}+b$$

其中，a 和 b 为常数。

这种方法计算简单，并且没有冲突发生，但是只适合于关键字分布基本连续的情况，若关键字的分布不连续，空位较多，会造成存储空间的浪费。

2. 数字分析法

如果事先已知关键字的集合，且关键字集合中的每个关键字都由 n 位数字组成（u_1，u_2，$\cdots$，u_n），分析所有关键字，并从中提取分布均匀的若干位或它们的组合作为地址。例如，一组员工的出生年月，经过分析可知，出生日期的前几位数字（年份）大体相同，但是后几位数字（月份和日期）差别很大，如果用后面的几位作为散列地址，冲突的概率会明显降低。数字分析法就是找出数字规律，尽可能利用这些数据构造冲突概率较低的散列地址。

3. 平方取中法

一般在选择散列函数时不一定能知道关键字的全部信息，散列函数先计算关键字的平方，从而扩大相近数的差别，然后用结果的中间几位（位数由表长决定）作为散列函数值，确定散列表元素的地址。由此产生的散列地址是比较均匀的。

4. 折叠法

当关键字的位数很多时，可以将关键字分割成位数相同的几段（最后一段的位数可以不同），然后取这几部分的叠加和（舍去进位）作为散列地址。

5. 除留余数法

取关键字除以不大于散列表大小的数 p 的余数表示关键字在散列表中的地址，也就是

$$H(\text{key})=\text{key} \% p$$

为减少冲突，p 最好是素数或不包含小于 20 的素数因子的合数。

6. 随机数法

选择一个随机函数，取关键字的随机函数值为它的散列地址，即

$$H(\text{key})=\text{Random}(\text{key})$$

其中 Random 为随机函数。

通常，当关键字长度不等时，采用此种方法比较合适。

8.6.3 处理冲突的方法

散列中的冲突几乎是不可避免的，选择散列函数时在考虑容易计算的同时，更重要的是

要尽量减少冲突,所以,散列算法必须包含处理冲突的方法。处理冲突的方法分为两类:开放定址法和链地址法。

1. 开放定址法

开放定址法又称为闭散列法,当新元素与表中已有元素发生冲突时,将新元素插入到表中其他空闲位置,注意只在表内寻找空闲位置。

假设散列表的编址为 $0 \sim m-1$,当关键字 key 经过 $H(\text{key})$ 的计算得到一个地址,发现该地址上已经存放了其他数据元素,此时需要为关键字为 key 的记录重新寻找一个空的散列地址,这个过程可能会得到一个地址序列:

$$h_1, h_2, h_3, \cdots, h_k$$

也就是说,在处理冲突的过程中,首先定位到 h_1,但 h_1 还有冲突,则继续求下一个散列地址 $h_2, \cdots$,直到求出 h_k 没有冲突,即为关键字 key 的散列地址。

开放定址法的一般形式为

$$h_i = (H(\text{key}) + d_i) \% m \quad 1 \leqslant i \leqslant m-1$$

其中,$H(\text{key})$ 为散列函数,m 为表长,d 为增量序列。

根据 d 的不同取法,又可分为线性探测、平方(二次)探测、随机探测等。

1) 线性探测

以增量序列为 $1, 2, 3, \cdots, m-1$ 循环试探下一个存储地址,如果为空,则进行插入,否则试探下一个增量。

【例 8.2】 已知散列表的长度为 7,现散列表中存储了关键字为 15、16、17 的数据元素,使用线性探测法继续插入关键字 20、34、78、90,列出对应的散列地址及冲突次数。

关键字 20,散列值 $h = H(20) = 20 \% 7 = 6$,散列地址 6 为空,没有冲突,将 20 插入散列地址 6 中。

关键字 34,散列值 $h = H(34) = 34 \% 7 = 6$,产生冲突,取下一个散列地址 $h_1 = (H(34) + 1)) \% 7 = 0$,散列地址 0 为空,此时确定关键字 34 的存放位置,为了插入关键字 34 的数据记录,冲突产生了 1 次。

关键字 78,散列值 $h = H(78) = 78 \% 7 = 1$,散列地址 1 中已经存在了数据,取下一个散列地址 $h_1 = (H(78) + 1) \% 7 = 2$,散列地址 2 上也存在了数据,继续取 $h_2 = 3$,仍然冲突,继续取 $h_3 = 4$,此时没有冲突,可以插入,冲突产生了 3 次。

关键字 90,散列值为 $h = H(90) = 90 \% 7 = 6$,产生冲突,取下一个散列地址 $h_1 = 0$,仍有冲突,$h_2 = 1, h_3 = 2, h_4 = 3, h_5 = 4, h_6 = 5$,此时方可插入。冲突产生了 6 次,见表 8-2。

表 8-2 散列表及插入关键字的冲突次数

关键字	15	16	17	20	34	78	90
散列地址	1	2	3	6	0	4	5
冲突次数					1	3	6

从表 8-2 中可以看到,关键字 78 和 90 不是同义词,可是却需要争夺一个地址,这种情况称为元素聚集,聚集的出现会导致查找或存入的效率大大降低。

2）平方（二次）探测

平方探测的探测序列依次是 1^2，-1^2，2^2，-2^2，$\cdots$也就是说，发生冲突时，将同义词散列在第一个地址的两端。二次探测法在散列表中寻找下一个空闲位置的公式是

$$h_i = (h_0 \pm i^2) \% m \quad i = 1, 2, 3, \cdots, (m-1)/2$$

平方探测法可以减少聚集的可能性，但是不容易探查到整个散列表的空间。

3）随机探测

随机探测是在冲突产生时，对位移量 d_i 采用随机函数计算。随机探测在散列表中寻找下一个空闲位置的公式是

$$h_i = (h_0 + d_i) \% m \quad i = 1, 2, 3, \cdots, m-1$$

其中 d_i 为随机数，可借助于伪随机函数获得。

2．链地址法

开放定址法的思想是：只要有冲突，就去寻找下一个空闲空间。链地址法的思想是：在原地解决冲突问题。

链地址法中将所有关键字为同义词的记录链接在同一个单链表中，这样的单链表称为同义词子表，在散列表中只存储所有同义词子表的头指针。

链地址法中的散列表是一个指针数组，数组中的每一个指针都指向一个单链表。对于要存储在散列表中的记录，先计算每个记录的关键字 key 的 $H(\text{key})$，然后将该数据元素插入到对应的散列表的指针指向的链表中。对于不相同的 key1 和 key2，如果 $H(\text{key1}) = H(\text{key2})$，则这两个元素将会被链入同一个链表中。

链地址法的数据元素的插入和删除比较简单。

【例8.3】 已知散列表的地址空间为0～6，采用链地址法处理冲突，将关键字集合{24，21，42，43，38，49，75，83，5}构造到散列表中，并计算平均查找长度。

散列表如图8-48所示。

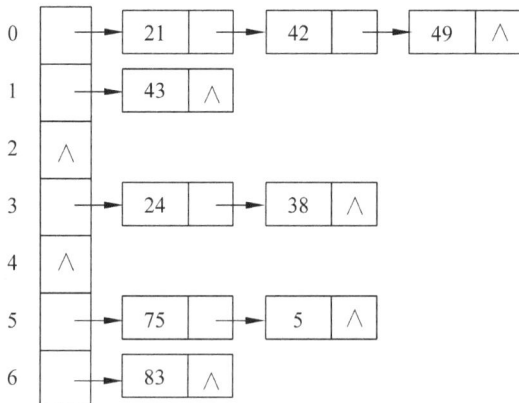

图 8-48　采用链地址法处理冲突的散列表示意图

平均查找长度为

$$\frac{5 \times 1 + 3 \times 2 + 1 \times 3}{9} = 1.56$$

本 章 小 结

查找是数据处理中的常用应用之一。本章介绍了基于线性表的顺序查找、折半查找,基于树表的二叉排序树、二叉平衡树和 B 树,以及散列等查找方法。

如果线性表是有序的,使用折半查找是一种最快的查找方法。二叉排序树的查找效率和折半查找是近似的,但是二叉排序树更大的优越性在于结点插入、删除时操作的便捷。二叉平衡树几乎能保证最优的查找和插入效率,但是在出现不平衡状态时,需要消耗额外的空间和时间进行平衡旋转。

无论是基于线性表,还是基于树的查找,都需要对关键字进行一系列比较,而散列查找不用比较,直接计算出记录的存储地址即可。

实际应用中,可以根据情况灵活选择不同的查找方法。

习　题　8

1. 选择题

(1) 查找表以(　　)为查找结构。

　　A. 集合　　　　　B. 图　　　　　　C. 树　　　　　　D. 文件

(2) 顺序查找法适合于存储结构为(　　)的线性表。

　　A. 散列存储　　　　　　　　　B. 顺序存储或链接存储

　　C. 压缩存储　　　　　　　　　D. 索引存储

(3) 在表长为 n 的链表中进行线性查找,它的平均查找长度为(　　)。

　　A. ASL＝n　　　　　　　　　B. ASL＝$(n+1)/2$

　　C. ASL＝$\sqrt{n}+1$　　　　　　D. ASL≈$\log_2 n$

(4) 对线性表进行折半查找时,要求线性表必须 (　　)。

　　A. 以顺序方式存储

　　B. 以链接方式存储,且结点按关键字有序排序

　　C. 以链接方式存储

　　D. 以顺序方式存储,且结点按关键字有序排序

(5) 链表适用于(　　)查找。

　　A. 顺序　　　　　B. 折半　　　　　C. 随机　　　　　D. 顺序或折半

(6) 一个有序表为{1,3,9,12,32,41,45,62,75,77,82,95,100},当折半查找值为 82 的结点时,(　　)次比较后查找成功。

　　A. 2　　　　　　　B. 3　　　　　　　C. 4　　　　　　　D. 5

(7) 设哈希表长 $m＝14$,哈希函数 $H(\text{key})＝\text{key}\%11$。表中已有 4 个结点:

```
addr(15)=4
addr(38)=5
addr(61)=6
addr(84)=7
```

其余地址为空。如用二次探测处理冲突,关键字为 49 的结点的地址是(　　)。

    A. 8　　　　　　　　B. 3　　　　　　　　C. 5　　　　　　　　D. 9

(8) 冲突指的是(　　)。

    A. 两个元素具有相同的序号　　　　　B. 两个元素的键值不同

    C. 不同键值对应相同的存储地址　　　D. 两个元素的键值相同

(9) 在查找过程中,不进行增加、删除或修改的查找称为(　　)。

    A. 静态查找　　　B. 内查找　　　C. 动态查找　　　D. 外查找

2. 填空题

(1) 顺序查找、折半查找、分块查找都属于_____查找。

(2) 对于长度为 n 的线性表,若进行顺序查找,则时间复杂度为_____。

(3) 对于长度为 n 的线性表,若采用折半查找,则时间复杂度为_____。

(4) 在关键字序列(7,10,12,18,28,36,45,92)中,用折半法查找关键字 92,要比较_____次才可找到。

(5) 对二叉排序树进行查找的方法是:用待查的值与根结点的键值进行比较,若比根结点小,则继续在_____子树中查找。

(6) 哈希法既是一种存储方法,又是一种_____方法。

(7) 设散列函数 H 和键值 $k1$、$k2$,若 $k1 \neq k2$,且 $H(k1) = H(k2)$,则称这种现象为_____。

(8) 处理冲突的两类主要方法是开放定址法和_____。

(9) 各结点左、右子树深度之差的绝对值至多为_____的二叉树称为二叉平衡树。

3. 综合应用题

(1) 对于给定结点的关键字集合 $K = \{5,7,3,1,9,6,4,8,2,10\}$,要求:

① 试构造一棵二叉排序树。

② 求等概率情况下的平均查找长度。

(2) 给定结点的关键字序列为 19,14,23,1,68,20,84,27,55,11,10,79。

设散列表的长度为 13,散列函数为 $H(K) = K \% 13$。试画出链地址法解决冲突时所构造的哈希表,并求出其平均查找长度。

4. 算法设计题

(1) 设单链表的结点是按关键字从小到大排列的,试写出对此链表进行查找的算法。如果查找成功,则返回指向关键字为 x 的结点的指针,否则返回 NULL。

(2) 试设计一个在用开放地址法解决冲突的散列表上删除一个指定结点的算法。

第9章 排　　序

排序是数据处理最基本的运算,无论是学生成绩,还是网络购物,将数据按照指定的关键字进行排列后呈现在用户面前,会给用户使用数据提供很大的便利。

9.1　排序的基本概念

9.1.1　排序的定义

排序(Sorting)是将任意序列的数据按照某一(或某些)关键字重新排列成有序的序列。

假设一个有 n 个记录的序列为

$$\{r_1, r_2, \cdots, r_n\}$$

其对应的关键字序列为

$$\{k_1, k_2, \cdots, k_n\}$$

需要确定 $1, 2, \cdots, n$ 的一种排序 $p_1, p_2, \cdots, p_n$,使得其对应的关键字满足非递减(或递增)的关系

$$k_{p1} \leqslant k_{p2} \cdots \leqslant k_{pn}$$

这样序列就成为一个按关键字有序的序列:

$$\{r_{p1}, r_{p2}, \cdots, r_{pn}\}$$

这样的操作称为排序。

如果关键字没有重复,那么排序后的序列是唯一的,但是,如果关键字可以重复出现,排序结果可能不唯一。

假设 $k_i = k_j (1 \leqslant i \leqslant n, 1 \leqslant j \leqslant n$ 且 $i \neq j)$,在排序前的序列中,r_i 在 r_j 之前,如果在排序后的序列中,r_i 仍在 r_j 之前,则认为所用的排序方法是**稳定**的;反之,若排序后 r_j 可能位于 r_i 之前,则认为排序方法是**不稳定**的。

9.1.2　内排序和外排序

根据排序过程中待排序的记录是否全部放置于内存中,排序分为内排序和外排序。

内排序:若整个排序过程不需要访问外存便能完成,则称此类排序问题为内排序。

外排序:若参加排序的记录数量很大,整个序列的排序过程不可能在内存中完成,排序过程中需要在内外存之间多次交换数据才能完成,则称此类排序问题为外排序。

本章主要为读者介绍内排序的几种常用方法。

9.1.3　排序用到的类定义

本章将介绍插入排序、交换排序、选择排序、归并排序等算法,这里先介绍排序需要的类的定义。

```
template <typename T>
class Sort
{
    private:
    //数据成员
        T * elem;                                //用来存储排序用的数据
        int size;                                //数据个数
    public:
        Sort(int n):size(n){elem=new T[size];}   //一个参数的构造函数
        Sort(int n,T * a)                        //两个参数的构造函数,用数组 a 初始化顺序表
        {
            size=n;
            elem=new T[size];
            int i;
            for(i=0;i<size;i++)
                elem[i]=a[i];
        }
        ~Sort(){delete []elem;}                  //析构函数
};
```

9.2 插 入 排 序

9.2.1 直接插入排序

直接插入排序(Straight Insertion Sort)是将一个新的记录插入已经排好序的有序表中,使有序表记录个数+1,仍然有序。

例如,有一组待排序的关键字{23,12,5,64,16},使用直接插入排序的排序过程如下。

(1)假设有序表中只有一个元素{23},将元素 12 插入有序表中的合适位置,使之仍有序。因为 12<23,所以插在 23 之前,有序表中的序列为{12,23}。

(2)取下一个待插入元素 5,和有序表中的关键字进行比较后插入,有序表中的序列为{5,12,23}。

重复上述操作,直至将所有元素都插入。具体过程如图 9-1 所示。

【算法实现】

```
template <typename T>
void Sort<T>::Str_Insert_Sort(T * &elem, int n)
{
    int i, j;
    for (i=1; i<n; i++)
    {
        T x=elem[i];                             //暂存待排序的记录
        for (j=i-1; j>=0 && x<elem[j]; j--)
            elem[j+1]=elem[j];                   //比 x 大的元素都往后移
```

```
        elem[j+1]=x;                            //找到 x 的合适位置,插入
    }
}
```

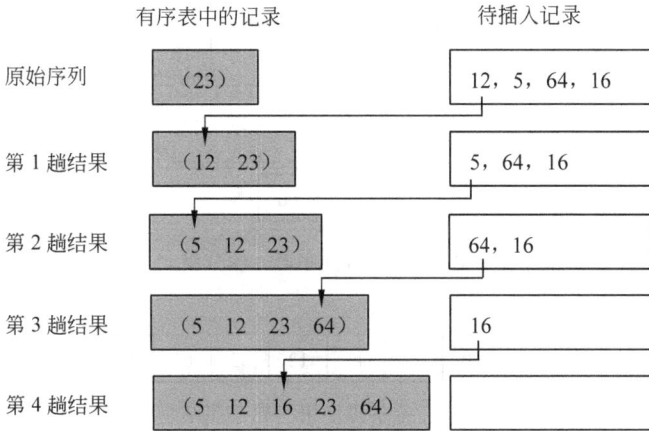

图 9-1　直接插入排序示意图

　　直接插入排序的算法主体是两个 for 循环,其中外层 for 循环控制插入元素的个数(元素个数-1),内层 for 循环负责为待插入元素确定插入位置,在此过程中需要将比待插入元素大的元素向后移。内层 for 循环在最坏情况下(即原来关键字逆序排列),需要将当前有序表中的每个元素都向后移,此时总的移动次数为:

$$\sum_{i=1}^{n-1} i = \frac{n(n-1)}{2} = O(n^2)$$

　　最好情况下,关键字已经正序排列,每次循环只需比较一次就直接在当前有序表的最后插入,并不涉及移动元素,这时的时间复杂度是 $O(n)$。

　　如果序列中的元素在各个位置出现的概率相同,则直接插入排序算法的平均时间复杂度是 $O(n^2)$。

　　所以,当小规模数据或者数据基本有序时直接接入排序是十分高效的。

9.2.2　希尔排序

　　希尔(Shell)排序是直接插入排序的一种改进。希尔排序的思想是:把较大的数据集合分割成若干个小组,然后对每个小组进行直接插入排序,因为直接插入排序的数据量比较小,所以效率还是比较高的。

　　例如,有数据集合{12, 32, 48, 66, 2, 10, 65, 43},希尔排序的过程为:

　　(1) 首先选定一个整数 $d_1 < n$(n 为元素个数),将所有数据元素分为 d_1 组,凡是下标相隔为 d_1 的元素为一组,这里的差值(距离)称为增量。本例中,d_1 取值为 4,分组后的示意图如图 9-2 所示。

　　(2) 分好组后,在每组内进行直接插入排序,这样每组组内就是有序的了(整体不一定有序),排序结果如图 9-3 所示。

　　(3) 然后缩小增量 d_2 为上一个增量 d_1 的一半,继续划分分组,此时每个分组的元素个

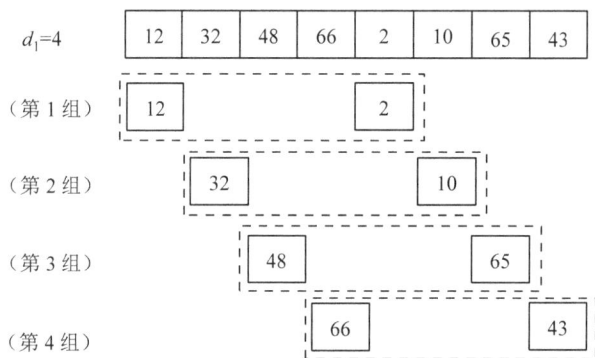

d_1=4
12 32 48 66 2 10 65 43
（第 1 组） 12 2
（第 2 组） 32 10
（第 3 组） 48 65
（第 4 组） 66 43

图 9-2　希尔排序第一轮分组

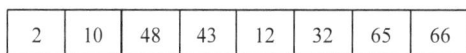

2 10 48 43 12 32 65 66

图 9-3　希尔排序第一轮排序结果

数就多了，但是因为经过上次插入排序，数组整体部分有序，所以插入排序效率还是比较高的。希尔排序第二轮排序分组如图 9-4 所示，排序结果如图 9-5 所示。

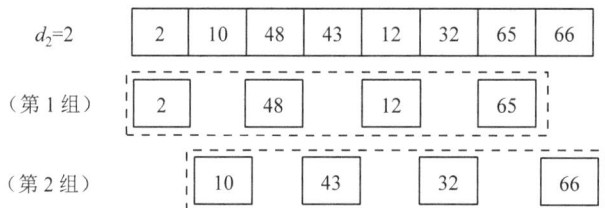

d_2=2
2 10 48 43 12 32 65 66
（第 1 组） 2 48 12 65
（第 2 组） 10 43 32 66

图 9-4　希尔排序第二轮排序分组

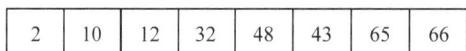

2 10 12 32 48 43 65 66

图 9-5　希尔排序第二轮排序结果

(4) 继续缩小增量进行分组，并进行直接插入排序，直至 $d=1$，如图 9-6 所示，此时所有元素都在一个组中排序，排序后的关键字一定是按照从小到大进行排列的。

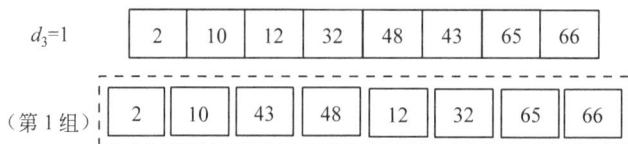

d_3=1
2 10 12 32 48 43 65 66
（第 1 组） 2 10 43 48 12 32 65 66

图 9-6　希尔排序第三轮排序分组

【算法实现】

```
template <typename T>
void Sort<T>::Shell_Sort(T * &elem, int n)
```

```
{
    int i, j;
    T insertdata;
    unsigned gap=size/2;                        //设置增量,原始为数据列表长度/2
    while (gap)
    {
        for (i=gap; i<n; i++)
        {
            insertdata=elem[i];
            j=i;
            while (j>=gap && insertdata<elem[j-gap])
            {
                elem[j]=elem[j-gap];
                j=j-gap;
            }
            elem[j]=insertdata;
        }
        gap=gap/2;                              //增量缩小一半,为下一次排序做准备
    }
}
```

增量 d 的选取是影响希尔排序的重要因素,一般地,d 的选取方法有以下几种:

(1) 二分法:$d_1=[n/2]$,$d_{i+1}=d_i/2$,这种计算方法最简单。

(2) Hibbard 提出让增量序列 $d=2^k-1,2^{k-1}-1,\cdots,7,3,1$。

(3) Sedgewick 提出增量序列可以是 $\{1, 5, 19, 41, 109, \cdots\}$,交替地取 $9\times4^i-9\times2^i+1$ 和 $4^i-3\times2^i+1$。

注意,希尔排序中的分组只是逻辑上的分组,实际在顺序表中存储还是原来的存储顺序。

希尔排序对于中等规模数据的性能还是不错的。希尔排序的时间复杂度分析极为复杂,有的增量序列的复杂度至今还没有人能够证明出来。一般认为希尔排序的时间复杂度稍大于 $O(n\log_2 n)$,实际测试接近 $O(n^{1.3})$。

希尔排序是一种不稳定的排序方法。

9.3 交 换 排 序

交换排序是将数据集合中的元素两两比较,根据比较结果对换两个记录的位置的排序方法。如果要求是升序,则关键字值较大的往后移;如果要求是降序,则关键字值小的往后移。

本节将介绍两种交换排序方法:冒泡排序和快速排序。

9.3.1 冒泡排序

冒泡排序又称为起泡排序,其思想是:将相邻两个记录两两比较,关键字值较小的交换

到前面,关键字值较大的交换到后面。冒泡法排序的过程像水底的气泡一样小数向上升,故得名。

假设要对关键字为{37,33,15,39,23,10}的数据集合进行升序排序,冒泡法排序的过程为:

(1) 将数据集合中的第 1 个元素和第 2 个元素进行比较,如果前者大于后者,则交换两个元素的位置,继续将第 2 个元素和第 3 个元素进行比较,如果前者大于后者,则交换两者位置,否则不交换。以此类推,最后一组元素(第 n 个和第 $n-1$ 个)比较完毕,并进行位置的交换后,第 1 趟排序完毕,此时数据集合中最大的元素已经"沉入"最后面,较小的数则逐渐向前移动。

(2) 对前 $n-1$ 个元素重复第(1)步操作,比较出次大的元素交换到第 $n-1$ 的位置处。

(3) 一直重复第(1)步 $n-1$ 趟,每轮确定一个元素的位置,n 个元素需要确定 $n-1$ 个位置,之后集合中的元素已按关键字升序排列。具体过程如图 9-7 所示。

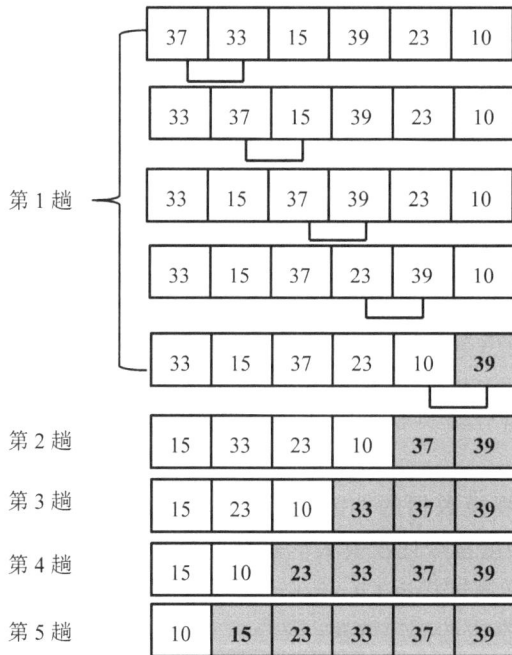

图 9-7 冒泡排序的示意图

【算法实现】

```
template <typename T>
void Sort<T>::Bubble_Sort(T * &elem, int n)
{
    int i, j;
    T temp;
    for (i=0; i<n-1; i++)                    //外层循环控制排序的趟数
        for (j=0; j<n-1-i; j++)              //内层循环完成一趟排序
```

```
        {
            if (elem[j]>elem[j+1])                //如果逆序,则交换
            {
                temp=elem[j];
                elem[j]=elem[j+1];
                elem[j+1]=temp;
            }
        }
    }
```

冒泡排序的外层循环次数是 $n-1$,内层循环次数是 $n-i-1$,基本语句的执行次数为 $\sum_{i=0}^{n-2}(n-i-1)=\dfrac{n(n-1)}{2}$,时间复杂度为 $O(n^2)$。

冒泡排序中,相邻元素相等时不交换位置,所以是一种稳定的排序算法。

9.3.2 快速排序

快速排序的思想是:通过一趟排序将待排序记录分成独立的两部分,其中一部分记录的关键字均比另一部分的关键字小,然后对这两部分分别进行排序,直至整体有序。

假设要对关键字为{37,33,15,39,49,10}的数据集合进行升序排序,排序过程为:

(1)设置一个基准数据(一般是第1个元素),用一个临时变量 pivot 存储该基准数据。本例中,基准数据为 37,令 pivot=37,设置两个指针:low 指向起始位置;high 指向序列末尾。

(2)从 high 指针指向的元素开始,和基准数据进行比较,如果大于 pivot,则 high 指针向左移动(high－－);如果小于 pivot,则 high 指针停止移动,并将当前 high 指针指向的元素赋值给 low 指针指向的位置。

(3)从 low 指针指向的元素开始和基准数据进行比较,如果小于或等于基准数据,low 指针向右移动(low＋＋);如果 low 指针指向的元素大于基准数据,则令 low 指针停止移动,并将当前 low 指针指向的元素赋给 high 指针指向的位置。

(4)重复第(2)步和第(3)步,直到 low 指针不再小于 high 指针,此时 low 指针和 high 指针指向同一个数据,这个元素就是分割位置,这个位置上放置基准数据,这个位置之前的所有元素都比基准数据小,之后的所有元素都比基准数据大。图 9-8 所示为快速排序的一次划分。

(5)对产生的两个子序列,再进行上述步骤的划分,直到所有子序列只有一个元素为止,排序结束。

快速排序使用递归实现。

【算法实现】

快速排序

```
//对元素进行划分
template <typename T>
int Sort<T>::Partition(T * &elem, int low, int high)
{
    T pivot=elem[low];                //设置基准数据
```

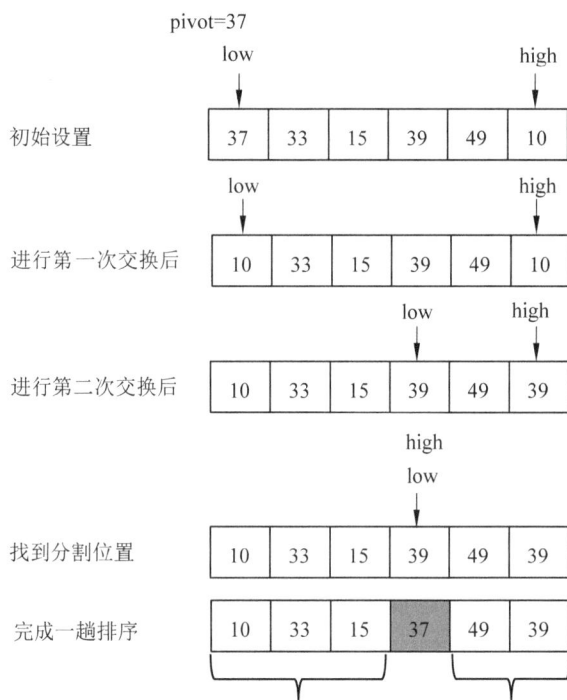

pivot=37

初始设置

| 37 | 33 | 15 | 39 | 49 | 10 |

进行第一次交换后

| 10 | 33 | 15 | 39 | 49 | 10 |

进行第二次交换后

| 10 | 33 | 15 | 39 | 49 | 39 |

找到分割位置

| 10 | 33 | 15 | 39 | 49 | 39 |

完成一趟排序

| 10 | 33 | 15 | 37 | 49 | 39 |

图 9-8 快速排序的一次划分

```
    while (low<high)
    {
        while (low<high && elem[high]>pivot)
                                        //若 high 所指元素大于基准数据,则继续向左移动
        {
            high--;
        }
        elem[low]=elem[high];                   //将比较小的元素置于 low 指针所指位置
        while (low<high && elem[low]<=pivot)
                                        //若 low 所指元素小于基准数据,则继续向右移动
        {
            low++;
        }
        elem[high]=elem[low];                   //将比较大的元素置于 high 指针所指位置
    }
    elem[low]=pivot;                            //设置基准数据为分割位置
    return low;
}
//快速排序
template <typename T>
void Sort<T>::Quick_Sort(T * &elem, int low, int high)
                                        //对 low~high 的记录进行快速排序
{
    if (low<high)
```

```
    {
        int pivotloc=Partition(elem, low ,high);
        Quick_Sort(elem, low, pivotloc-1);
        Quick_Sort(elem, pivotloc+1, high);
    }
}
```

快速排序的一次划分从两头交替搜索,直到 low 和 high 重合,因此时间复杂度为 $O(n)$,但是快速排序的整体的时间复杂度与划分的趟数有关。

最好的情况,每次划分选择的基准数据几乎能将当前序列等分,经过$\log_2 n$ 趟划分,可以使得每一个子序列都为 1,这样整体的时间复杂度为 $O(n \log_2 n)$。

最坏的情况,整个序列最开始是有序的,例如{1,2,3,4,5},这时,每次划分得到的一个子表是空表,而另一个子表是原来表的长度,这种情况下快速排序退化为冒泡法排序,整个算法的时间复杂度是 $O(n^2)$。

为了避免出现最坏的情况,基准数据的选择可以使用"三者值取中方法",即比较 low、high 以及(low+high)/2 这 3 个指针指向的关键字值,取其中的中值为基准数据。

快速排序法被认为是目前最好的一种内部排序方法。

从空间性能上看,快速排序是一种递归的排序方法,需要使用栈空间实现递归,最好的情况下,即快速排序的每一趟排序都将元素序列均匀地分割成长度相近的两个子表,所需栈的最大深度为 $\log_2(n+1)$;但最坏的情况下,栈的最大深度为 n。这样,快速排序的空间复杂度为 $O(\log_2 n)$。

9.4 选 择 排 序

常见的选择排序方法有简单选择排序和堆排序。

9.4.1 简单选择排序

简单选择排序(Simple Selection Sort)每次从未排序序列中选择关键字最小的元素,依次放在已经排好序的子序列的后面,直到待排序中的所有元素都被选择完,即得到一个有序的序列。

假设有一组待排序关键字{37,33,15,39,49,10},使用简单选择排序法排序的过程为:

(1) 在这一组关键字中假定第一个元素的关键字 37 是最小的关键字,用一个变量 k 记录它的下标,此时 $k=0$。

(2) 从 k 的后一个元素开始向后扫描,比较每一个关键字和下标为 k 的关键字的大小,如果遇到比 elem[k]小的值,则更新 k 的值为当前这一元素的下标值,之后继续向后扫描,直到所有元素扫描完毕,此时 k 指向的就是当前未排序序列中的最小元素。

(3) 将 elem[k]和 elem[0]交换,则最小元素排到了整个元素序列的最前面。

(4) 重复上述过程,将次小元素、第 3 小的元素……依次排列在 elem[1]、elem[2]的位置处,直到所有元素有序,如图 9-9 所示。

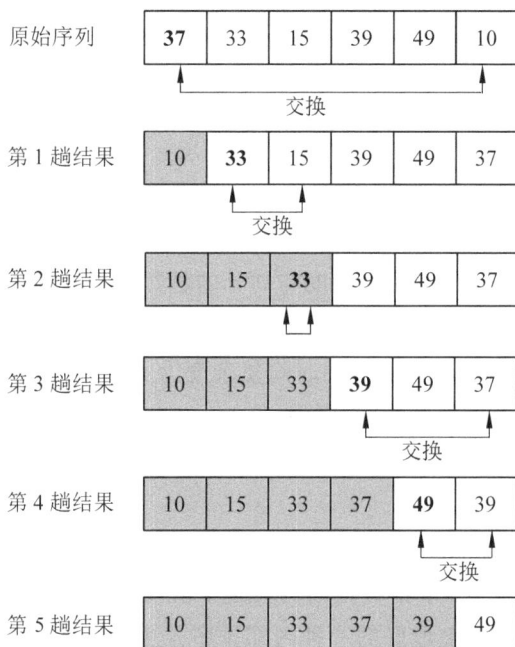

图 9-9　简单选择排序示意图

【算法实现】

```cpp
template <typename T>
void Sort<T>::Simple_Selection_Sort(T * &elem, int n)
{
    T temp;                              //交换用临时变量
    int k;
    int i, j;
    for (i=0; i<n-1; i++)
    {
        k=i;
        for (j=i+1; j<n; j++)
        {
            if (elem[k]>elem[j])         //若发现有比较小的元素,则更新 k 的值
                k=j;
        }
        if (i!=k)                        //如果 k 的初值被改变,则交换
        {
            temp=elem[i];
            elem[i]=elem[k];
            elem[k]=temp;
        }
    }
}
```

简单选择排序的外循环循环 $n-1$ 次,内层循环分别是 $n-1,n-2,\cdots,1$,所以其时间复杂度为 $O(n^2)$,和冒泡排序的时间复杂度相同,但是简单选择排序中元素交换次数减少,每趟只有一次。

简单选择排序是一种稳定的排序方法。

9.4.2 堆排序

堆排序(Heap Sort)是一种基于选择排序的排序方法,也是一种比较先进的排序方法,其特点是:即使是最坏的情况下,堆排序的时间复杂度仍然是 $O(n\log_2 n)$,而且,排序过程中只需要一个记录大小的辅助空间,空间复杂度为 $O(1)$。

堆是具有下列性质的完全二叉树:每个结点的值都小于或等于其左、右孩子结点的值,称为小顶堆;或者每个结点的值都大于或等于其左、右孩子结点的值,称为大顶堆。如果将具有 n 个结点的堆按层序从 1 开始编号,则结点之间满足如下关系:

$$\begin{cases} k_i \leqslant k_{2i+1} \\ k_i \leqslant k_{2i+2} \end{cases} \quad 或 \quad \begin{cases} k_i \geqslant k_{2i+1} \\ k_i \geqslant k_{2i+2} \end{cases}$$

图 9-10 所示是一个大顶堆。图 9-11 所示是一个小顶堆。

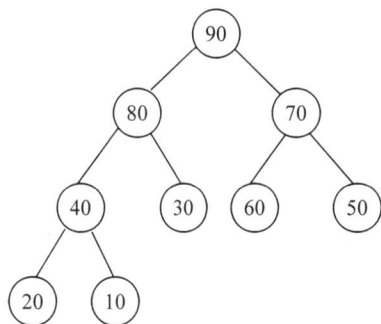

图 9-10 大顶堆示意图   图 9-11 小顶堆示意图

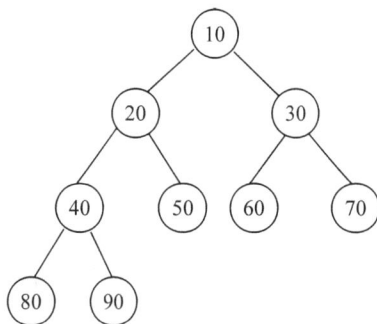

从堆的定义可知,根结点的值一定是堆中所有结点最大(最小)的,较大(较小)的结点靠近根结点,(但是也不绝对)。

将上面的大顶堆和小顶堆按层序遍历存入数组,如图 9-12 所示,则一定满足上面的关系:

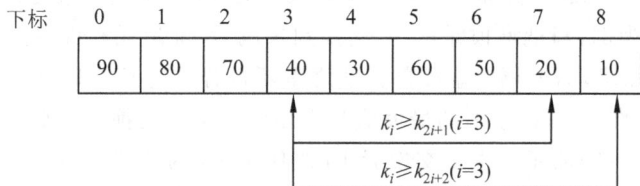

图 9-12 大顶堆数组存储示意图

堆排序(Heap Sort) 就是利用堆(下面的内容只以大顶堆为例,小顶堆是一样的操作)进行排序的方法。基本思想是:将待排序的序列构造成一个大顶堆,此时整个序列的最大值就是堆顶的根结点,将它移走(其实就是将它与堆数组的末尾记录交换,这时末尾元素就是最大值,然后将剩余的 $n-1$ 个序列重新调整成一个堆,这样,堆顶元素就是序列的次大值,如此反复执行,就得到一个有序序列)。

例如,以图 9-13(a)所示的大顶堆为例,首先将根结点 90 与末尾记录 10 交换位置,这样堆顶的根结点就是 10,如图 9-13(b)所示。交换之后的二叉树不再是一个堆,需要将其调整成大顶堆,如图 9-14 所示,并重复将堆顶元素与末尾元素交换的过程。

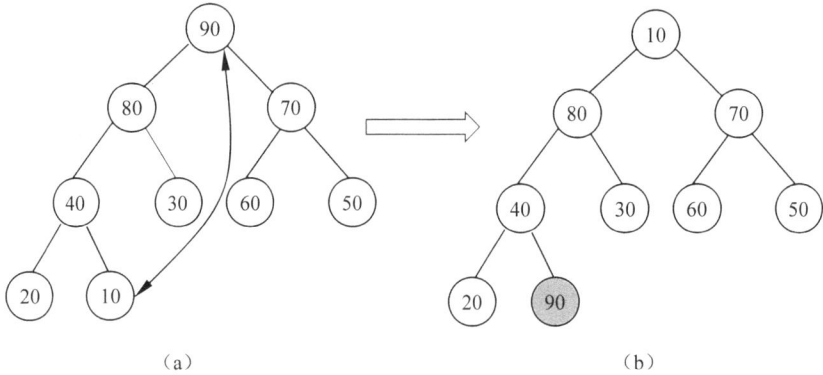

（a）　　　　　　　　　　　　　　　（b）

图 9-13　堆顶与末尾记录交换位置

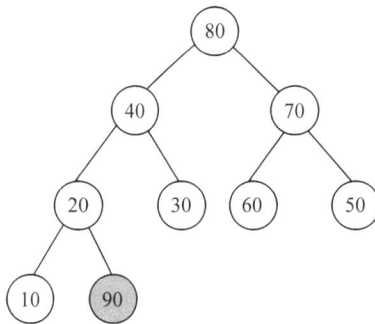

图 9-14　重新调整成大顶堆

堆排序需要解决以下两个问题:

第一,将堆顶元素交换到末尾后,如何将剩余元素重新调整成一个堆?

第二,如何将一个无序的序列构建成一个堆?

首先解决第一个问题:将堆顶元素交换到末尾后,如何调整剩余元素为一个堆。

以图 9-13(b)为例,当把堆顶元素 90 交换到末尾后,堆顶元素现在为 10,这时根结点的左、右子树都是大顶堆,需要调整虚线部分使之重新符合堆定义,如图 9-15(a)所示。调整规则是:用堆顶元素的左、右孩子中的最大值和堆顶元素进行交换,本例中,将 80 交换到堆顶元素位置,如图 9-15(b)所示。由于交换后 10 取代了 80 的位置,所以左子树的堆特性被破坏(虚线框部分),需要进行同样操作的调整,将左、右孩子中的最大值调整至堆顶,40 和 10 交换,如图 9-15(c)所示。同样,这次交换也会导致左子树的堆特性破坏,一直调整到叶子结点或调整后仍是堆为止,如图 9-15(d)所示。

【算法实现】

```
//将以第 i 个结点为根的子树调整为堆
template<typename T>
```

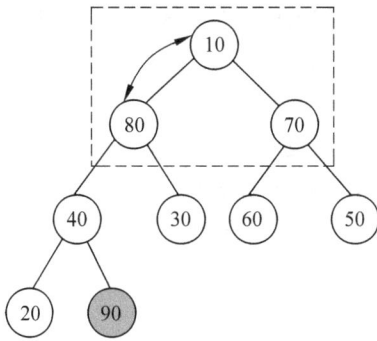

（a）交换 80 和 10

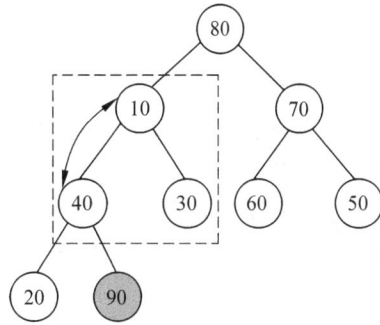

（b）交换 10 和 40

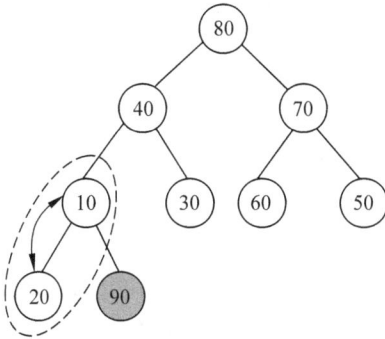

（c）交换 10 和 20

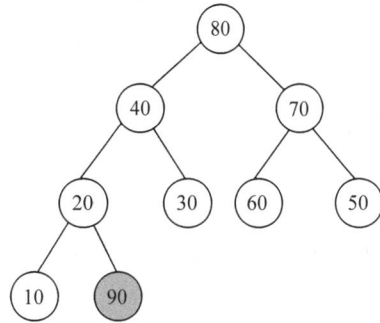

（d）调整成一个新堆

图 9-15　输出堆顶元素后调整成新堆示意图

```
void Sort<T>::Heap_Adjust(T elem[], int n, int i)
{
    if (i>n)                                    //递归出口
        return;
    int c1=2 * i+1;                             //第 i 个结点的左孩子结点
    int c2=2 * i+2;                             //第 i 个结点的右孩子结点
    int max=i;
    if (c1<n && elem[c1]>elem[i])
        max=c1;
    if (c2<n && elem[c2]>elem[max])
        max=c2;
    if (i!=max)                                 //将左、右孩子结点的最大值和父结点交换
    {
        T temp;
        temp=elem[i];
        elem[i]=elem[max];
        elem[max]=temp;
        Heap_Adjust(elem, n, max);
    }
}
```

下面解决第二个问题,即如何构建一个初始堆。从一个无序序列建立初始堆的过程就

是不断重复上面的"调整"过程,将一个无序序列组成的数组看成一棵完全二叉树,将非叶子结点当作根结点,将其和其子树调整成大顶堆,这个过程从第一个非叶子结点开始,从下往上,从右向左进行。

例如,初始序列{30,40,70,50,20,80,10,60}构建的完全二叉树如图9-16(a)所示。首先从第一个非叶子结点开始调整,第一个非叶子结点的下标是$(n-2)/2$,n为结点个数,本例中第一个非叶子结点是下标为3的元素(50),比较50和它的左孩子60,由于60>50,因此交换50和60,如图9-16(b)所示。

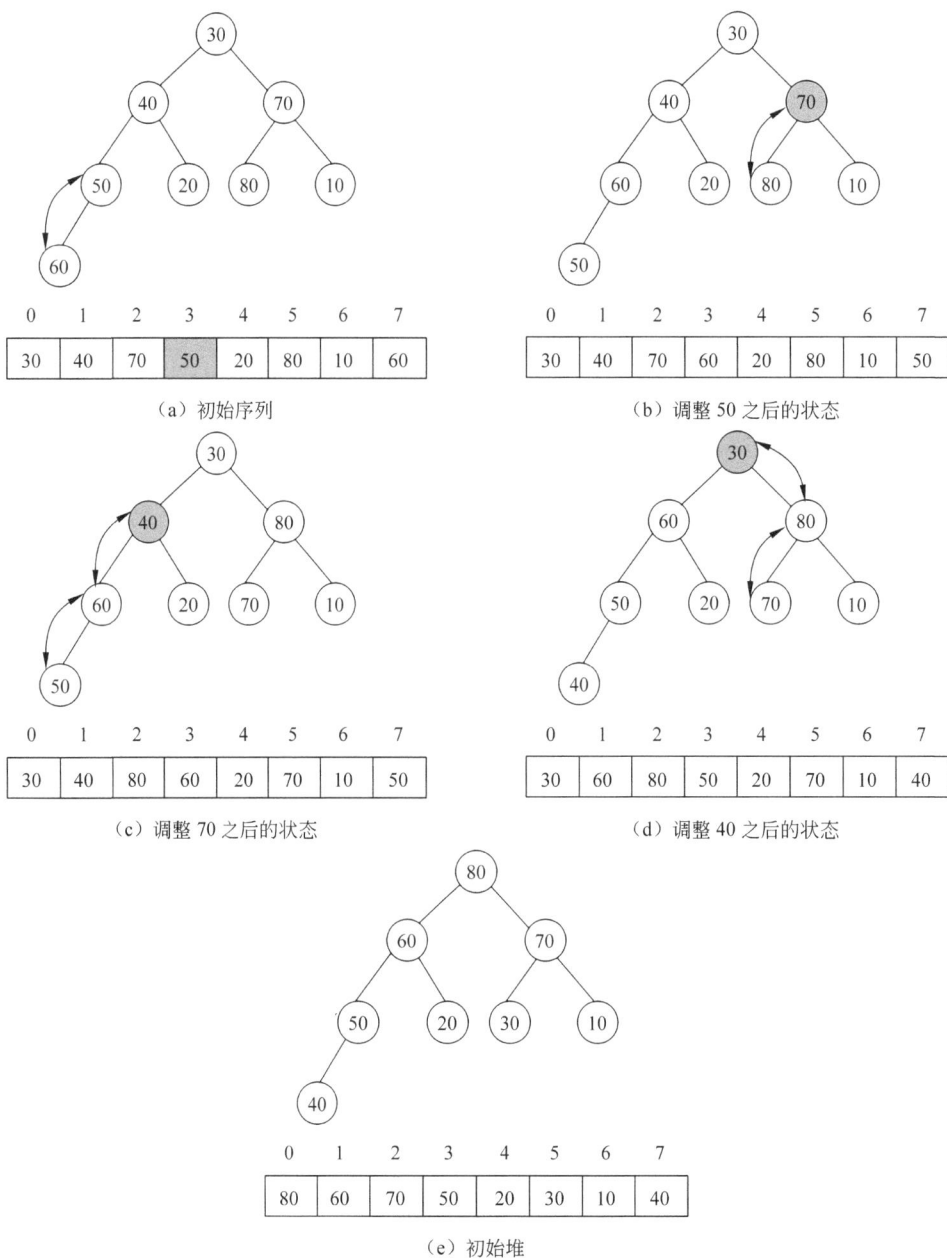

（a）初始序列

（b）调整50之后的状态

（c）调整70之后的状态

（d）调整40之后的状态

（e）初始堆

图9-16　初始堆的构建过程

继续寻找下一个(下标为 2)需要调整的结点,由于 80>70,因此交换 70 和 80,调整后的状态如图 9-16(c)所示。

下一个需要调整的是下标为 1 的结点,由于 60>40,因此交换 40 和 60,交换之后又引起了 40 和 50 的堆特性的破坏,继续调整,调整后的状态如图 9-16(d)所示。

最后调整下标为 0 的结点 30,由于 80>30,因此交换 80 和 30,之后 30 继续和 70 交换,此时初始堆就构建成功了,如图 9-16(e)所示。

【算法实现】

```
template<typename T>
void Sort<T>::Build_Heap(T elem[],int n)
{
    int i;
    int lastnode=n-1;
    int parent=(lastnode-1)/2;
    for (i=parent;i>=0;i--)
        Heap_Adjust(elem,n,i);
}
```

堆排序算法是在初始堆的基础上,不断对堆进行调整实现的。

【算法实现】

```
template<typename T>
void Sort<T>::Heap_Sort(T elem[], int n)
{
    Build_Heap(elem,n);
    int i;
    for (i=n-1; i>=0; i--)
    {
        T temp;
        temp=elem[i];
        elem[i]=elem[0];
        elem[0]=temp;
        Heap_Adjust(elem, i, 0);
    }
}
```

堆排序算法主要包括两个过程:初始堆的建立和堆的调整,所以时间复杂度主要由这两方面组成。

堆排序算法主要包括两个过程:初始堆的构建和堆的调整。

初始堆的构建是从堆的倒数第二层最右边的非叶子结点开始的,将它与其孩子结点进行比较和交换(若顺序正确,则不需要交换),对于每个非叶子结点来说,最多进行两次比较和交换操作,因此构建堆的时间复杂度为 $O(n)$。

在堆的调整过程中,因为完全二叉树的第 i 个结点到根结点的距离为 $\lfloor \log_2 i \rfloor +1$,所以第 i 次取堆顶记录重建堆需要用 $O(\log_2 i)$ 的时间,整个排序过程需要取 $n-1$ 次堆顶记录,因此堆调整的时间复杂度为 $O(n\log_2 n)$。

所以,总体来说,堆排序的时间复杂度为 $O(n\log_2 n)$。

堆排序是一种不稳定的排序算法。

9.5　归并排序

归并排序是一种概念上非常简单的高级排序算法。归并排序的思想是:将含有 n 个元素的无序序列,分成 k 个子序列($k \geqslant 2$),然后对每一个子序列进行排序,最后将这 k 个有序的子序列合并成一个有序序列。如果 $k = 2$,则称为**二路划分**。采用二路划分的归并排序称为二路归并排序。

二路划分的方法有很多种,一种是将前 $n-1$ 个元素划分到第一个子序列(Left),最后一个元素划分到第二个子序列(Right),然后仍采用这种划分方法对 Left 递归排序,而 Right 只有一个元素,已经有序。在 Left 排好序后,将 Right 和 Left 进行归并。这样的划分方法实际上是插入排序的递归形式。

另一种划分方法是将关键字最大的放在 Right 序列中,其余放在 Left 序列中,之后对 Left 递归排序,排好序后,只将 Right 放在 Left 后面即可。

上面两种划分方法划分成的两个子序列的大小都非常不均衡,算法的时间复杂度都是 $O(n^2)$。可以考虑将 n 个元素均衡划分,也就是说,Left 序列中含有 n/k 个元素,其余元素放在 Right 中,对 Left 和 Right 分别递归排序,之后再归并成一个有序的子序列。

归并算法示意图如图 9-17 所示。

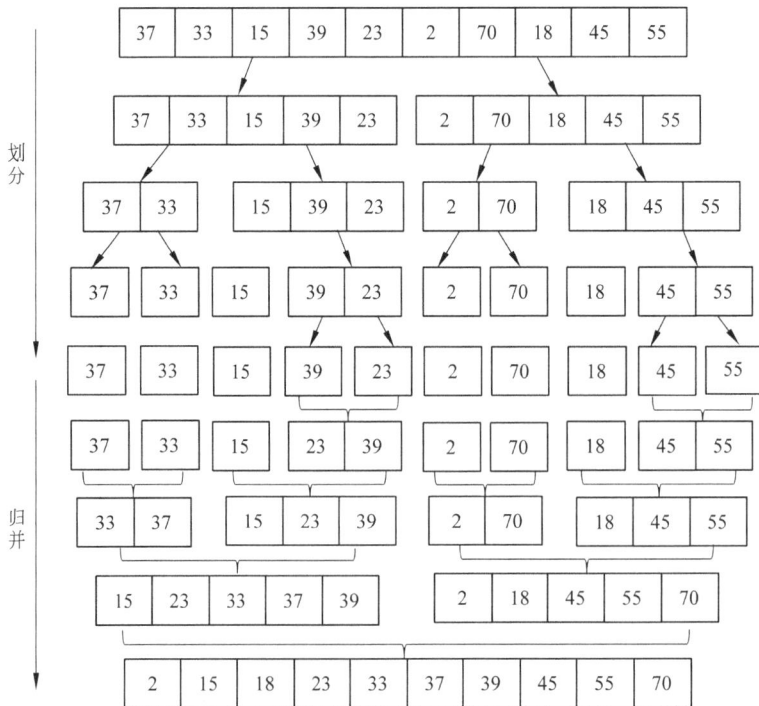

图 9-17　归并排序示意图

下面讨论二路归并的算法实现。

假设有序表 elem 中存在两个相邻的有序表,其下标范围分别是 $l\sim m, m+1\sim r$,然后申请一段临时空间,用来存放两个有序表合并后的结果,合并之后,再将其复制回原表中。

设定 3 个整型变量 i、j、k,i 作为左边有序表的下标变量,j 作为右边有序表的下标变量,逐个比较 elem[i] 和 elem[j],把较小的元素依次排放到临时表中。如果比较完毕,还有一个表的元素有剩余,将剩余元素添加到临时表中。

【算法实现】

```
template <typename T>
void Sort<T>::Merge(T elem[], int l, int m, int r)
                                        //从下标 l 开始,到下标 r 结束,分割点是 m
{
    int * t=new int[r-l+1];
    int i=L, j=m+1, k=0;
    while (i<=m && j<=r)                 //将较小的元素复制到 t 中
    {
        if (elem[i]>elem[j])
            t[k++]=elem[j++];
        else
            t[k++]=elem[i++];
    }
    while (i<m+1)                        //如果左边还有剩余的排好序的元素,则直接加入数组中
    {
        t[k++]=elem[i++];
    }
    while (j<=r)                         //如果右边还有剩余的排好序的元素,则直接加入数组中
    {
        t[k++]=elem[j++];
    }
    for (k=0, i=l; i<r+1; k++, i++)
        elem[i]=t[k];
}
```

利用二路归并算法排序时,首先将无序序列划分成近似等长的两个序列,然后不断递归对每一个子序列进行划分,一直到子序列为空或长度为 1 为止,然后再执行归并过程。归并时,先将长度为 1 的子序列归并成长度为 2 的子序列,再将长度为 2 的子序列归并为长度为 4 的子序列……直到归并成一个序列为止。

【算法实现】

```
template <typename T>
void Sort<T>::MSort(T elem[], int l, int r)
{
    if (l<r)
    {
        int m=(l+r)/2;                            //指向分割点
```

```
        MSort(elem, l, m);                    //对左边归并排序
        MSort(elem, m+1, r);                  //对右边归并排序
        Merge(elem, l, m, r);
    }
}
```

归并排序中,一趟归并要将原无序序列中相邻的长度为 h 的有序序列两两归并,并放在数组 t 中,需要将待排序序列中的所有记录扫描一遍,时间复杂度为 $O(n)$。从图 9-17 可以看出,归并排序类似于二叉树,二叉树高度为 $\log_2 n$,因此总的时间复杂度是 $O(n\log_2 n)$。这是归并排序的平均时间性能。

归并排序和其他排序方法相比,最主要的问题是空间的消耗,需要额外申请与原始记录长度相同的辅助空间用来存放归并结果。

归并排序的速度仅次于快速排序,是一种稳定的排序方法。

9.6　各种内部排序算法的分析和比较

前面介绍了常用的几种排序算法,每一种排序算法都有自己的优点和缺点,如快速排序,在整体上性能优越,但是它是一种不稳定的排序方法,而且数据量小时并没有很突出的优越性。下面对这几种排序算法进行对比,见表 9-1。

表 9-1　常见的内部排序算法对比

排序算法	平均时间复杂度	最好情况	最坏情况	辅助空间	稳定性
直接插入排序	$O(n^2)$	$O(n)$	$O(n^2)$	$O(1)$	稳定
希尔排序	由增量序列确定	$O(n^{1.3})$	由增量序列确定	$O(1)$	不稳定
冒泡排序	$O(n^2)$	$O(n)$	$O(n^2)$	$O(1)$	稳定
快速排序	$O(n\log_2 n)$	$O(n\log_2 n)$	$O(n^2)$	$O(\log_2 n)$	不稳定
简单选择排序	$O(n^2)$	$O(n^2)$	$O(n^2)$	$O(1)$	不稳定
堆排序	$O(n\log_2 n)$	$O(n\log_2 n)$	$O(n\log_2 n)$	$O(1)$	不稳定
归并排序	$O(n\log_2 n)$	$O(n\log_2 n)$	$O(n\log_2 n)$	$O(n)$	稳定

一般把冒泡排序、简单选择排序和直接插入排序归为简单排序算法,把希尔排序、堆排序、归并排序、快速排序归为改进的排序算法,从平均情况看,改进的排序算法都远远优于简单排序算法。

如果数据本身基本有序,直接插入排序和冒泡排序的性能更优。

从空间要求上看,归并排序和快速排序都需要额外的内存空间,而堆排序只需要非常小的内存空间。如果在开发过程中非常在意内存空间的占用,那么归并排序和快速排序都不是好的选择。

如果待排序的记录个数非常多,建议采用改进的排序算法,而如果记录个数比较少,则采用简单排序算法更合适。

没有一种排序是绝对最优的,在实际中,可根据不同的要求和情况选择更适合开发环境

的排序方法。

本 章 小 结

排序是将一组记录按照关键字的递增或递减顺序重新排列,根据排序时记录的存放位置的不同,可以分为内排序和外排序。本章主要介绍了7种内排序方法,给出了相应的算法实现,并对这7种排序方法的优点、缺点进行了分析和比较。

习 题 9

1. 选择题

(1) 排序是根据(   )的大小重新安排各元素的顺序。

    A. 关键字　　　　　　B. 数组　　　　　　C. 元素　　　　　　D. 结点

(2) 评价排序算法好坏的标准主要是(   )。

    A. 执行时间　　　　　　　　　　　　B. 辅助空间

    C. 算法本身的复杂度　　　　　　　　D. 执行时间和所需的辅助空间

(3) 每次把待排序的区间划分为左、右两个区间,其中左区间中元素的值不大于基准数据的值,右区间中数据的值不小于基准数据的值,此种排序方法叫作(   )。

    A. 冒泡排序　　　　B. 堆排序　　　　C. 快速排序　　　　D. 归并排序

(4) 快速排序在(   )情况下最易发挥其长处。

    A. 待排序的数据中含有多个相同的关键字

    B. 待排序的数据已基本有序

    C. 待排序的数据完全无序

    D. 待排序的数据中最大值与最小值相差悬殊

(5) 下述几种排序方法中,要求内存量最大的是(   )。

    A. 插入排序　　　　B. 选择排序　　　　C. 快速排序　　　　D. 归并排序

(6) 直接插入排序的方法是从第(   )个元素开始,插入到前边适当位置的排序方法。

    A. 1　　　　　　　B. 2　　　　　　　C. 3　　　　　　　D. n

(7) 堆的形状是一棵(   )。

    A. 二叉排序树　　　B. 满二叉树　　　C. 完全二叉树　　　D. 平衡二叉树

(8) 下列排序方法中,关键字比较次数与记录的初始排列次序无关的是(   )。

    A. 选择排序　　　　B. 希尔排序　　　　C. 插入排序　　　　D. 冒泡排序

(9) 下述几种排序方法中,平均时间复杂度最小的是(   )。

    A. 希尔排序　　　　B. 插入排序　　　　C. 冒泡排序　　　　D. 选择排序

(10) 采用冒泡排序法对 n 个数据进行排序,第一趟排序共需要比较(   )次。

    A. 1　　　　　　　B. 2　　　　　　　C. n−1　　　　　　D. n

(11) 用直接插入排序法对下面的 4 个序列进行由小到大的排序,元素比较次数最少的是(   )。

    A. 94,32,40,90,80,46,21,69　　　　　　B. 21,32,46,40,80,69,90,94

C. 32,40,21,46,69,94,90,80　　　　　D. 90,69,80,46,21,32,94,40

（12）一个数据序列的关键字为(46,79,56,38,40,84)，采用快速排序，并以第一个数为基准得到第一次划分的结果为（　　　　）。

A. (38,40,46,56,79,84)　　　　　B. (40,38,46,79,56,84)

C. (40,38,46,56,79,84)　　　　　D. (40,38,46,79,56,84)

2. 填空题

（1）根据被处理的数据在计算机中使用不同的存储设备，排序可分为_____和外排序。

（2）对 n 个关键字进行冒泡排序，时间复杂度为_____。

（3）快速排序在最坏情况下的时间复杂度是_____。

（4）对 n 个记录的集合进行归并排序，需要的平均时间为_____。

（5）对 n 个记录的集合进行归并排序，需要的附加空间是_____。

（6）在插入排序和选择排序中，若初始数据基本正序，则选用_____较好。

（7）第一趟排序后，序列中键值最大的记录交换到最后的排序算法是_____。

（8）在插入排序、选择排序和归并排序中，排序不稳定的是_____。

（9）在对一组记录(54,38,96,23,15,72,60,45,83)进行直接插入排序时，当把第 7 个记录 60 插入有序表时，为寻找插入位置，需比较_____次。

（10）对一组记录(54,35,96,21,12,72,60,44,80)进行直接选择排序时，第 4 次选择和交换后，未排序记录是_____。

3. 综合应用题

（1）已知数据序列{10,8,18,15,7,16}，写出采用直接插入法排序时每一趟排序的结果。请写出采用冒泡排序法对该序列作升序排序时每一趟的结果。

（2）已知数据序列{10,18,4,3,6,12,9,15,8}，写出希尔排序每一趟排序的结果。（设 $d=5,2,1$）

4. 算法设计题

（1）以单链表为存储结构，设计一个直接选择排序算法。

（2）设计一个算法，使得在尽可能少的时间内重排数组，将所有取负值的关键字都放在所有取非负值的关键字之前。

第10章 实 验

实验1 一元多项式求和

1. 问题描述

设 $A(x) = a_0 + a_1 x + a_2 x^2 + \cdots + a_n x^n$，$B(x) = b_0 + b_1 x + b_2 x^2 + \cdots + b_m x^m$，并且多项式的指数可能很高且指数变化很大，求两个一元多项式的和，即求 $A(x) + B(x)$。

2. 问题分析

一元多项式 $A(x) = a_0 + a_1 x + a_2 x^2 + \cdots + a_n x^n$ 由 $n+1$ 个系数唯一确定，因此，可以用一个线性表 $(a_0, a_1, a_2, \cdots, a_n)$ 表示，每一项的指数 i 都隐藏在其系数 a_i 的序号里。如果多项式的指数很高且指数变化很大，则一元多项式对应的线性表中可能会存在很多零元素，为了减少存储空间，可以在线性表中只存储非零系数，但需要在存储非零系数的同时存储相应的指数，这样，一元多项式的每一个非零项都可由系数和指数唯一表示。

一元多项式求和的本质是合并同类项，也就是将两个一元多项式对应的线性表合并。对于指数相差较多的两个一元多项式，相加会改变多项式的系数和指数。如果相加的两项指数不等，则两项应分别出现在结果中，将引起线性表的插入；如果相加的两项指数相等，则系数相加，若相加结果为零，将引起线性表的删除。由于在线性表的合并过程中需要频繁地执行插入、删除操作，因此采用单链表存储。

在表示一元多项式的单链表中，每一个非零项对应单链表中的一个结点，结点结构如图 10-1 所示。

coef：系数
exp：指数
next：指针域，指向下一个结点

图 10-1 一元多项式单链表的结点结构

单链表应按指数递增有序排列，例如一元多项式 $A = 2 + x^6 + 3x^{15} + 5x^{20} + 6x^{40}$ 和 $B = -7x^8 - 5x^{20} + 12x^{25}$，$A$ 和 B 的单链表如图 10-2 所示。

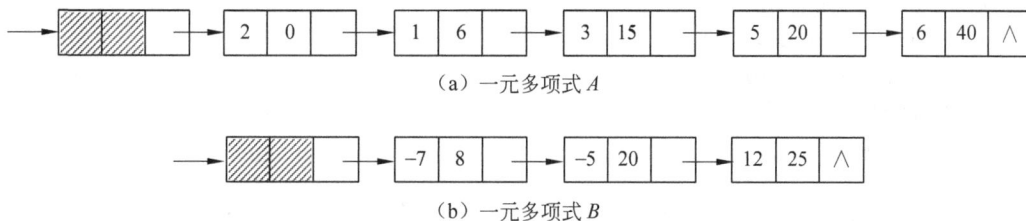

（a）一元多项式 A

（b）一元多项式 B

图 10-2 一元多项式的单链表表示

A 和 B 相加得到的多项式的单链表表示如图 10-3 所示，图中的空白框表示已经被释放的结点。

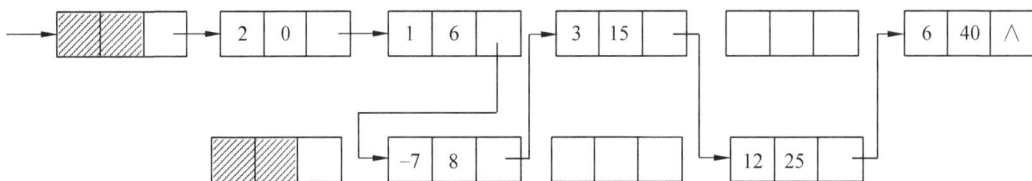

图 10-3 一元多项式 A 和 B 相加得到的多项式的单链表表示

3. 准备工作

(1) 在开始实验前,应回顾或复习单链表的相关内容。

(2) 需要一台计算机,其中安装有 Visual C++ 6.0、Dev-C++ 或 Visual Studio 2013 等集成开发环境。

4. 实验分析

程序中定义了多项式类 Polynomial。Polynomial 类的成员与说明见表 10-1。

表 10-1 Polynomial 类的成员与说明

类　　型	成　　员	说　　明
数据成员	head	头指针
成员函数	Polynomial()	构造函数
	Polynomial(const Polynomial &copy)	复制构造函数
	～Polynomial()	析构函数
	void Input()	输入一元多项式的系数和指数
	void Output()	输出一元多项式
	Polynomial operator＋(const Polynomial &b)	重载＋运算符
	Polynomial operator＝(const Polynomial &copy)	重载＝运算符

5. 实验步骤

(1) 建立工程 polynomial。

(2) 建立头文件 polynomial.h,声明并实现多项式类 Polynomial,代码如下:

```
#ifndef _POLYNOMIAL_H_
#define _POLYNOMIAL_H_
#include<iostream>
using namespace std;
//定义结点
struct Node
{
    int coef;                                    //系数
    int exp;                                     //指数
    Node * next;                                 //指针域
    Node(){};
    Node(int c, int e, Node * link=NULL){coef=c; exp=e; next=link;};
```

```
};
// 多项式类
class Polynomial
{
private:
    Node * head;
public:
    Polynomial();                                    //构造函数
    Polynomial(const Polynomial &copy);              //复制构造函数
    ～Polynomial();                                   //析构函数
    void Input();                                    //输入一元多项式的系数和指数
    void Output();                                   //输出一元多项式
    Polynomial operator+(const Polynomial &b);       //重载＋运算符
    Polynomial operator=(const Polynomial &copy);    //重载=运算符
};
Polynomial::Polynomial()                             //构造函数
{
    head=new Node;
    head->next=NULL;
}
Polynomial::Polynomial(const Polynomial &copy)       //复制构造函数
{
    head=new Node;
    head->next=NULL;
    Node * pre=head, * p1, * p2=copy.head->next;
    while (p2!=NULL)
    {
        p1=new Node(p2->coef, p2->exp);
        pre->next=p1;
        pre=p1;
        p2=p2->next;
    }
}
Polynomial::～Polynomial()                            //析构函数
{
    Node * p=head->next;
    while (p!=NULL)
    {
        head->next=p->next;                          //从链上删除
        delete p;
        p=head->next;
    }
    delete head;
}
```

```cpp
void Polynomial::Input()                            //输入一元多项式的系数和指数
{
    int c, e;
    Node * s, * r=head;
    while(1)
    {
        cout<<"coef=";
        cin>>c;
        if (c==0)                                   //输入系数为 0,结束
            return;
        cout<<"exp=";
        cin>>e;
        if (e<0)
            throw "指数不能为负数!";
        s=new Node(c,e);
        r->next=s;
        r=s;
    }
}
void Polynomial::Output()                           //输出一元多项式
{
    Node * p=head->next;
    if (p!=NULL)
        cout<<p->coef<<"x^"<<p->exp;                //若第一项的系数为正数,则正号省略
    p=p->next;
    while (p!=NULL)
    {
        if (p->coef>0)
            cout<<"+"<<p->coef;
        else
            cout<<p->coef;
        cout<<"x^"<<p->exp;
        p=p->next;
    }
    cout<<endl;
}
Polynomial Polynomial::operator+(const Polynomial &b)//重载＋运算符
{
    Node * pre=head, * bpre=b.head;                 //分别指向 pa 和 pb 的前驱结点
    Node * pa=pre->next, * pb=bpre->next;           //pa 和 pb 分别指向 a 和 b 的当前结点
    Node * tmp=NULL;
    while (pa!=NULL && pb!=NULL)
    {
        //若结点 pa 的指数较小,则 pa 和 pre 后移
```

```
            if (pa->exp<pb->exp)
            {
                pre=pa;
                pa=pa->next;
            }
            //若pb结点的指数较小,则将pb结点插在pa之前,pb和bpre后移
            else if (pa->exp>pb->exp)
            {
                tmp=pb->next;
                pre->next=pb;
                pb->next=pa;
                pre=pb;
                pb=tmp;
                bpre->next=pb;
            }
            //若pa结点的指数与pb结点的指数相等,则系数相加
            else
            {
                //若系数之和为0,则删除pa结点,pre和pa后移
                if (pa->coef+pb->coef==0)
                {
                    pre->next=pa->next;
                    delete pa;
                    pa=pre->next;
                }
                //若系数之和不为0,则修改pa结点的系数值,pa和pre后移
                else
                {
                    pa->coef=pa->coef+pb->coef;
                    pre=pa;
                    pa=pa->next;
                }
                //指数相等时,需要删除pb结点,pb后移
                bpre->next=pb->next;                        //将结点从链中移除
                delete pb;                                   //释放结点空间
                pb=bpre->next;
            }
        }
    //若b不为空,则将pb结点链接到a的后面
    if (pb!=NULL)
        pre->next=pb;
    return * this;
}
Polynomial Polynomial::operator=(const Polynomial &copy)    //重载=运算符
```

```
{
    if (&copy!=this)
    {
        head=new Node;
        head->next=NULL;
        Node * pre=head, * p1, * p2=copy.head->next;
        while (p2!=NULL)
        {
            p1=new Node(p2->coef, p2->exp);
            pre->next=p1;
            pre=p1;
            p2=p2->next;
        }
    }
    return * this;
}
#endif
```

（3）建立源程序文件 main.cpp，实现 main()函数，代码如下：

```
#include "polynomial.h"
int main()
{
    try
    {
        Polynomial a, b;
        cout<<"请输入第一个多项式的系数和指数(系数为 0 时结束)："<<endl;
        a.Input();
        cout<<"请输入第二个多项式的系数和指数(系数为 0 时结束)："<<endl;
        b.Input();
        a=a+b;
        a.Output();
    }
    catch (char * error)
    {
        cout<<error;
    }
    cout<<endl;
    return 0;
```

6. 测试与结论

测试时，应注意尽量覆盖算法的各种情况，其中一组测试数据为

$$A = 10 + 12\,x^3 - 2\,x^8 + 7\,x^{12}$$
$$B = 4x + 3\,x^3 + 2\,x^8 + 6\,x^{16} + 5\,x^{30}$$

程序运行结果如图 10-4 所示。

```
请输入第一个多项式的系数和指数(系数为0时结束):
coef=10
exp=0
coef=12
exp=3
coef=-2
exp=8
coef=7
exp=12
coef=0
请输入第二个多项式的系数和指数(系数为0时结束):
coef=4
exp=1
coef=3
exp=3
coef=2
exp=8
coef=6
exp=16
coef=5
exp=30
coef=0
两个多项式之和为:
10x^0+4x^1+15x^3+7x^12+6x^16+5x^30
```

图 10-4　程序运行结果

实验 2　求解约瑟夫问题

1. 问题描述

n 个人(编号为 1,2,…,n)围坐一圈,从 1 号开始按顺时针方向自 1 开始顺序报数,报到 m 的人出列,然后再从下一个人重新开始报数,再次报到 m 的人出列,……,如此重复下去,直到圆圈中的人全部出列。要求按出列顺序输出每个人的编号。例如,$n=8,m=3$ 时,出列顺序为 3,6,1,5,2,8,4。

2. 问题分析

由于约瑟夫问题本身具有循环性质,所以可以采用循环单链表存储 n 个人的编号 1,2,…,n。设置一个计数器 count 和一个指针 p,初始时 p 指向第一个结点,每计一次数,p 后移一个结点,计数器累加到 m 时,删除结点 p。为便于删除操作,另设一个指针 pre,指向结点 p 的前驱结点。

为了统一对链表中的结点进行计数和删除操作,循环单链表不带头结点,如图 10-5 所示。

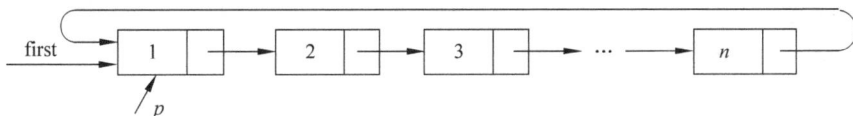

图 10-5　循环单链表的初始状态

3. 准备工作

(1) 在开始实验前,应回顾或复习循环单链表的相关内容。

（2）准备一台计算机，其中安装有 Visual C++ 6.0、Dev-C++ 或 Visual Studio 2013 等集成开发环境。

4. 实验分析

程序中定义了 Josephus 类，其成员与说明见表 10-2。

表 10-2　Josephus 类的成员与说明

类　型	成　员	说　明
数据成员	first	指向第一个结点的指针
成员函数	Josephus(int n)	构造函数，构造一个元素为 $1,2,3,\cdots,n$ 的循环单链表
	void Solve(int m)	求解约瑟夫问题，按照出列顺序输出每个人的编号

5. 实验步骤

（1）建立工程 josephus。

（2）建立头文件 josephus.h，声明并实现类 Josephus，代码如下：

```
#ifndef _JOSEPHUS_H_
#define _JOSEPHUS_H_
#include <iostream>
using namespace std;
//定义结点
struct Node
{
    int data;
    Node * next;
};
//定义类
class Josephus
{
private:
    Node * first;
public:
    Josephus(int n);
    void Solve(int m);
};
//类的实现
Josephus::Josephus(int n)                    //构造函数
{
    first=new Node;                          //生成第一个结点
    first->data=1;
    first->next=NULL;
    Node * p, * pre=first;
    for (int i=2; i<=n; i++)                 //生成第 2～n 个结点
```

```cpp
    {
        p=new Node;                          //创建一个新结点
        p->data=i;                           //新结点的数据域为 i
        p->next=NULL;
        pre->next=p;                         //将新结点链接到表尾
        pre=p;
    }
    p->next=first;                           //最后一个结点的 next 域指向第一个结点
}
void Josephus::Solve(int m)                  //求解问题,按出列顺序输出编号
{
    Node * pre=NULL;
    Node * p=first;
    int count=1;
    cout<<"出列顺序为: "<<endl;
    while (p->next!=p)                        //链表中的结点数>1
    {
        if (count<m)
        {
            pre=p;                           //pre 后移
            p=p->next;                       //p 后移
            count++;                         //计数器增 1
        }
        else
        {
            cout<<p->data<<" ";              //输出出列者的编号
            pre->next=p->next;               //将结点 p 从链中移除
            delete p;                        //释放结点
            p=pre->next;                     //p 后移
            count=1;                         //计数器从 1 开始重新计数
        }
    }
    cout<<p->data<<endl;                     //输出最后一个人的编号
    delete p;
}
#endif
```

(3) 建立源程序文件 main.cpp,实现 main()函数,代码如下:

```cpp
#include "josephus.h"
int main()
{
    int n, m;
    cout<<"请输入 n 和 m 的值: ";
```

```
cin>>n>>m;
Josephus j(n);
j.Solve(m);
cout<<endl;
return 0;
}
```

6. 测试与结论

输入 n 的值为 8，m 的值为 3，程序运行结果如图 10-6 所示。

图 10-6　程序运行结果

实验 3　表达式求值

1. 问题描述

设有运算符＋、－、＊、/和圆括号，对任意给定的表达式求值。

2. 问题分析

算术四则运算遵循以下原则：

（1）先乘除，后加减。

（2）从左到右。

（3）先括号内，后括号外。

根据这 3 条运算规则，在运算的每一步中，任意两个相继出现的运算符 θ_1 和 θ_2 之间的优先关系有以下 3 种情况：

$$\theta_1 < \theta_2 \quad \theta_1 \text{ 的优先级低于} \theta_2$$

$$\theta_1 = \theta_2 \quad \theta_1 \text{ 的优先级等于} \theta_2$$

$$\theta_1 > \theta_2 \quad \theta_1 \text{ 的优先级高于} \theta_2$$

由原则(1)可知，"＋"<"＊"、"＋"<"/"、"－"<"＊"、"－"<"/"等。

由原则(2)可知，当两个运算符相同时，先出现的运算符优先级高。

由原则(3)可知，括号内的优先级高，所以＋、－、＊、/为 θ_1 时的优先级低于"("，但高于")"。

表 10-3 给出了运算符之间的优先级关系。

表 10-3　运算符之间的优先级关系

θ_1	θ_2						
	＋	－	＊	/	(	)	＃
＋	>	>	<	<	<	>	>
－	>	>	<	<	<	>	>

θ_1	θ_2						
	＋	－	＊	／	（	）	♯
＊	＞	＞	＞	＞	＜	＞	＞
／	＞	＞	＞	＞	＜	＞	＞
（	＜	＜	＜	＜	＜	＝	错误
）	＞	＞	＞	＞	错误	＞	＞
♯	＜	＜	＜	＜	＜	错误	＝

表 10-3 中的"（" ＝ "）"表示当左、右括号相遇时,括号内的运算已经完成。为了便于实现,假设表达式均以"♯"开始,以"♯"结束。因此,当"♯" ＝ "♯",表示整个表达式求值完毕。"（"与"♯"、"）"与"（"以及"♯"与"）"之间没有优先关系,这是因为表达式中不允许它们相继出现。一旦遇到这种情况,就可以认为出现了语法错误。

为了实现运算符的优先级,在表达式求值过程中需要保存优先级较低的运算符以及没有参与计算的操作数,这就需要两个栈辅助完成:一个是用于存储运算符的栈 optr;另一个是用于存储操作数的栈 opnd。

若从表达式中读入的是操作数,则压入 opnd 栈;若是运算符,则根据 optr 的栈顶元素和它的优先级比较结果进行不同的处理。

（1）若是小于,则将其压入 optr 栈。

（2）若是大于,则弹出 optr 栈顶的运算符,从 opnd 弹出两个操作数,进行相应的运算,结果压入 opnd 栈。

（3）若是等于,则 optr 栈顶元素是"（",从表达式中读入的字符是"）",这时弹出 optr 栈顶的"（",相当于括号匹配成功。

3. 准备工作

（1）在开始实验前,应回顾或复习栈的相关内容。

（2）准备一台计算机,其中安装有 Visual C++ 6.0、Dev-C++ 或 Visual Studio 2013 等集成开发环境。

4. 实验分析

程序中定义了表达式类 Expression。Expression 类的成员与说明见表 10-4。

表 10-4　Expression 类的成员与说明

类　型	成　员	说　明
数据成员	expstr	表达式字符串
辅助函数	int Comp(char c1, char c2)	比较运算符的优先级 若 c1＞c2,则返回 1;若 c1＝c2;则返回 0;若 c1＜c2,则返回 −1

类 型	成 员	说 明
成员函数	Expression(string str)	构造函数
	double Compute()	计算表达式的值

5. 实验步骤

(1) 建立工程 expression。

(2) 将链栈的头文件 linkstack.h 复制到 expression 文件夹中,并将 linkstack.h 添加到工程中。

(3) 建立头文件 expression.h,声明并实现表达式类 Expression,代码如下:

```cpp
#ifndef _EXPRESSION_H_
#define _EXPRESSION_H_
#include "linkstack.h"
#include <string>
using namespace std;
class Expression
{
private:
    string expstr;                      //表达式字符串
    int Comp(char c1, char c2);         //比较运算符的优先级
public:
    Expression(string str);
    double Compute();
};
Expression::Expression(string str)      //构造函数
{
    expstr=str+"#";
}
int Expression::Comp(char c1, char c2)  //比较运算符的优先级
{
    switch (c1)
    {
        case '+':
        case '-':
            if (c2=='*' || c2=='/' || c2=='(')
                return -1;
            else
                return 1;
            break;
        case '*':
        case '/':
```

```
                if (c2=='(')
                    return -1;
                else
                    return 1;
                break;
        case '(':
            if (c2==')')
                return 0;
            else
                return -1;
            break;
        case ')':
            return 1;
            break;
        case '#':
            if (c2=='#')
                return 0;
            else
                return -1;
            break;
    }
}
double Expression::Compute()                     //计算表达式的值
{
    LinkStack<double>opnd;
    LinkStack<char>optr;
    int i=0, k;
    char e;
    double a, b, result;
    optr.Push('#');
    while (expstr[i]!='\0')
    {
        if (expstr[i]>=48 && expstr[i]<=57)   //若为数字,则将其压入 opnd
        {
            opnd.Push(expstr[i]-48);
            i++;
        }
        else                //若为运算符,则根据 optr 栈顶元素和它的比较结果进行不同的处理
        {
            optr.GetTop(e);                 //将 optr 的栈顶元素读取到 e 中
            k=Comp(e, expstr[i]);           //比较运算符的优先级
            switch (k)
            {
```

```
                 case -1:                              //若小于,则将其压入 optr,读取下一字符
                     optr.Push(expstr[i]);
                     i++;
                     break;
                 case 0:                               //若相等,则弹出 optr 栈顶元素,读取下一字符
                     optr.Pop(e);
                     i++;
                     break;
                 case 1:                  //若大于
                     optr.Pop(e);                      //从 optr 弹出栈顶运算符
                     opnd.Pop(b);                      //从 opnd 弹出两个操作数
                     opnd.Pop(a);
                     switch (e)           //完成运算
                     {
                         case '+':
                             opnd.Push(a+b);
                             break;
                         case '-':
                             opnd.Push(a-b);
                             break;
                         case '*':
                             opnd.Push(a*b);
                             break;
                         case '/':
                             opnd.Push(a/b);
                             break;
                     }
                     break;
             }
         }
     }
     opnd.GetTop(result);                              //opnd 的栈顶元素为表达式的计算结果
     return result;
}
#endif
```

(4) 建立源程序文件 main.cpp,实现 main()函数,代码如下:

```
#include <iostream>
#include "expression.h"
using namespace std;
int main()
{
    string str;
    char c;
    do
    {
        cout<<endl;
```

```
        cout<<"请输入表达式: "<<endl;
        cin>>str;
        Expression exp1(str);
        cout<<" ="<<exp1.Compute()<<endl;
        cout<<"是否继续(y/n)?";
        cin>>c;
    } while (c=='y' || c=='Y');
    return 0;
}
```

6. 测试与结论

测试时应注意尽量覆盖算法的各种情况,程序测试结果如图 10-7 所示。

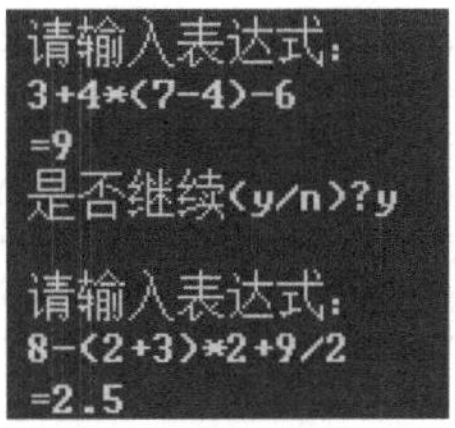

图 10-7   程序运行结果

上述算法中的操作数只能是一位数,如果需要进行多位数的运算,则读入的数字字符拼接成数值之后再入栈。

实验 4   字符串的加解密

1. 问题描述

一个字符串可以用事先给定的字母映射表进行加解密,字母映射表如下:

a b c d e f g h i j k l m n o p q r s t u v w x y z A B C D E F
N g z Q T C O b m U H e l k P D d A w x f Y I v r s J G n Z q t

G H I J K L M N O P Q R S T U V W X Y Z
c O B M u h E L K p a D W X F y i V R j S

未被映射的字符不改变,例如,字符串 p * sword 被加密成 d * xvPwQ,试写一程序,要求用菜单方式实现相应功能,菜单选项如下:

(1) 加密——将输入的字符串加密后输出。

(2) 解密——将输入的已加密的字符串解密后输出。

(3) 退出

2. 问题分析

定义两个字符串变量 letters 和 map,分别存储字母表和字母映射表。加密时,对字符串中的每个字符,通过查找字母表 letters 确定在字母表中的位置,然后通过映射表得到字母的映射。解密时,对密文字符串中的每个字符,通过查找字母映射表 map 确定在字母映射表中的位置,然后通过字母表得到加密前的字母。

3. 准备工作

(1) 在开始实验前,应回顾或复习串的相关内容。

(2) 准备一台计算机,其中安装有 Visual C++ 6.0、Dev-C++ 或 Visual Studio 2013 等集成开发环境。

4. 实验分析

程序中定义了加密类 Encrypt。Encrypt 类的成员与说明见表 10-5。

表 10-5　Encrypt 类的成员与说明

类　型	成　员	说　明
数据成员	letters	字母表
	map	字母映射表
成员函数	Encrypt()	构造函数
	string Encode(const string &s)	加密字符串
	string Decode(const string &s)	解密字符串

5. 实验步骤

(1) 建立工程 encrypt。

(2) 建立头文件 encrypt.h,声明并实现加密类 encrypt,代码如下:

```
#ifndef _ENCRYPT_H_
#define _ENCRYPT_H_
#include <string>
using namespace std;
class Encrypt
{
private:
    string letters;
    string map;
public:
    Encrypt();
    string Encode(const string &s);
    string Decode(const string &s);
};
Encrypt::Encrypt()                         //构造函数
{
    letters="abcdefghijklmnopqrstuvwxyzABCDEFGHIJKLMNOPQRSTUVWXYZ";
    map="NgzQTCObmUHelkPDAwxfYIvksJGnZqtcOBMuhELKpaDWXFyiVRjS";
}
string Encrypt::Encode(const string &s)    //加密字符串
{
    string ciphertext="";
    int i=0;
    while (s[i]!='\0')
    {
```

```
            for (int k=0; k<52; k++)                    //查找 s[i]在字母表中的位置
            {
                if (s[i]==letters[k])                    //查找成功
                {
                    ciphertext=ciphertext+map[k];
                    break;
                }
            }
            if (k==52)                                   //查找失败
                ciphertext=ciphertext+s[i];
            i++;
        }
    return ciphertext;
}
string Encrypt::Decode(const string &s)        //解密字符串
{
    string text;
    int i=0;
    while (s[i]!='\0')
    {
        for (int k=0; k<52; k++)                    //在映射表中查找 s[i]的位置
        {
            if (s[i]==map[k])
            {
                text=text+letters[k];
                break;
            }
        }
        if (k==52)
            text=text+s[i];
        i++;
    }
    return text;
}
#endif
```

（3）建立源程序文件 main.cpp，实现 main()函数，代码如下：

```
#include<iostream>
#include"encrypt.h"
using namespace std;
int main()
{
    string s;
    Encrypt e1;
    int select=1;
    cout<<endl;
    while (select!=3)
```

```
{
    cout<<"1.加密--将输入的字符串加密后输出"<<endl;
    cout<<"2.解密--将输入的已加密的字符串解密后输出"<<endl;
    cout<<"3.退出"<<endl;
    cout<<"请选择: ";
    cin>>select;
    if (select<1 || select>3)
    {
        cout<<"数字输入有误,请重新选择!"<<endl;
        break;
    }
    if (select==1)
    {
        cout<<"请输入字符串: ";
        cin>>s;
        cout<<"加密后: ";
        cout<<e1.Encode(s)<<endl;
    }
    else if (select==2)
    {
        cout<<"请输入密文字符串: ";
        cin>>s;
        cout<<"解密后: ";
        cout<<e1.Decode(s)<<endl;
    }
}
    return 0;
}
```

6. 测试与结论

测试时,输入的字符串中尽可能包含各种字符,测试结果如图 10-8 所示。

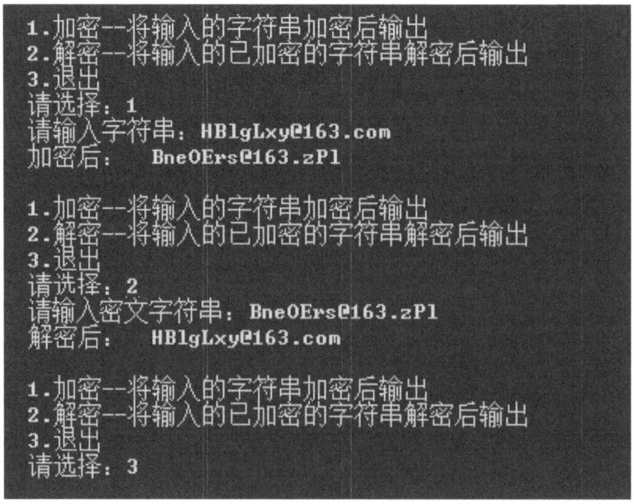

图 10-8　测试结果

实验5 利用二叉树求解简单算术表达式

1. 问题描述

简单算术表达式中只包含＋、－、＊、/、(、)和一位正整数且格式正确,利用二叉树求解表达式的值。

2. 问题分析

一般情况下,一个表达式由一个运算符和两个操作数组成,两个操作数之间有次序之分,并且操作数本身也可以是表达式,这个结构类似于二叉树,因此可以用二叉树表示表达式。

以二叉树表示表达式的递归定义如下:

(1) 如果表达式为数字,则相应二叉树中仅有一个根结点,其数据域存放表达式中的数字。

(2) 如果表达式为"第一个操作数 运算符第二个操作数"的形式,则相应的二叉树中以左子树表示第一个操作数,以右子树表示第二个操作数,根结点的数据域存放运算符,其中操作数本身又为表达式。

例如,表达式 $5+3*(9-4)-8/2$ 可用图 10-9 所示的二叉树表示。

表达式对应的二叉树创建后,利用二叉树的遍历操作即可实现表达式的求值运算。由于创建的表达式树需要准确地表达运算次序,因此,在扫描表达式创建表达式树的过程中,遇到运算符时不能直接创建结点,而应将其与前面

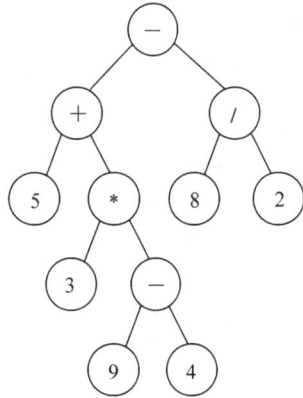

图 10-9 表达式 $5+3*(9-4)-8/2$ 的二叉树

的运算符进行优先级比较,根据比较结果再进行处理。这种处理方式类似于实验 3 中运算符的比较,可以借助一个运算符栈暂存已经扫描到的还未处理的运算符。

根据表达式树与表达式对应关系的递归定义,每两个操作数和一个运算符就可以建立一棵表达式树,而该二叉树又可以作为另一个运算符结点的一棵子树。可以借助一个表达式树栈,暂存已经建好的表达式树的根结点,以便其作为另一个运算符结点的子树而被引用。

3. 准备工作

(1) 在开始实验前,应回顾或复习二叉树的相关内容。

(2) 准备一台计算机,其中安装有 Visual C++ 6.0、Dev-C++ 或 Visual Studio 2013 等集成开发环境。

4. 实验分析

程序中定义了类 ExpressionTree,其成员与说明见表 10-6。

表 10-6　ExpressionTree 类的成员与说明

类　　型	成　　员	说　　明
数据成员	expstr	表达式字符串
	root	表达式树的根
辅助函数	int Comp(char c1, char c2)	比较运算符的优先级
	double ComputeHelp(BTNode<char> * r)	计算以 r 为根的二叉树表示的表达式的值
成员函数	ExpressionTree(string exp)	构造函数
	CreateTree()	构建表达式树
	double Compute()	计算表达式的值

5. 实验步骤

（1）建立工程 expressiontree。

（2）将链栈与二叉树的头文件 bintree.h 和 linkstack.h 复制到 expressiontree 文件夹中,并将其添加到工程中。

（3）建立头文件 expressiontree.h,声明并实现表达式类 ExpressionTree,代码如下:

```cpp
#ifndef _EXPRESSIONTREE_H_
#define _EXPRESSIONTREE_H_
#include <string>
#include "bintree.h"
#include "linkstack.h"
using namespace std;
class ExpressionTree
{
private:
    string expstr;                              //表达式字符串
    BTNode<char> * root;                        //表达式树的根
    int Comp(char c1, char c2);                 //比较运算符的优先级
    double ComputeHelp(BTNode<char> * r);       //计算以 r 为根的表达式树的值
public:
    ExpressionTree(string exp);                 //构造函数
    CreateTree();                               //构建表达式树
    double Compute();
};
ExpressionTree::ExpressionTree(string exp)      //构造函数
{
    expstr=exp+"#";
}
ExpressionTree::CreateTree()                     //构建表达式树
{
    LinkStack<char>optr;
    LinkStack<BTNode<char> * >expt;
```

```
int i=0, k;
char e;
BTNode<char> * p, * a, * b;
optr.Push('#');
while (expstr[i]!='\0')
{
    //若为数字,则以该数字为根创建一个只有根结点的二叉树,并将根结点压入 expt 栈
    if (expstr[i]>=48 && expstr[i]<=57)
    {
        p=new BTNode<char>;
        p->data=expstr[i];
        p->lchild=NULL;
        p->rchild=NULL;
        expt.Push(p);
        i++;
    }
    //若为运算符,则根据 optr 的栈顶元素和 expstr[i]的比较结果进行不同的处理
    else
    {
        optr.GetTop(e);                    //将 optr 的栈顶元素读取到 e 中
        k=Comp(e, expstr[i]);              //比较运算符的优先级
        switch (k)
        {
            case -1:                       //若小于,则将其压入 optr,读取下一个字符
                optr.Push(expstr[i]);
                i++;
                break;
            case 0:                        //若相等,则弹出 optr 栈顶元素,读取下一个字符
                optr.Pop(e);
                i++;
                break;
            case 1:                        //若大于
                optr.Pop(e);               //从 optr 弹出栈顶运算符
                expt.Pop(b);               //从 expt 弹出两个操作数
                expt.Pop(a);
                //以运算符为根,a 为左子树,b 为右子树,创建一棵二叉树
                p=new BTNode<char>;
                p->data=e;
                p->lchild=a;
                p->rchild=b;
                expt.Push(p);
                break;
        }
    }
}
```

```
        expt.GetTop(root);                          //expt 的栈顶为表达式树的根
    }
    int ExpressionTree::Comp(char c1, char c2)          //比较运算符的优先级
    {
        switch (c1)
        {
            case '+':
            case '-':
                if (c2=='*' || c2=='/' || c2=='(')
                    return -1;
                else
                    return 1;
                break;
            case '*':
            case '/':
                if (c2=='(')
                    return -1;
                else
                    return 1;
                break;
            case '(':
                if (c2==')')
                    return 0;
                else
                    return -1;
                break;
            case ')':
                return 1;
                break;
            case '#':
                if (c2=='#')
                    return 0;
                else
                    return -1;
                break;
        }
    }
    double ExpressionTree::Compute()                     //计算表达式的值
    {
        return ComputeHelp(root);
    }
    double ExpressionTree::ComputeHelp(BTNode<char> * r)  //计算以 r 为根的表达式树的值
    {
        double lvalue, rvalue, value;
        if (r->lchild==NULL && r->rchild==NULL)          //表达式树只有一个根结点
```

```
            return r->data-'0';
        else
        {
            lvalue=ComputeHelp(r->lchild);
            rvalue=ComputeHelp(r->rchild);
            switch (r->data)
            {
                case '+':
                    value=lvalue+rvalue;
                    break;
                case '-':
                    value=lvalue-rvalue;
                    break;
                case '*':
                    value=lvalue * rvalue;
                    break;
                case '/':
                    value=lvalue/rvalue;
                    break;
            }
            return value;
        }
}
#endif
```

（4）建立源程序文件 main.cpp，实现 main() 函数，代码如下：

```
#include<iostream>
#include"expressiontree.h"
using namespace std;
int main()
{
    string str;
    double result;
    cout<<"请输入表达式: "<<endl;
    cin>>str;
    ExpressionTree exp1(str);
    exp1.CreateTree();
    result=exp1.Compute();
    cout<<"="<<result<<endl;
    return 0;
}
```

6. 测试与结论

测试时，应注意尽量覆盖算法的各种情况。程序运行结果如图 10-10 所示。

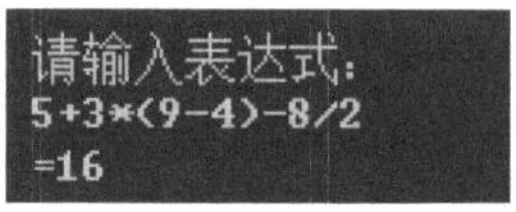

图 10-10　程序运行结果

实验 6　医院选址问题

1. 问题描述

某乡镇下属的 5 个村庄及其之间的公路联系情况如图 10-11 所示,图中的顶点表示村庄,边表示村庄之间的公路,边上的权值表示公路的长度。现要在这 5 个村庄中选择一个村庄建立一所医院,要求该医院离最远村庄的距离最小,问这所医院应该建在哪个村庄?

2. 问题分析

该问题就是确定图的中心点。首先利用 Floyd 算法求出每个顶点至其他各个顶点的最短路径长度,如图 10-12 所示;然后求出每个顶点的最大服务距离,即矩阵中各行的最大值,最大服务距离最小的顶点即中心点。

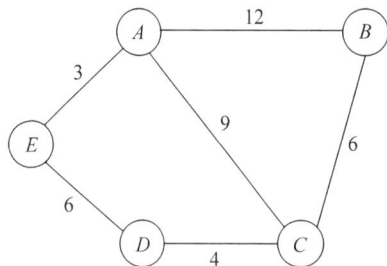

图 10-11　村庄之间的公路联系情况

$$\begin{bmatrix} 0 & 12 & 9 & 9 & 3 \\ 12 & 0 & 6 & 10 & 15 \\ 9 & 6 & 0 & 4 & 10 \\ 9 & 10 & 4 & 0 & 6 \\ 3 & 15 & 10 & 6 & 0 \end{bmatrix}$$

图 10-12　任意两个顶点之间的最短路径

3. 准备工作

(1) 在开始实验前,应回顾或复习图的相关内容。

(2) 准备一台计算机,其中安装有 Visual C++ 6.0、Dev-C++ 或 Visual Studio 2013 等集成开发环境。

4. 实验分析

程序中定义了 Hospital 类,其成员与说明见表 10-7。

表 10-7　Hospital 类的成员与说明

类　型	成　员	描　述
数据成员	vertexNum	顶点个数
	vexs	一维数组,存放顶点信息
	matrix	二维数组,存放邻接矩阵

类 型	成 员	描 述
成员函数	Hospital(char vs[], int **edge, int n)	构造函数
	~Hospital()	析构函数
	void Floyd(int **dist)	计算任意两个顶点间的最短路径
	int Center()	求中心点,返回其编号

5. 实验步骤

(1) 建立工程 Hospital。

(2) 建立头文件 hospital.h,声明并实现 Hospital 类,代码如下:

```cpp
#ifndef _HOSPITAL_H_
#define _HOSPITAL_H_
#define infinity 100;
class Hospital
{
private:
    int vertexNum;                              //顶点个数
    char * vexs;                                //存放顶点信息
    int * * matrix;                             //存放邻接矩阵
public:
    Hospital(char vs[], int * * edge, int n);   //构造函数
    ~Hospital();                                //析构函数
    void Floyd(int * * dist);                   //Floyd算法
    int Center();                               //计算中心点
};
Hospital::Hospital(char vs[], int * * edge, int n)  //构造函数
{
    vertexNum=n;
    vexs=new char[vertexNum];                   //生成顶点数据数组
    for (int i=0; i<vertexNum; i++)
        vexs[i]=vs[i];
    matrix=(int * *)new int * [vertexNum];      //生成邻接矩阵
    for (i=0; i<vertexNum; i++)
        matrix[i]=new int[vertexNum];           //生成邻接矩阵的行
    for (i=0; i<vertexNum; i++)                 //为邻接矩阵元素赋值
    {
        for (int j=0; j<vertexNum; j++)
            matrix[i][j]=edge[i][j];
    }
}
Hospital::~Hospital()
{
```

```cpp
        delete []vexs;
        for (int i=0; i<vertexNum; i++)
        {
            delete []matrix[i];
        }
        delete []matrix;
    }
    void Hospital::Floyd(int * * dist)
    {
        int i, j, k;
        for (i=0; i<vertexNum; i++)
            for (j=0; j<vertexNum; j++)
                dist[i][j]=matrix[i][j];
        for (k=0; k<vertexNum; k++)
            for (i=0; i<vertexNum; i++)
                for (j=0; j<vertexNum; j++)
                    if (dist[i][j]>dist[i][k]+dist[k][j])
                        dist[i][j]=dist[i][k]+dist[k][j];
    }
    int Hospital::Center()
    {
        int i, j, index, min;
        int * maxdist=new int[vertexNum];
        int * * dist=new int *[vertexNum];
        for (i=0; i<vertexNum; i++)
            dist[i]=new int[vertexNum];
        Floyd(dist);                              //调用 Floyd 算法求任意两个顶点间的最短路径
        for (i=0; i<vertexNum; i++)               //求各个顶点的最大服务距离
        {
            maxdist[i]=dist[i][0];
            for (j=1; j<vertexNum; j++)
                if (dist[i][j]>maxdist[i])
                    maxdist[i]=dist[i][j];
        }
        //找出最大服务距离最小的顶点
        min=maxdist[0];
        index=0;
        for (i=1; i<vertexNum; i++)
        {
            if (maxdist[i]<min)
            {
                min=maxdist[i];
                index=i;
            }
        }
```

```
        delete []maxdist;
        for (i=0; i<vertexNum; i++)
        {
            delete []dist[i];
        }
        delete []dist;
        return index;
}
#endif
```

（3）建立源程序文件 main.cpp，实现 main() 函数，代码如下：

```
#include<iostream>
#include"hospital.h"
using namespace std;
int main()
{
    int n,e;
    int i,j,k,w;
    cout<<"请输入顶点个数和边数：";
    cin>>n>>e;
    char * vs=new char[n];
    int * * edge=(int * * )new int * [n];
    cout<<"请输入顶点元素：";
    for (i=0; i<n; i++)
        cin>>vs[i];
    for (i=0; i<n; i++)
        edge[i]=new int[n];
    for (i=0; i<n; i++)
        for (j=0; j<n; j++)
            if (i==j)
                edge[i][j]=0;
            else
                edge[i][j]=infinity;
    for (k=0; k<e; k++)
    {
        cout<<"请输入边依附的顶点编号和边的权值：";
        cin>>i>>j>>w;
        edge[i][j]=w;
        edge[j][i]=w;
    }
    Hospital H(vs, edge, n);
    int center_Point=H.Center();
    cout<<"医院应该设在村庄"<<vs[center_Point]<<endl;
    for (i=0; i<n; i++)
    {
```

```
        delete []edge[i];
    }
    delete []edge;
    delete []vs;
    return 0;
}
```

6. 测试与结论

根据图 10-11 输入顶点和边的信息,程序运行结果如图 10-13 所示。

图 10-13　程序运行结果

附录　C++ 程序设计简述

A.1　C++ 程序的基本结构

C++ 语言是一种应用广泛的面向对象程序设计语言,由 C 语言演化而来,全面兼容 C 语言。C++ 不仅继承了 C 语言的高效、简洁、快速和可移植性,而且还添加了对面向对象编程和泛型编程的支持。

本节将对 C++ 程序的基本结构做一个概述。

首先编写一个显示信息的简单的 C++ 程序,代码如下:

```cpp
//My First C++Source Program
#include <iostream>
using namespace std;
int main()                              //主函数
{
    cout<<"Hello World!";               //输出
    cout<<endl;
    return 0;
}
```

程序说明:

(1) 第一行是注释语句,C++ 中注释以双斜杠(//)引导,到行尾结束。注释是程序设计人员对程序书写的说明内容。注释语句可以独占一行,也可以和其他语句共占一行,一般位于语句尾部,作为对语句功能的说明。

C++ 也可以使用 C 语言风格的“/ ∗ … ∗ /”形式的注释,这种注释可以跨越多行。

(2) 第二行以 ♯ 开头的语句是 C++ 的编译预处理命令。编译预处理命令是在编译之前对源文件进行处理。因为本程序中的 cout 是 iostream 文件中的定义,为了能够顺利输出,需要将 iostream 文件的内容包含到程序中。

而第三行的 using namespace std 命令是编译指令,用来包含 std 命名空间,如果没有这条指令,在使用 cout 时,应该写成:

```cpp
std::cout<<"Hello,World!";
```

(3) 第四行代码中的 main() 被称为主函数。在一个 C++ 程序中,有且仅有一个主函数,程序运行时,从 main() 函数开始执行,以 main() 函数的结束作为结束。main() 函数之后跟着一对大括号{…},大括号中的内容为函数体。函数体中包含了函数需要执行的语句,以实现函数的功能。

(4) 第六、七行代码中的 cout 是一个对象,用来输出信息,其中插入运算符<<可以将其右侧的信息插到输出流中。本程序中的插入运算符(<<)的右侧是一个双引号括起来的字符串,输出时将原样输出。

第七行语句中出现的 endl 是一个特殊的 C++ 符号,表示重起一行。在输出流中插入 endl 将会使光标移到下一行的开头处。endl 也是在 iostream 头文件中定义的。

C++ 程序的基本结构如下:

(1) 一个 C++ 程序由一个或多个函数组成,每个程序中有且仅有一个 main() 函数,在稍大的程序中,往往把整个程序分成若干个函数,程序执行以 main() 函数的开始而开始,以 main() 函数的结束而结束。

每个函数由函数首部和函数体构成,函数首部代表定义一个函数的开始,其中包括函数类型、函数名、函数形参等。

"{"和"}"括起来的部分为函数体,表示函数的执行部分。

(2) C++ 程序的书写非常自由,每条 C++ 语句都以分号";"作为结尾。一行可以书写多条语句,也可以把一条语句写在一行。但是,为了程序的可读性,建议每条语句占一行。为了表示程序的层次关系,建议函数内的语句都相对于花括号进行缩进。

(3) 在程序段中可以适当地加入注释,以提高程序的可读性。

(4) C++ 语言严格区分大小写。

C++ 对大小写非常敏感,如 main、MAIN、Main 是不同的。

A.2　C++ 的数据类型

C++ 提供了非常丰富的数据类型和运算符,保证各种数据及操作便于实现。

1. 基本数据类型

C++ 的数据类型如图 A-1 所示。

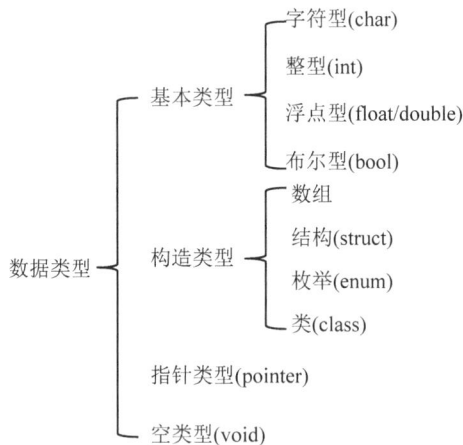

图 A-1　C++ 的数据类型

其中,基本数据类型有 4 种:字符型、整型、浮点型、布尔型,在这些基本数据类型的前面加上以下几个类型修饰符可以组合成多种类型。

```
signed        有符号型
unsigned      无符号型
long          长型
```

short 短型

这 4 个类型修饰符都可用于整型和字符型,long 也可用于双精度浮点型。表 A-1 是基本数据类型和这些类型修饰符组合后的数据类型。

表 A-1 基本数据类型

类 型 名	字宽/B	取 值 范 围
char	1	$-128 \sim 127$
signed char	1	$-128 \sim 127$
unsigned char	1	$0 \sim 255$
short[int]	2	$-32\ 768 \sim 32\ 767$
signed short int	2	$-32\ 768 \sim 32\ 767$
unsigned short int	2	$0 \sim 65\ 535$
int	4	$-2\ 147\ 483\ 648 \sim 2\ 147\ 483\ 647$
signed [int]	4	$-2\ 147\ 483\ 648 \sim 2\ 147\ 483\ 647$
unsigned [int]	4	$0 \sim 4\ 294\ 967\ 295$
long [int]	4	$-2\ 147\ 483\ 648 \sim 2\ 147\ 483\ 647$
signed long [int]	4	$-2\ 147\ 483\ 648 \sim 2\ 147\ 483\ 647$
unsigned long [int]	4	$0 \sim 4\ 294\ 967\ 295$
float	4	$-3.4 \times 10^{38} \sim 3.4 \times 10^{38}$,约 6 或 7 位有效数字
double	8	$-1.7 \times 10^{308} \sim 1.7 \times 10^{308}$,约 15 或 15 位有效数字
long double	8	$-1.7 \times 10^{308} \sim 1.7 \times 10^{308}$,约 15 或 16 位有效数字

说明:

(1) 这 4 个类型修饰符修饰 int 型时,int 可以省略。

(2) 在 C++ 中,前面没有修饰符的 int 和 char 在没有修饰符出现时,编译器认为是有符号的(signed)。

(3) 在不同的系统中,int 型的长度是不同的,与编译系统有关。

2. 标识符和关键字

在程序中出现的常量、变量、类、函数等需要命名才可以使用,这个名字就是标识符,C++ 规定:

(1) 标识符只能由字母、数字、下画线组成。

(2) 第一个字符必须是字母或下画线(如果是下画线,通常被视为系统自定义的标识符)。

(3) 大小写字母严格区分,也就是说,ABC 和 abc 是两个标识符。

(4) 标识符不能是 C++ 的关键字。

关键字是 C++ 系统预定义好的标识符,它的意义和作用由系统规定。表 A-2 是 C++ 中常用的关键字及其说明。

表 A-2　C++中常用的关键字及其说明

关键字	说　　明	关键字	说　　明
break	跳出循环体,结束本重循环或跳出 switch 结构	long	长整型数据
case	switch 结构中的分支	new	申请内存空间
char	字符型数据	operator	定义运算符重载
class	定义类的关键字	private	私有成员,私有继承
const	定义符号常量	protected	保护成员,保护继承
continue	结束本次循环,提前进入下一次循环	public	公有成员,公有继承
default	switch 结构中的默认分支	return	从函数中返回值
delete	释放使用 new 申请的内存空间	short	短整型数据
do	do 型循环	signed	有符号型数据
double	双精度浮点型数据	sizeof	取数据类型或变量的长度运算
else	if 语句中的否定分支	static	静态数据
enum	枚举类型	struct	定义结构
extern	声明外部变量	switch	分支语句
float	单精度浮点类型	template	定义模板
for	for 型循环	this	本类指针
friend	友元类	typedef	重定义数据类型
goto	跳转语句	union	定义联合型(共用体)数据
if	条件判断语句	virtual	虚继承,虚函数
inline	声明为内联函数	void	定义函数,不返回数值
int	整型数据	while	while 型循环

3. 常量和变量

数据在程序中,根据其数值的变化情况可以分为常量和变量。

1) 常量

常量是在程序运行过程中其值不发生变化的量。

(1) 整型常量:有十进制整数,如 0,32,-234 等;八进制整数,如 0123 等;十六进制整数,如 0xa3,0xD32 等。

注意:十进制常量有正负,而八进制和十六进制只能表示无符号整数。

(2) 浮点型常量:有小数形式和指数形式两种表示方式,如 -12.56、78.56、2.6E3、1.23e-5。浮点型常量默认为 double 型,如果需要单精度型,可以在末尾添加后缀 F 或 f,如 12.56F。

(3) 字符型常量:用单引号括起来的单个字符,如'a'、'4'、' * '。字符型常量在内存中存储的是该字符的 ASCII 值。字符型常量中有一类特殊的字符,以反斜杠"\"引导,后面跟一个字符或一个字符的 ASCII 值,这类字符称为转义字符。表 A-3 是常用的转义字符。

表 A-3　常用的转义字符

字符形式	功　能	字符形式	功　能
\n	换行符	\\	反斜杠字符
\t	水平制表符	\'	单引号字符
\a	响铃符	\"	双引号字符
\r	回车符(本行开头)	\ddd	三位八进制数代表的一个 ASCII 字符
\f	换页符	\xhh	两位十六进制数代表的一个 ASCII 字符
\b	退格符	\0	空值

(4) 符号常量：用一个标识符表示一个常量，称为符号常量。C++ 中定义符号常量使用 const,格式为

```
const <类型><符号常量标识符>=value
```

(5) 布尔常量：布尔常量的取值只有两个,即 false(假)和 true(真)。C++ 将非零值解释为真,将零值解释为假。

2) 变量

程序执行过程中,其值可以改变的量是变量。变量有三要素：变量类型、变量名、变量的值。

变量需要先定义后使用。定义变量其实就是为变量确定类型和名字。变量定义的格式如下：

```
<类型>　<变量名表>；
```

4. 运算符

C++ 的运算符包括算术运算符、关系运算符、逻辑运算符、赋值运算符、逗号运算符、条件运算符、位运算符、求字节大小运算符及强制类型转换运算符等,见表 A-4。

表 A-4　C 语言运算符表

运算符类型	运　算　符	运　算　形　式	结　合　方　向
算术运算符	+、-	双目运算	自左向右
	*、/、%	双目运算	自左向右
	++、--	单目运算	自右向左
关系运算符	>、<、>=、<=	双目运算	自左向右
	!=、==	双目运算	自左向右
逻辑运算符	!(逻辑非)	单目运算	自右向左
	&&(逻辑与)	双目运算	自左向右
	‖(逻辑或)	双目运算	自左向右

运算符类型	运算符	运算形式	结合方向
位运算符	～(按位求反)	单目运算	自右向左
	&(按位与)	双目运算	自左向右
	^(按位异或)	双目运算	自左向右
	|(按位或)	双目运算	自左向右
	<<、>>(左移、右移)	双目运算	自左向右
指针运算法	*,&	单目运算	自右向左
其他运算符	( )、[ ]、->、.	单目运算	自左向右
求字节大小运算符	sizeof	单目运算	自右向左
强制类型转换运算符	int、float、double 等	单目运算	自右向左
赋值运算符及复合赋值运算符	=、+=、-=、*=、/= 等	双目运算	自右向左
条件运算符	(? :)	三目运算	自右向左
逗号运算符	,	双目运算	自左向右

1) 算术运算符

C++ 提供了 5 种基本的算术运算符,见表 A-5。

表 A-5　基本的算术运算符

符号表示	含　义	说　明	举　例
＋	加法运算符或正值运算符	适用于整型和浮点型	3.4＋6 结果为 9.6
－	减法运算符或负值运算符	适用于整型和浮点型	9－2.5 结果为 6.5
*	乘法运算符	适用于整型和浮点型	3 * 4.0 结果为 12.0
/	除法运算符		10/3 结果为 3 10.0/3 结果为 3.33333
％	求余运算符	适用于整型数据	10％3 结果为 1 10.0％3 编译错误

除基本算术运算符之外,C++ 还提供了自增和自减运算,自增与自减运算符的操作对象都只能是变量,有以下两种使用形式:

置于变量前,例如++i,－－i,其功能是使用之前使 i 的值增 1(或减 1)。

置于变量后,例如 i++,i－－,其功能是使用之后使 i 的值增 1(或减 1)。

2) 关系运算符

关系运算符都是双目运算,用于对两个操作数进行比较,结果为逻辑值,见表 A-6。

关系运算符的操作数可以是 int、double、char、float 等。关系运算的优先级低于算术运算,其中>、>=、<、<=的优先级高于==和!=。

3) 逻辑运算符

一般地,逻辑运算符实现两个关系表达式的连接。常用的逻辑运算符见表 A-7。

符号表示	含义	符号表示	含义
>	大于	<=	小于或等于
<	小于	==	相等
>=	大于或等于	!=	不相等

表 A-7　常用的逻辑运算符

符号表示	含义	说　　明	举　　例
!	逻辑非	对操作数取反	!3 结果为 0 !0 结果是 1
&&	逻辑与	当且仅当两个操作数都为 1,结果才为 1	1 && 0 结果为 0 1 && 3 结果为 1
||	逻辑或	当且仅当两个操作数都为 0,结果才为 0	1 || 0 结果为 1 0 || 1 结果为 1

C++ 中,把所有非零的数值都可看成真。

逻辑运算符的优先级低于算术运算和关系运算,逻辑非的优先级最高,其次是逻辑与,逻辑或的优先级最低。

4) 赋值运算符

赋值运算符(＝)的功能是把赋值号右边表达式的值计算出来赋给左边的变量,除赋值号(＝)外,C++ 还提供了 10 种复合赋值运算符,见表 A-8。

表 A-8　复合赋值运算符

符号表示	含义	符号表示	含义
+=	加赋值	<<=	左移位赋值
-=	减赋值	>>=	右移位赋值
*=	乘赋值	&=	按位与赋值
/=	除赋值	|=	按位或赋值
%=	求余赋值	^=	按位异或赋值

5) 逗号运算符

将多个表达式用逗号运算符“,”连接起来,就形成了逗号表达式。逗号运算符又称为顺序求值运算符。

逗号表达式的一般形式为

表达式 1,表达式 2,…,表达式 n

逗号表达式的结合性是自左至右,求解过程是:依次计算各表达式的值。逗号表达式的值为最后一个表达式的值。

6) 条件运算符

条件运算符的形式为

<表达式 1>? <表达式 2>:<表达式 3>

条件运算符的运算规则为：先计算表达式 1 的值,若它的值为真(非 0),则计算表达式 2 的值,并把它作为整个表达式的值;如果表达式 1 的值为假(0),则计算表达式 3 的值并把它作为整个表达式的值。

7) 位运算符

C++ 提供了 6 种位运算符,见表 A-9。

表 A-9　位运算符

符号表示	含　　义	符号表示	含　　义
～	按位求反	^	按位异或
&	按位与	<<	左移
		按位或	>>	右移

8) 求字节大小运算符

sizeof()用来计算其后的类型说明符或表达式在内存中所占的字节数。sizeof 有 3 种使用形式:

sizeof 变量名
sizeof (变量名)
sizeof (类型名)

9) 强制类型转换运算符

强制类型转换运算符用于将指定的表达式的值强制转换为所指定的类型,其使用形式为

(<类型关键字>) (表达式)

A.3　顺　序　结　构

C++ 中的控制结构有 3 种,分别是顺序结构、选择结构、循环结构。其中,顺序结构是 3 种结构中最简单的结构。顺序结构按照语句的书写顺序执行,每条语句都会被执行到,不存在任何分支。

顺序结构的常用语句有声明语句(如声明变量、常量、函数、类等)、表达式语句、函数调用语句、复合语句和空语句。其中,复合语句(块)是用一对{}括起来的语句序列。在复合语句中定义的变量只在本复合语句内有效。

```
{
    … ;                                                    //语句序列
}
```

空语句是指只有一个分号(;)的语句。

C++ 中并没有定义专门的输入输出语句,一般情况下,C++ 中最常用的输入输出使用输入与输出流对象 cin 和 cout。除了 cin 和 cout 之外,C++ 中也有其他输入输出方法,这里

不再赘述。

前面提到过,这两个对象都在 iostream 中定义,所以使用前需要包含头文件:

```
#include <iostream>
using namespace std;
```

1) cout 的使用

C++ 中,cout 的输出格式为

cout<<表达式 1<<表达式 2<<…<<表达式 n;

说明:

(1)"<<",插入运算符(注意,不要和左移运算符混淆,这里其实是对左移运算符<<的重载)。

(2)表达式,可以是常量、变量,也可以是需要先计算的表达式,如果是表达式,则先计算后输出。

C++ 流类库中提供了一些预定义操纵算子,可以直接嵌入输入输出语句中实现格式控制,但是必须在源程序的起始处包含 iomanip 头文件,见表 A-10。

表 A-10   I/O 流类库中常用的预定义操纵算子

操纵算子	含　义	操纵算子	含　义
dec	十进制的输入输出	endl	输出一个换行字符,同时刷新流
hex	十六进制的输入输出	setprecision(n)	设置输出浮点数的精确度
oct	八进制的输入输出	setw(n)	设置域宽
ws	提取空白字符	setfill(c)	设置填充字符
ends	输出一个空字符	setiosflags(flag)	格式控制,格式标志在 ios 类中定义

其中,setiosflags 是包含在命名空间 iomanip 中的 C++ 操作符,该操作符的作用由给定的参数指定,常用参数如下。

ios::fixed:以带小数点的定点形式输出。

ios::scientific:以科学计数法形式输出。

ios::left:左对齐。

ios::right:右对齐。

其中,setiosflags(ios::fixed)与 setprecision(n)合用可以设置保留的小数位数。

2) cin 的使用

cin 的输入格式为

cin>>变量 1>>变量 2>>…>>变量 n;

说明:

(1)">>"是预定义的提取运算符,作用在流对象 cin 上,可以从键盘上输入数据到内存变量中。

(2)输入多个数据时,数据之间可以用空格、Tab 键或 Enter 键隔开。

A.4 选 择 结 构

C++ 中选择结构的实现语句有两种：if 语句和 switch 语句。

1. if 语句

if 语句有 3 种基本形式：单分支 if 语句、双分支 if 语句、多分支 if 语句。

1）单分支 if 语句

单分支是最简单的选择结构，其形式如下：

```
if(条件表达式)
        <语句>
```

说明：

（1）条件表达式，一般是关系表达式或者逻辑表达式，也可以是任意合法的 C++ 表达式。

（2）语句，可以是单一语句，也可以是多条语句（复合语句），如果是多条语句，{}不可以省略。

单分支 if 语句的执行过程为：先计算＜条件表达式＞的值，如果为真，则执行语句；否则，执行 if 结构后面的语句。

2）双分支 if 语句

双分支 if 语句的形式如下：

```
if (条件表达式)
        <语句 1>
else
        <语句 2>
```

执行过程为：先计算＜条件表达式＞的值，如果为真，则执行语句 1；否则，执行语句 2。

3）多分支 if 语句

多分支 if 语句的形式如下：

```
if (<条件表达式 1>)
    <语句 1>
else if(<条件表达式 2>)
    <语句 2>
else if(<条件表达式 3>)
<语句 3>
...
else if(<条件表达式 n>)
<语句 n>
else
<语句 n+1>
```

说明：

（1）表达式 1 和表达式 2 是必要的参数，其他参数可选。

(2) else 和 if 之间有空格,不要写成 elseif。

多分支 if 语句的执行过程为:首先计算<条件表达式 1>的值,当表达式 1 的值为"真"时,执行语句 1;否则,计算<条件表达式 2>的值,当表达式 2 的值为"真"时,执行语句 2;如果表达式 2 的值也不成立,则计算<条件表达式 3>的值。如果表达式 3 的值为"真",执行语句 3,……如果所有表达式的值都不为"真",则执行 else 后面的语句 n+1。

注意:一个 if 语句中嵌入另一个 if 语句,称为 if 结构的嵌套,嵌入的部分既可以出现在 if 子句中,也可以出现在 else、else if 子句中。嵌套应注意 if 与 else 的匹配问题,else 只能与离它最近的且尚未匹配的 if 进行匹配。

2. switch 语句

switch 语句可称为开关语句。其执行流程和多分支 if 语句类似。switch 的语法格式如下:

```
switch(表达式)
    { case 常量表达式 1: 语句组 1;break;
      case 常量表达式 2: 语句组 2;break;
          …
      case 常量表达式 n: 语句组 n;break;
      [default: 语句组 n+1; break;]
    }
```

switch 语句的执行过程为:当 switch 后面的"表达式"的值与某个 case 后面的"常量表达式"的值相同时,就执行该 case 后面的语句(组),当遇到 break 语句时,跳出 switch 结构,转向执行 switch 结构后面的语句。如果没有任何一个 case 后面的"常量表达式"的值与"表达式"的值匹配,则执行 default 后面的语句(组)。

说明:

(1) switch 后面的"表达式"可以是 int、char 或枚举型中的一种。

(2) 每个 case 后面只能有一个常量,且"常量表达式"的值必须各不相同,否则会出现相互矛盾的现象(即对表达式的同一值,有两种或两种以上的执行方案)。

(3) case 后面的常量表达式仅起语句标号作用,并不进行条件判断。系统一旦找到入口标号,就从此标号开始执行,不再进行标号判断,所以必须加上 break 语句,以便结束 switch 语句。

(4) 各 case 及 default 子句的先后次序不影响程序执行结果。

(5) 多个 case 子句可共用同一语句(组)。

A.5 循 环 结 构

循环结构就是在当某一条件成立的情况下重复执行某一段程序段,一直到该条件不成立为止。C++ 中有 while 循环、do…while 循环、for 循环等,也可以将 goto 语句和 if 语句结合使用形成循环结构。

1. while 循环

while 循环适合无法确定循环次数的情况,其特点是:先判断表达式,后执行循环体,语

句格式为

```
while(<表达式>)
{
    循环语句
}
```

其中:while 是关键字,<表达式>是循环条件,通常是关系表达式或逻辑表达式的形式,也可以是任意合法的 C++ 表达式。

while 循环的执行过程为:当表达式的值为真时,执行循环语句;当表达式的值为假时,退出循环,执行循环结构之后的语句。

注意:

(1) 循环语句可以是一条语句,也可以是多条语句。建议:为了结构清楚起见,无论是一条语句,还是多条语句,都用{ }将循环体语句括起来。

(2) 如果一开始表达式的值就为假,那么 while 循环一次也不执行。

(3) 为避免出现无限循环(死循环),程序中应有使条件表达式趋近于假的语句。

2. do…while 循环

do…while 语句可以实现"直到型"循环。通俗地讲,就是执行循环体,直到条件不再成立,就退出循环。其语句格式为

```
do
{
    循环语句
}while(表达式);
```

注意:

(1) while 后面的";"不可以省略。

(2) do 循环至少执行一次循环体。

do…while 循环的执行过程为:先执行一次循环体,遇到表达式,计算并判断循环表达式是否为真,如果为真,则继续执行循环体,否则结束循环。

3. for 循环

for 循环适合于循环次数已知的情况。其语句格式为

```
for(表达式 1;表达式 2;表达 3)
    循环语句
```

说明:

(1) 表达式 1,通常是给循环变量赋初值,一般是一个赋值表达式。

(2) 表达式 2,通常是循环条件,用来判断循环是否继续执行的关系表达式或逻辑表达式。这个表达式通常与某一个(或多个)变量的值有关,随着这个(些)变量值的改变,表达式的结果发生变化,由此达到循环条件趋近于 0,从而退出循环。这个(些)变量一般被称为循环变量。

(3) 表达式 3,通常可用来修改循环变量的值,一般是赋值语句,可将表达式 3 称为循环步长。

（4）循环语句可以是一条，也可以是多条，多条语句需要用{}括起来。

for 循环的执行过程为：计算表达式 1，计算表达式 2，若值为 0（假），则结束循环，否则执行循环语句，循环语句执行完之后，计算表达式 3 的值，并再次判断表达式 2 的值，若仍为真，继续执行循环语句，否则退出循环。

4. break、continue 和 goto 语句

break、continue 和 goto 语句都可以改变程序的执行流程，使程序的执行从当前位置转到另一处。

1）break 语句

break 语句的作用是把流程转向所在结构之后。在 switch 分支结构中使用 break 语句可以使流程跳出 switch 分支结构。同样，在循环结构中使用 break 语句可以使流程跳出当前的循环层，转向执行该循环结构后面的语句。

beak 语句一般和 if 语句配合使用，当某一条件满足时，跳出当前循环体。

2）continue 语句

continue 语句的作用是终止本次循环，提前进入下一次循环。

break 语句和 continue 语句的区别：break 与 continue 语句出现在循环体中时，对循环次数的影响不同，循环中若遇到 break 语句，则马上退出循环，执行循环之后的语句；若遇到 continue 语句，则仅能跳过当次循环，进入下一次循环。

3）goto 语句

goto 语句被称为无条件转移语句，它的一般形式为：

goto 标号；

goto 语句的功能：使程序执行流程转到标号对应的语句处，并从该语句处继续执行。

标号的命名遵循标识符的命名规则。用标号标注语句的形式为：

标号：语句；

一般可以使用 goto 语句和 if 语句结合实现循环。

goto 语句不符合结构化程序设计的思想，会使程序的结构性和可读性变差，建议使用时要谨慎。

5. 循环结构的嵌套

当在一个循环语句中嵌入另一个循环时，称为循环的嵌套。

嵌套可以是两层或多层。while、do…while、for 3 种循环都可以互相嵌套。建议在循环嵌套的程序中，内层循环增加缩进，以表示其层次关系，增加程序的可读性。

A.6 数 组

大量的同类型的数据可以使用数组存储。数组是一系列相同类型的有序数据的集合，数组中的每一个元素都是同一个数据类型，所有元素共用一个名字，用下标区别数组中的每一个元素。

1. 一维数组

数组中每个元素只带有一个下标时，称为一维数组。

1）一维数组的定义

一维数组的定义方式如下：

类型标识符　　数组名[元素个数]；

例如：

int x[10];

说明：

（1）类型标识符可以是基本数据类型，也可以是用户自定义的构造类型。

（2）数组名的命名规则与变量的命名规则相同。

（3）数组的下标从 0 开始，所以合法的元素下标应该是 0～元素个数－1。注意，使用过程中不要下标越界，C++不对下标越界进行检查。

2）一维数组的初始化

对一维数组进行初始化一般有以下 3 种方法：

（1）定义数组时，对数组中的全部元素赋初值。例如：

int a[5]={1, 2, 3, 4, 5};

（2）定义数组时，对部分数组元素赋初值。

int a[5]={1, 2};

只给前面 2 个元素赋初值，a[0]得到 1，a[1]得到 2，其他元素为 0。

（3）对全部数组元素赋初值时，数组长度可以省略，系统根据初值个数自动确定。

int a[]={0, 1, 2, 3, 4};

之所以可以省略数组长度，是因为在对数组初始化时，系统可以通过初始化列表中数据的个数确定数组的长度。

3）一维数组元素的引用

定义数组之后，可以引用其中的数组元素。数组元素的引用形式是数组名加下标，即

数组名[下标]

2. 二维数组

二维数组具有两个维数，一般可以用来处理矩阵等问题。

1）二维数组的定义

二维数组的定义形式如下：

类型标识符 数组名[行常量表达式][列常量表达式]；

注意：二维数组的每一维的起始下标都从 0 开始。

2）二维数组元素的引用

二维数组元素的引用形式如下：

数组名[行下标表达式][列下标表达式]

3）二维数组元素的初始化

二维数组元素的初始化有以下 4 种形式。

（1）分行对二维数组元素赋初值，例如：

```
int a[3][4]={{1, 2, 3, 4}, {5, 6, 7, 8}, {9, 10, 11, 12}};
```

（2）按二维数组在内存中的排列顺序给各元素赋初值，例如：

```
int a[3][4]={1, 2, 3, 4, 5, 6, 7, 8, 9, 10, 11, 12};
```

因为二维数组在内存中是按行依次存放的，所以赋值规则为：按二维数组在内存中的排列顺序，将初值表中的数据依次赋给各元素，以数组 a[3][4] 为例，选取前 4 个数据，赋给第一行的 4 个元素；依次再选取 4 个数据，赋给第二行的 4 个元素，以此类推。

这种初始化形式的效果与第一种相同，但第一种更直观，也不容易出现多写、少写初值数据的情况。

（3）对每行的部分元素赋初值。

初始化形式与第一种相似，但可以不给全部元素赋初值，例如：

```
int a[3][4]={{1}, {0, 3}, {8}};
```

初始化后数组中各元素的值为

第一行：1 0 0 0
第二行：0 3 0 0
第三行：8 0 0 0

这种形式对非 0 元素较少时比较方便，不必将所有的零都写出，只说明必要的数据即可。

（4）省略"行常量表达式"，例如：

```
int a[ ][4]={{1, 2, 3, 4},{5, 6, 7, 8}, {9, 10, 11, 12}};
int a[ ][4]={1, 2, 3, 4, 5, 6, 7, 8, 9, 10, 11, 12};
int a[ ][4]={{1}, {0, 3}, {8}};
```

注意："列常量表达式"不能省略。系统会根据给出的初值总数和列数计算出行数。

3. 字符串

字符串是存储在内存中的一系列字符。C++ 中处理字符串的方式有两种：一种是使用字符数组存储，被称为 C 风格字符串；另一种是基于 string 类库。

C 风格的字符串将一系列的字符连续存储在字符数组中，以空字符'\0'（其 ASCII 值为 0)作为结束标记。

1）字符数组的初始化

可以使用和数值数组一样的初始化形式，如：

```
char str1[20]={'b', 'o', 'o', 'k'};
```

也可以使用字符串直接给字符数组进行初始化，例如：

```
char str2[20]={"C++Program"};
```

或者：

```
char str3[20]="C++Program";
```

2）常用的字符串处理函数

C 语言中的字符串处理函数在 C++ 中也可以使用，包含头文件"string.h"即可。

（1）求字符串长度函数 strlen()

函数原型：

```
int strlen(const char * s)
```

函数功能：返回字符串 s 的长度。

（2）字符串比较函数 strcmp()

函数原型：

```
int strcmp(char * s1,char * s2)
```

函数的功能：比较两个字符串 s1 和 s2，如果 s1 和 s2 相等，则返回 0；如果 s1 大于 s2，则返回一个正整数；如果 s1 小于 s2，则返回一个负整数。比较的规则是：按照字符的 ASCII 值进行大小比较。

（3）字符串连接函数 strcat()

函数原型：

```
char * strcat(char * s1,char * s2)
```

函数功能：将字符串 s2 连接到 s1 的尾部（包括字符串结束标记'\0'），返回一个包含两个字符串的新字符串。

（4）字符串复制函数 strcpy()

函数原型：

```
char * strcpy(char * s1,char * s2)
```

函数功能：将字符串 s2 复制给字符串 s1，包括 s2 尾部的'\0'也一起复制过去，返回 s1 的地址值。

3）字符串类

C++ 中定义了 string 类，从而允许用户直接定义 string 型变量（对象）。string 类包含在 std 命名空间的头文件"string"中，所以，要使用它，需要在程序开始处添加一条编译指令"using std::string"。

（1）字符串的定义和初始化，例如：

```
string today;
```

非常简单，像定义普通变量一样，如果对字符串变量初始化，也可以直接使用一个字符串对其赋值：

```
string today="today is friday";
```

（2）字符串的赋值、拼接和附加，例如：

```
string s1,s2,s3;
```

```
s1="abc";                                    //将一个字符串常量赋给字符串对象
s2=s1;                                        //两个字符串对象之间相互赋值
s3=s1+s2;                                     //将两个字符串拼接在一起,并赋给另一个字符串对象
s3+=s1;                                       //在一个字符串末尾追加一个字符串。
```

字符串可以像普通数值型变量一样使用赋值号"＝""＋""＋＝"进行赋值、拼接和附加。

A.7 指针和引用

指针变量是 C++ 中的一种特殊的变量,指针变量中存储的不是普通的数据,而是地址。通过对指针的操作,程序可以实现对内存地址的操作。

1. 指针的概念

指针变量是一种特殊的变量,用来存放变量、数组或函数的地址。

指针变量虽然存放的是地址,但是也有类型。指针变量的类型指的是该指针变量中存放的是什么类型的变量的地址,例如,若该指针变量中存放的是某一 int 型的变量的地址,则该指针变量的类型为 int 型。

严格说,指针和指针变量是不同的,指针指的是地址,而指针变量指的是存储其他变量地址的变量,也就是说,指针变量的值是一个指针。

1) 指针变量的定义

指针变量的定义形式如下:

类型标识符 ＊指针变量名

例如:

```
int ＊p, ＊q;                                  //定义两个指针变量,均指向整型变量
```

指针变量刚刚定义未被赋值时,处于悬空状态,悬空指针非常危险,可能会破坏系统,所以,建议在定义指针时就为其初始化:

```
int x, y;
int ＊p=&x, ＊q=&y;                            //定义两个指针变量,分别将其初始化指向变量 x 和 y
```

2) 指针变量的运算

定义指针变量后,可以对其进行操作。

(1) 指针变量的赋值,例如:假设已对指针 p 和变量 x 进行定义,则将 x 的地址赋给 p:

```
p=&x;
```

也可以在两个同类型的指针变量之间相互赋值,如:

```
int x, ＊p, ＊q=&x;
p=q;
```

(2) 指针的算术运算。指针可以加、减一个整数,例如,p＋n ,p－n 的形式,代表将指针从当前位置向前或向后移动 n 个数据单位,一般用在指针指向数组时。

(3) 指针的关系运算,表示两个指针的位置。

p＞q:如果结果为非 0,表示指针 p 所指向的元素在指针 q 所指向元素的后面。

p<q：如果结果为非 0,表示指针 p 所指向的元素在指针 q 所指向元素的前面。

p==q：如果结果为非 0,表示指针 p 和指针 q 指向同一个元素。

p!=q：如果结果为非 0,表示指针 p 和指针 q 指向的不是同一个元素。

2. 指向一维数组的指针

C++ 中,数组名本身就是一个指针常量,这个指针常量的值是数组中第一个元素的首地址,数组中的元素都是连续存放的,所以有时用指针指向数组非常方便。

(1) 一维数组的指针表示。例如,假设已经有定义：

```
int a[5], * p;
```

若要指针指向一维数组,则有如下两种形式：

```
p=a;
```

或

```
P=&a[0];
```

其中,第一种形式中,因为数组名就代表数组的首地址,所以赋给指针变量 p 时,不需要加取地址符 &。

(2) 一旦指针指向了一维数组,对一维数组元素的操作就可以使用指针完成。例如,输出数组中的各元素,可以采用以下 3 种不同的方式。

① 将指针直接作数组名使用,输出数组元素。

```
for (i=0; i<5; i++)
    cout<<p[i]<<endl;
```

② 移动指针使之指向数组中的各个元素。

```
for (i=0; i<5; i++, p++)
{
    cout<< * p<<endl;
}
```

③ 用指针运算的方法输出数组元素。

```
for (i=0; i<5 ;i++)
    cout<< * (p+i)<<endl;          //此处也可以写成 * (a+i)
```

3. 二维数组的指针表示

二维数组可以看成特殊的一维数组,即可理解成数组的数组。例如,有如下数组定义语句：

```
int a[3][3]={{3, 3, 6}, {9, 11, 15}, {2, 5, 7}};
```

可以把二维数组看成一个特殊的一维数组,数组名 a 代表数组的起始地址,数组 a 中含有 3 个元素(a[0],a[1],a[2]),每一个元素都是含有 3 个 int 型元素的一维数组。

数组名 a 是这个"特殊的"一维数组的数组名,也是该数组的首地址,同样也代表该数组的第一个元素的地址,即第一行的首地址。对于第一行的首地址来说,它代表首行一整行

（其中包含 3 个元素），而不是指某个具体元素。所以，可以定义指向二维数组的指针如下：

```
int (*p)[3];
int a[3][3];
p=a;
```

指针 p 指向 3 行 3 列数组 a，行指针 p 每移动一次，将跨越一行（3 个元素）而指向下一行的首地址。

4. 引用

引用与指针虽然有很多相似之处，但是其实它是 C++ 的另一种数据类型。引用是 C++ 中对一个变量或符号常量起的别名。例如，已经定义一个变量 x，建立一个对这个变量的引用 rx，相当于为 x 起了一个别名，也就是说，x 和 rx 实际上是同一个变量。引用的声明格式如下：

```
<类型名>&<引用名>=<变量名>;
```

例如：

```
int a;
int &ra=a;
```

在后面的使用中，既可以使用变量 a，也可以使用 ra。

A.8 函　　数

C++ 中的函数有两大类：库函数和用户自定义函数。库函数是已经定义和编译好的函数，只要将包含该库函数的头文件预先包含，并正确在程序中对库函数进行调用即可使用。用户自定义函数则需要用户自己对函数进行定义、提供原型并调用。

1. 函数的定义

自定义的通用格式如下：

```
<函数类型名>函数名(形式参数表)
{
    说明语句部分；
    执行语句部分；
    return 函数值；
}
```

说明：如果<函数类型>为 void，则说明这个函数不需要返回值，函数中的 return 也不需要出现。有返回值的函数中，返回值需要用 return 将某一个值带回主调函数，return 语句可以出现多次，不管出现几次，只要程序运行遇到一个 return，就返回调用函数处。

2. 函数原型和函数调用

函数是通过调用才被执行的。函数的调用形式为

```
函数名([实际参数表]);
```

在 C++ 中，一般有以下几种调用方式。

函数表达式：例如，k＝max(a,b)；将 max 函数的返回值参与到赋值运算中。

函数语句：适用于不需要返回值的函数，直接调用该函数作为一条独立语句。

将函数返回值作为调用另一个函数的实际参数出现，例如，m＝max(x, max(a, b))。

说明：

(1) 当函数被调用时，系统将为被调函数的所有形参分配所需内存空间，计算每个实参表达式的值，按照一一对应的方式赋给对应的形参。然后进入函数体执行函数中的语句。当执行时遇到 return 语句或者函数结束时，释放所有形参及函数内部所定义的变量所占的内存空间，返回调用处，并根据情况将 return 语句中表达式的值返回给主调函数。

(2) 实参的个数、类型和顺序，应该与被调用函数的形参个数、类型和顺序一致，多个实参之间以逗号分隔。

(3) 函数在调用前需要对函数的原型进行声明，原型描述函数到编译器的接口，即将函数返回值的类型、形参的类型和个数告知编译器。

(4) 函数原型的声明非常简单，直接复制函数定义中的函数头部，再加上分号即可。

3. 函数参数和值传递

函数中的参数有两种：形式参数，简称形参；实际参数，简称实参。主调函数调用被调函数时的数据传递是通过实参数据传递给形参实现的。

形式参数：定义函数时使用的参数，只能在该函数体内使用。

实际参数：引用函数时使用的参数。

在实参和形参都是普通变量的情况下，当发生函数调用时，主调函数把实参的值复制一份，传送给被调用函数的形参，从而实现主调函数向被调用函数的单向数据传送。而被调函数一旦执行结束，形参的内存空间将会被释放。函数的值传递过程如图 A-2 所示。

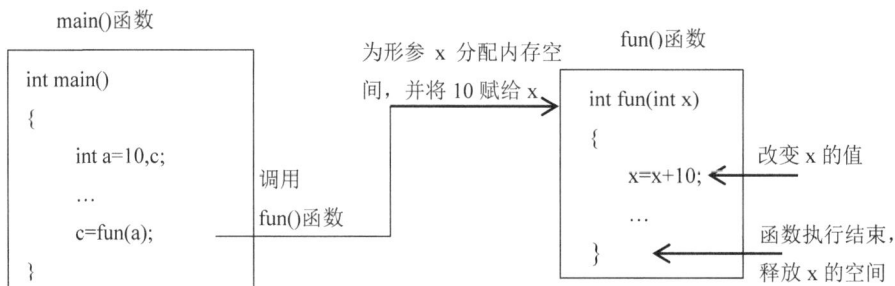

图 A-2　函数的值传递过程

说明：

(1) 在函数的值传递过程中，实参可以是变量、常量、表达式、函数值或者数组元素，但是形参只能是变量。

(2) 形参在被调函数中数值的改变并不能带回到实参中，因为参数传递是单向实参到形参的单向传递。

4. 函数与数组

当数组名作为函数的参数出现时，函数的参数传递形式不再是值传递，而是地址传递。数组名作函数参数时，要求形参和实参都必须是类型相同的数组（或指向数组的指针变量）。例如，设计一个函数计算一个数组的元素最大值，将数组名作为实参传递给函数，则函数的形参既可以使用数组接收实参组，也可以使用指针，即

```
int max_arr(numbers[])
```

或者

```
int max_arr(*p)
```

如果使用指针接收实参数组,在函数内可以将指针直接作为数组名使用。

数组名作为函数的实参,形参无论是数组名还是指针,实参和形参都指向同一段地址空间,当主调函数执行时,这段空间由实参数组控制,当被调用函数执行时,该段空间由形参数组使用,当函数调用结束,这段空间的使用权又回到实参数组,所以此时函数的传递方式是地址传递,形参数组的改变可以带回到实参中。

说明:

(1) 用数组名作函数参数,应该在调用函数和被调用函数中分别定义数组,且数据类型必须一致,否则结果将出错。

(2) C++ 编译系统对形参数组大小不作检查,只是将实参数组的首地址传给形参数组。因为形参数组可以不指定大小,所以上例中的形参写成了 numbers[] 的形式。

(3) 有时实参数组中的元素个数比数组所定义的个数少,在进行参数传递时,往往可以再加一个整数传递实参数组中实际的元素个数,例如:

```
int max_arr(int numbers[], int n);
```

5. 递归

递归就是一个函数的函数体内直接或间接地又出现了调用自身的语句。某些情况下,递归过程类似于循环,所以有时可以做循环的替代方法。

递归调用中,递归函数既是主调函数,又是被调函数。递归执行时,每调用一次,就进入新的一层。

因为递归在内存中使用堆栈的方式,如果无终止递归,最终会导致栈溢出。为了防止递归调用无终止地进行,函数内必须有终止递归调用的手段。常用的方法是用一个条件进行判断(if语句),满足某种条件后就不再作递归调用,然后逐层返回。例如,使用递归计算 n! 的代码如下:

```
long fac(int n)
{
    long f;
    if (n>1)
        f=fac(n-1)*n;              //递归调用 fac()
    else
        f=1;                       //递归出口
    return f;
}
```

A.9 结 构 体

无论是数组,还是普通变量,其中存储的都只是一种类型的数据。日常处理数据时,需要将一些相关的数据(如一个人的姓名、学号、成绩等)存储成一个整体,以便操作。C++ 中结构体类型可以将多种数据融合成一个整体进行操作。结构体是一个用户自定义类型,通常根据用户的需求定义不同的结构体,然后定义变量或数组进行操作。

1. 结构体类型的定义

定义结构体类型的格式如下:

```
struct <结构体类型名>
{
    <成员类型名 1><成员名 1>;
    <成员类型名 2><成员名 2>;
    ...
};
```

例如,定义一个学生信息的结构体如下:

```
struct STUDENT
{
    char num[6];                    //定义学号,字符型,6 位
    char name[20];                  //定义学生姓名,字符型,20 位
    int age;                        //定义学生年龄,整型
};
```

2. 结构体变量的定义和初始化

结构体变量的定义有以下 3 种形式。

(1) 先定义结构体类型,再定义变量。

```
<结构体类型名><变量名列表>
```

例如:

```
STUDENT s1, s2;
```

(2) 在定义结构体类型的同时定义结构体变量。例如,上例定义结构体类型 STUDENT:

```
struct STUDENT
{
    ...
}s3, s4;                           //在定义结构体类型的同时定义两个结构体变量 s3 和 s4
```

(3) 直接定义结构体变量。例如:

```
struct
{
    ...
}s5;                               //定义结构体类型并定义结构体变量 s5
```

一般的操作是将结构体类型定义在头文件中,然后使用♯include 命令将该头文件包含进去,所以建议使用第一种定义结构体变量的方式。

结构体变量的初始化需要将每一个成员一次都进行初始化,例如:

```
STUDENT s1={"90101", "zhangsan", 19};
```

3. 结构体变量的引用

对结构体变量的操作实际上是对该变量中成员的操作。引用结构体成员的一般形式为

<结构体变量名>.<成员名>

其中的圆点"."称为成员运算符,用于引用结构体变量的成员。例如,引用 s1 的 age 成员可表示式 s1.age。

注意,如果某个结构体成员本身是结构体类型,则引用时需要引用到最低一级。

4. 结构体数组

结构体数组的定义和普通数值型数组相似,但是在初始化时也需要对数组的每一个元素的每一个成员进行初始化。例如:

```
struct STUDENT stu[3]={{"90101", "zhangsan", 19}, {"90102", "lisi", 19}, {"90103",
"wangwu", 21}};
```

参 考 文 献

1. 唐宁九,游洪跃,孙界平,等. 数据结构与算法教程(C++版)[M]. 北京：清华大学出版社,2012.

2. 严蔚敏,李冬梅,吴伟民. 数据结构(C语言版)[M]. 2版. 北京：人民邮电出版社,2015.

3. 王红梅,王慧,王新颖. 数据结构——从概念到C++实现[M]. 3版. 北京：清华大学出版社,2019.

4. 李春葆. 数据结构教程[M]. 5版. 北京：清华大学出版社,2017.

5. 宁九,游洪跃,朱宏,等. 数据结构与算法(C++版)实验和课程设计教程[M]. 北京：清华大学出版社,2008.

6. 卢玲,陈媛,何波,等. 数据结构学习指导及实践教程[M]. 北京：清华大学出版社,2013.

7. 文益民,张瑞霞,李健. 数据结构与算法[M]. 2版. 北京：清华大学出版社,2008.

8. 邹永林,周蓓,唐晓阳. 数据结构与算法[M]. 北京：清华大学出版社,2016.

9. 殷人昆. 数据结构(C语言版)[M]. 2版. 北京：清华大学出版社,2017.

10. 程杰. 大话数据结构[M]. 北京：清华大学出版社,2019.

11. 杰伊·温格罗. 算法与数据结构图解[M]. 袁志鹏,译. 北京：人民邮电出版社,2019.

12. Sartaj Sahni. 数据结构、算法与应用 C++语言描述[M]. 王立柱,刘志红,译. 北京：机械工业出版社,2019.

13. 王学颖,张燕丽,李晖,等. C++程序设计案例教程[M]. 北京：科学出版社,2017.

14. Stephen Prata. C++ Primer Plus中文版[M]. 张海龙,袁国忠,译. 6版. 北京：人民邮电出版社,2019.

15. 王晓东. 数据结构(C++语言版)[M]. 北京：科学出版社,2008.

图 书 资 源 支 持

感谢您一直以来对清华版图书的支持和爱护。为了配合本书的使用,本书提供配套的资源,有需求的读者请扫描下方的"书圈"微信公众号二维码,在图书专区下载,也可以拨打电话或发送电子邮件咨询。

如果您在使用本书的过程中遇到了什么问题,或者有相关图书出版计划,也请您发邮件告诉我们,以便我们更好地为您服务。

我们的联系方式:

地　　址:北京市海淀区双清路学研大厦 A 座 714

邮　　编:100084

电　　话:010-83470236　010-83470237

客服邮箱:2301891038@qq.com

QQ:2301891038(请写明您的单位和姓名)

资源下载:关注公众号"书圈"下载配套资源。

资源下载、样书申请

图书案例

书圈

清华计算机学堂

观看课程直播